JN100295

増補二訂版

ディーゼルエンジンの徹底研究

日野自動車　元副社長
工学博士

鈴木 孝幸 編

グランプリ出版

増補二訂版発行に当たって

　このところ、内燃機関（ガソリン、ディーゼル）を搭載した自動車をハイブリッド車（HV）、プラグインハイブリッド車（PHV）、電気自動車（EV）、燃料電池車（FCV）等に代替する動きが中国、欧米先進国、日本などで活発化している。

　しかし、その本格的な普及拡大には乗り越えねばならない多くの難課題が山積みしており、尚相当の時間を要するものと思われる。また、その背景には国の政策や欧州メーカーの排ガス不正に伴う思惑が絡んでおり、不透明な点も多い。代替の動きは乗用車が先行すると予測されているが、物流、人流を担う商用車においては、その実用化のキーとなる経済性、信頼性・耐久性、利便性、サービスネット（含むインフラ）等の高い壁を乗り越えることが必須の条件であり、特に大型トラック・バスの過酷な使用条件、長い航続距離、長い耐用年数（15〜20年）、積載量の確保等を如何にクリアーするかが乗用車とは違った難しい点である。

　一方、代替の主な狙いである地球温暖化（CO_2削減）についても用途、走行条件等を加味し、Well to Wheel（燃料の採掘、精製から走行まで）で考えると、どのシステムがCO_2削減に有効であるかが明確ではない問題がある中で、現在、CO_2の大幅な削減も期待されるディーゼル＋電気モーター式のHVが実用性において優れていると言える。

　現在のところ、商用車には都市内を走行する小型トラック、大型路線バスにディーゼルエンジンベースのHV（一部EV）が使用されているが、主力はディーゼル車で占められている。

　その様な状況下で、ディーゼルエンジンの長所である低燃費を一層向上させて、なおかつ、欠点であるNOx、PMの排出を低減する研究・開発が活発に推進されており、多くの新技術が生まれている。

　この度の改訂では、これらの最新技術を盛り込むと共に、将来に向けたディーゼルエンジン発展の可能性についても触れる。主な盛り込み内容は次の通りである。

（ⅰ）2段過給技術について
吸排気システムの設計と2ターボの最適マッチングによる平均有効圧力の向上、ダ

ウンサイジング、燃費向上。

(ⅱ) 新型排気触媒システムについて

触媒開発の考え方とレイアウト、最適制御設計による一層の排ガスクリーン化。

(ⅲ) ハイブリッドシステムの技術進歩について

上記 (ⅰ)(ⅱ) のディーゼルベースのハイブリッドシステムの技術進歩による低燃費化と用途の拡大

(ⅳ) その他

欧米で推進されている官民共同による「大型トラックの燃費50％向上」の研究プロジェクトの紹介。その他、燃焼改善、フリクション低減など。

　以上のことから、今後も、ディーゼルエンジンのさらなる技術進歩が予測され、燃料、インフラ、製造・サービス設備等を変更することなく、CO_2の大幅削減の可能性が期待される。また一層の燃費向上を狙ったディーゼルベースのHVが各社によって開発されてきており、徐々にではあるが幅広い用途に普及拡大していくものと思われる。

　最後に本書がディーゼルエンジンに携わる技術者の参考書となり、ますますディーゼルエンジンの有効性が高まり、その結果、地球環境の改善に少しでも貢献できれば幸いである。

　また、改訂版の執筆は別紙に記載した諸氏の協力を得て実施したが、特に杉原啓之氏（エンジン性能・燃費改善と過給技術）、佐藤信也氏（排出ガスの後処理技術）、清水邦敏氏（商用車用HVシステム）の多大な尽力があった。さらに、出版にあたりグランプリ出版の山田国光社長には大変お世話になり厚くお礼を申し上げる。

　2020年6月

鈴木 孝幸

まえがき

　かつて、自動車用ディーゼルエンジンは燃料消費が少なく、経済的であるにもかかわらず、排出ガス中に含まれるNO_x(窒素酸化物)、PM(粒子状物質)が、ガソリンエンジンなど他のエンジンに比較して多いという理由から大気汚染の元凶と言われた。

　特に、黒煙を吐出しながら街中を走行するディーゼル車は一般市民にとって、ディーゼルエンジンの悪い(汚い)イメージを決定付ける風景であった。

　しかし、近年は度重なる排出ガス規制の強化に対応して、燃焼改善技術や排出ガスの後処理技術などが飛躍的に進歩し、もはや、黒い煙を吐出しながら走行するディーゼル車は無くなり(一部の整備不良車を除けば)ディーゼルエンジンの汚いイメージは払拭されたといえる。

　むしろ、最近の原油価格の高騰や地球温暖化の対策として、燃費の良いディーゼルエンジンへの期待が高まっている。

　この様な状況下で、ディーゼルエンジンに関する書物を見ると、どちらかと言うと研究者や技術者向の専門書が多く、その内容は一般の人には難解なものが多い。

　本書では、読者として「若手技術者・研究者」「理工系大学・専門学校生」「車両整備士」「自治体・企業の環境問題担当者」「中高校の理科系教師」「ディーゼルエンジンに興味を持つ一般市民の方々」に幅広く読んで頂くことを意識して編集し、分かりやすい平易な文章で執筆した。

　また、近年のディーゼルエンジンを取り巻く環境はめまぐるしく変化を遂げており、今回の出版にあたっては、2006年に『自動車用ディーゼルエンジンの理論と実際』として刊行されたものに、最新の技術を積極的に盛り込み、さらに今後の技術の方向性、展開予測などについても可能な限り記述した。特に留意した点は下記の通りである。

　(ⅰ)近年主軸となっているTI(ターボインタークーラ付過給)エンジンを基本とした内容とする。

　(ⅱ)CO_2及び運行経費削減で注目されているディーゼルエンジンの燃費向上技術を詳しく記述する。

（ⅲ）最新の排ガス後処理技術を紹介すると共に、詳しく解説する。

（ⅳ）最新のHV（ハイブリッド）システムを盛込み解説する。

以下に各章の概要を記述する。

第1章　ディーゼルエンジンとは

　ディーゼルエンジンの特徴を概説し、その発展の歴史を支えた主要技術を分かりやすく解説した。また今後の展望についても若干触れた。

第2章　ディーゼルエンジンの基礎

　ディーゼルエンジンの基本であるサイクル、燃焼、過給などについて説明し、ディーゼルエンジンとは何かを正しく理解できる様に解説した。

第3章　エンジン性能

　近年、過給エンジンが主軸となっているので、各種の過給技術について絵図を用いて詳しく解説した。また、排出ガス低減技術については、排出ガス規制の強化に伴って新技術が次々と開発されているが、従来の書物には記載されていないものが多いので、最近の技術を幅広く記述した。例えば、燃料噴射システム、燃焼室、EGRシステム、排出ガスの後処理技術などである。さらに、この所の燃料価格の高騰、CO_2削減のための燃費基準の導入などにより、燃費改善のニーズが高まっており、燃費改善のポイントとなる基礎的技術について詳細に記述した。ディーゼルエンジンの振動、騒音については、近年その解析技術が進歩し、各種の低減技術が開発されているので実例を用いて解説した。

第4章　ディーゼルエンジンの構造と機能

　近年、小型、軽量、低燃費、低排出ガスなどを狙いとしてディーゼルエンジンの型式は、TIエンジンが主軸となっているが、従来の書物はNA（自然給気式）エンジンを基本として記述されている例が多い。本書ではTIエンジンを十分に意識して構造系、動弁系、運動系、吸気系、排気系、冷却系、潤滑系、燃料噴射系を記述した。特にTIエンジン化により燃焼圧力が上昇し、各部の強度や温度が問題となるが、配慮すべき事項について解説した。また、排出ガス規制の強化に対応するた

めに開発された新しいユニット即ち、コモンレール式噴射装置、EGRシステム部品、過給機、ベンチレータ、吸気スロットル装置など、他の書物には見られない部分まで詳しく記した。エンジン補機や電装品についても概説した。

第5章　ディーゼルエンジンの燃料、潤滑油、冷却水
　　燃料、潤滑油、冷却水は排出ガスのクリーン化やTIエンジンによる出力アップに対応するため、その機能が改善され各々の特性が変化してきている。ディーゼルエンジンの基礎を学ばれる方々には、ぜひ知っておいて欲しい項目として、その歴史的経緯や特性の変化などを記述した。なお、バイオディーゼル燃料については、未だ開発途上にあり、その技術は流動的であるので、本書では扱わず他の書物（雑誌など）に委ねることとした。

第6章　低排出ガス・クリーンエンジン
　　近年、ハイブリッドエンジン車がCO_2対策として注目を集めているので、その歴史、各種システムの特徴、今後の展望などについて詳細に記した。また、石油代替燃料エンジンの開発も世界的に活発化しているので、広くその状況を紹介した。

　　最後に、本書がディーゼルエンジンを学ぶ方々の一助となり、またディーゼルエンジンがますます普及し、地球温暖化防止や省エネルギーに少しでも貢献できれば幸いである。
　　また、本書の執筆に努力された諸氏を別紙に記載したが、第3章の3.3節 振動・騒音については、三浦康夫氏の原稿を谷合元春氏が再稿したことを付記する。さらに、出版にあたりお世話になった日野自動車の谷合元春氏とグランプリ出版の山田国光氏に厚く感謝するとともにお礼を申し上げる。

　2012年8月

鈴木 孝幸

目次

第1章　ディーゼルエンジンについて

1.1　はじめに

　ディーゼルエンジンの発明の母、ルドルフ・ディーゼル（R. C. K. Diesel）がディーゼルエンジンを発明したのが1897年であるから、すでに100年以上の歳月が経過している。ディーゼルエンジンは、それ以前に発明・実用化されていたオットー機関（火花点火エンジン）に対して、電気系統が不要なことや、燃料消費効率が優秀なことから、主に一般の乗用車以外の、乗用車よりは過酷な使用を前提に発達してきた。

　長い歴史を持つディーゼルエンジンであるが、近年、特に日本の乗用車ではほとんど使われなくなってしまった。もともと日本でのディーゼルエンジンのイメージとしては、黒い煙を排出することからダーティーなイメージが強く、またエンジン音も独特の音質であり決して静かではなかったことなど、一般的なイメージは良くなかった。また、排出ガス対策に対しても、ガソリンエンジンなど三元触媒により画期的にNOxを低減できたのに対して、ディーゼルエンジンではその特性から排気ガス中に酸素が存在するため、三元触媒を使うことができないなど技術的な対応が困難だったことが、日本でディーゼル乗用車が普及してこなかった原因である。一方、ディーゼルエンジンはガソリンエンジンに比べて燃料経済性が非常に優れていることから、地球温暖化のCO_2削減対応として主に欧州を中心としてその普及が進んでいる。近年に入り、ディーゼルエンジンの弱点であった排出黒煙を限りなく除去する技術や、エンジン騒音の低減、そして一番困難とされてきたNOx対策の技術開発も急激に進歩してきており、新たなディーゼルエンジンの発展につながっている。

1.2　ディーゼルエンジンの歴史

　ディーゼルエンジン（圧縮着火エンジン）は、前述のように、1897年にドイツのルドルフ・ディーゼルによって実用化された。蒸気機関や大気圧機関から大きく飛

躍したオットー機関（火花点火エンジン）の発明から21年後のことである。当時の
ディーゼルエンジンでは、燃料を霧化させる燃料噴射装置などがないために、高圧
の空気噴射を行い、燃料を燃焼・爆発させていた。空気を圧縮させるための装置な
ど大がかりな機械が必要であり、当時は定置用や舶用といった用途に限られていた。
その後改良が加えられ、1922年にはドイツのベンツ社（現在のダイムラー社）による
副室式燃焼方式が実用化され、1924年には同じくドイツのマン社（MAN）が直接噴
射方式を実用化させた。これらの実用化により現在のディーゼルエンジンの原型が
できたことになる。また1927年には、ドイツのロバート・ボッシュ社（現在のボッ
シュ社）により燃料噴射ポンプの量産が始まり、この後、ディーゼルエンジンは普
及と発展を遂げることになった。1924年にはアメリカのカミンズ社が燃料噴射ポ
ンプのポンプユニットを独立させて、シリンダヘッド内に燃料通路を設けたユニッ
トインジェクタの実用化を行った。さらにアメリカのデトロイトディーゼル社も自
らユニットインジェクタを実用化し、同社の2サイクルディーゼルエンジンに搭載
した。日本では、1931年に三菱航空機（現在の三菱自動車）が国内ディーゼルエンジ
ンを軍用として供給を始めた。その後、1940年までには、予燃焼室式や渦流室式さ
らには直接噴射式などの燃焼室を完成させた。

　ディーゼルエンジンは、空気のみを吸入してそれを圧縮し、圧縮された空気中に
燃料を噴射して空気と燃料を瞬時に混合させなければならない。そのためディー
ゼルエンジンの歴史の中で最も重要な技術として、燃焼室と燃料噴射装置がある。
ディーゼルエンジン黎明期には、空気噴射などが見られたがのちの燃料噴射装置の
改良などにより無気噴射などが出現した。

　ただし、燃料噴射装置といってもまだ噴射圧力は十分ではなく、1930〜50年では
せいぜい350〜400気圧くらいであり、噴射された燃料のエネルギーだけでは霧化
が十分ではないため空気と燃料の混合がかなり困難であった。そのため圧縮された
空気のエネルギーを利用することで燃料と空気の混合を促進させるべく燃焼室が数
多く試みられた。この中で、商業的に成功し、現在でもよく見られる燃焼室としては、
図1.2.1で示す予燃焼室式や渦流式がある。これらの方式は、燃焼室をシリンダヘッ
ド側に燃焼室を設けて、圧縮された空気を小孔を通してその燃焼室に導入し空気に
運動エネルギーを与える。これにより燃焼室内に噴射された燃料と空気との混合が
促進され、良好な燃焼を得るしくみである。これらの方式は、ベンツ社やイギリス
のパーキンス社により普及され、高回転までの運転が可能であることや、燃料の噴
射圧力も比較的低くてもよいため燃料噴射装置のコストも低くできること、エン
ジン騒音も比較的静かであることなどの利点から、乗用車などに多く使われてき

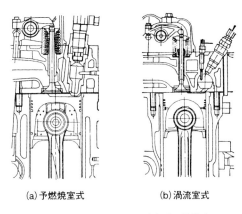

(a) 予燃焼室式　　　　　　(b) 渦流室式

図1.2.1　予燃焼室式と渦流室式の燃焼室

た。ただし、これらの方式では、圧縮された空気を小孔を通してその燃焼室に導入しなければならないため、小孔での絞り損失や壁面から熱を奪われる熱損失などによるエネルギー損失を伴うことになる。さらに、圧縮された空気の温度低下を防ぐために、圧縮比を高く（圧縮比は20前後）しなければならず、エンジン本体の強度や熱的な問題などを伴った。これらの損失を伴うことなく、また圧縮比も低く抑えてエンジン本体の強度や熱的な問題を解決するためには、シリンダ内を直接に燃焼室として利用することが理想であり、ディーゼルエンジン実用化の初期より種々の試みがなされてきた。しかし、シリンダ内では圧縮された空気の運動エネルギーが小さく、また初期の燃料噴射装置の噴射圧力も低かったために、十分な燃焼を得ることが困難であった。

　1954年に、ドイツのマン社が全く新しい燃焼室を考案しM燃焼方式として実用化した。図1.2.2に示すように、ピストンの上面に球形の燃焼室を設置してその中に燃料を噴射する方法であった。球形燃焼室の周方向には強い旋回流（スワール）を発生させて、それに沿うようなかたちで燃料が噴射された。燃焼室壁面での付着燃料の蒸発と旋回流の持つ運動エネルギーと噴射された燃料のエネルギーにより混合が促進され、実用的な運転が可能になった。大変静かでマイルドなディーゼルエンジンであった一方で、低温時における不完全な燃料の霧化による始動性不良や白煙問題など課題が多かった。

　1960年に入り、燃料噴射装置の高圧化が進んでくると、図1.2.3に示すような、オープンチャンバ（トロイダル型燃焼室）が登場した。この燃焼室はその容積に対して表面積が少なくて済むことや、絞り損失などがないために、従来の予燃焼室式、渦

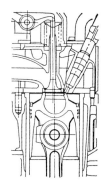

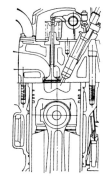

図1.2.2　M燃焼方式　　　　　図1.2.3　トロイダル型燃焼室

　流室式、M燃焼方式などに比べて、燃費が良いことや熱的にも強いことなどにより急速に普及していった。ただし、このトロイダル型燃焼室では窒素酸化物（NOx）が比較的に多く発生したり、スワールや燃焼室形状により排出黒煙が多く発生するなど問題もあり、その後これらの問題を解決するために、より高圧の噴射ができる噴射装置の改良や、アメリカでは構造的に高圧化が可能であるユニットインジェクタの改良が進んでいった。

　自動車の排出ガス規制は1961年にアメリカで乗用車に対して導入されたが、日本でもガソリンエンジンの乗用車への適用に続き、1971年にはディーゼル車に排気煙濃度規制が実施され、NOx、HC、COにもその後段階的に実施されていった。また、排気管から排出されて大気に拡散した後のことを考慮して、粒子状物質（Particulate Matter；PM）がアメリカで1984年に導入された。日本でも1994年にPM規制が導入され、NOx規制とともに世界でもっとも厳しい排出ガス規制が施行されていった。このような状況の中で、シリンダ内あるいは燃焼室内での空気流動の活発化（スワールの強化、吸入空気流動の活発化、など）や、いっそうの燃料噴射圧力の増大などが行われ、1980年代後半には、燃料噴射時期を制御する電子制御を有する燃料噴射装置などが出現し、NOx、PMともに低減させていった。1995年には、それまでの燃料噴射装置とは全く異なる構造を持つコモンレールシステムが日本電装（現在のデンソー）によって開発され世界に先駆けてトラック用ディーゼルエンジンに搭載された。初期には蓄圧式燃料噴射装置などと言っていたが、現在ではコモンレールシステムと言うのが一般的である。この方式は、エンジン側の条件（エンジン回転数や負荷）に対して従来の燃料噴射装置のように依存することがないことや、噴射時期や噴射回数の自由度が大きいために、現在の燃料噴射装置の主流となっている。

また、もともと航空機エンジンが酸素の薄い高度用に用いてきたターボチャージャを代表とする過給機も性能が向上し、日本では1980年代には急速にターボチャージャ付きエンジンが増えていった。ディーゼルエンジンはガソリンエンジンに比べて空気利用率が低く、また回転数も低く抑える必要があるため一般的には出力が低くなる。自動車用としては、重くて出力の低いエンジンでは実用上困難が生じることがあることより、空気を過剰に吸入できるターボチャージャ付きエンジンは非常に都合のよいエンジンとなった。さらにターボチャージャにより圧縮された空気を冷却機（インタークーラ）により冷やすことにより、より多くの空気を吸入することが可能であるとともに燃焼温度を下げる働きもあることより、NOx低減にも有効となる。現在では、ほとんどのディーゼルエンジンが給気冷却機付きディーゼルエンジン（ターボインタークーラディーゼルエンジン）となっている。

　21世紀に入り、世界的に環境改善に向けた取り組みがいっそう盛んになり、欧米や日本でも排出ガス規制がさらに強化されてきている。2003年の新短期排出ガス規制や2005年の新長期排出ガス規制、そして、2009年のポスト新長期排出ガス規制などの厳しい排出ガス規制に対応するため、多くの先進技術が開発されてきた。注目すべきは、エンジン本体の技術的対応が主流であった今までとは異なり、エンジンから排出された排出ガスを触媒やフィルタなどの後処理装置により浄化し、公害上の問題物質を除去する技術が実用化されるようになってきたことである。2003年には排出ガス中のPMを除去するセラミックス製のフィルタが、2010年には排出ガス中に尿素を添加し還元触媒でNOxを除去する技術が開発され、さらに進歩している。今後予定されている2016年排出ガス規制や国際基準調和排出ガス試験法の採用、そして高まる低燃費ニーズに対応するため、さらなる先進技術の開発が望まれている。

　一方、地球温暖化の元凶であるCO_2削減に向けた取り組みが、2003年の京都議定書に始まり各国が真剣に取り組むようになってきた。同時に石油資源の枯渇や原油価格の高騰など、石油をエネルギーとして使用する産業や自動車などの交通機関に与える打撃は大きなものがあり、その打開に向け世界中が新たな取り組みを始めている。ディーゼルエンジンは元々、燃料経済性に優れてはいるが、低排出ガス・低燃費を追求した小排気量・高過給のターボインタークーラ（給気冷却付き過給エンジン）がすでに主流となっており、すでに説明したコモンレールシステムや排気後処理装置との組み合わせを基本としながら今後も進化を続けることは間違いない。また、石油燃料に替わる代替燃料や、電気エネルギーを併用したハイブリッドディーゼルエンジンもすでに実用化されており、枯渇燃料に替わる再生可能エネルギーへ

の置換、さらなる電気リッチ化、通常のエンジンの概念を変える燃料電池などの実用化など、今後商用車用エンジンはさらに発展していくと思われる。

1.3　ディーゼルエンジンとは

　ディーゼルエンジンもガソリンエンジンも液体燃料をエンジン内で燃焼爆発させて、その熱エネルギーを機械エネルギーに変換させて動力を取り出すことの基本原理は同じであり、ピストン・シリンダ・クランク機構などが酷似するために、なかなか区別がしにくいというのが一般的である。ガソリンを燃料とするエンジンをガソリンエンジン、ディーゼル燃料（軽油や重油）を燃料としているエンジンをディーゼルエンジンというのがよく言われる回答である。技術的・工学的にはこれでは不十分であり、すこし説明を加える必要がある。ガソリンエンジンは圧縮された混合気をスパークプラグで点火（着火）することより、火花点火エンジン（Spark Ignition Engine）というのが技術的・工学的に正しい言い方である。一方、ディーゼルエンジンは空気のみを圧縮し、圧縮された高温空気中に燃料を噴射して燃焼（自己着火）させることから、圧縮着火エンジン（Compression Ignition Engine）と呼ばれる。

　エンジンにとって最も重要な役目は、与えられた燃料に対していかに効率よく動力として取り出すことができるかということである。工学的には熱効率として、投入する燃料の持つエネルギーと取り出す動力としてのエネルギーの比で表すことが一般的である。熱サイクルとして議論する場合には、図示熱効率と呼ぶ。この数値を求めるのに最も影響のあるものは、混合気や空気を圧縮したときの体積割合である圧縮比であり、圧縮比が高いほど図示熱効率が高い数値を示す。ガソリンエンジン（火花点火エンジン）とディーゼルエンジンを比較した場合、実は同じ圧縮比、同じ投入エネルギーであれば前者の方が図示熱効率は高い。ただし、実用エンジンではこのような状況はほとんどなく、ディーゼルエンジンの方が図示熱効率が高いのが一般的である。ガソリンエンジン（火花点火エンジン）の場合では、混合気を圧縮するために、あまり圧縮比が高くなると混合気が自己着火を起こしやすく（ノッキングという）、運転ができない状態になるため、通常の圧縮比は10前後であるが、一方のディーゼルエンジンでは、空気のみを圧縮するので圧縮による自己着火は発生しないために、圧縮比は構造・強度が許す限り高く設定することができる。現代の通常のディーゼルエンジンでは圧縮比は15以上20くらいまでが一般的である。

　実用エンジンでは先の熱サイクルとして議論した図示熱効率の他に、エンジン自体の摩擦損失や吸気・排気行程で発生するポンプ損失などがあり、これらを差し引

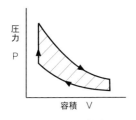
（a)オットーサイクル（定容サイクル）

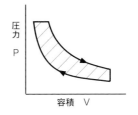
（b)ディーゼルサイクル（定圧サイクル）

図1.3.1　ガソリンとディーゼルの燃焼サイクルの比較

いて実際にエンジンから取り出せる動力として、前記の熱効率のように投入したエネルギーとの比で表したものを正味熱効率という。最新のディーゼルエンジンでは、この数値が舶用の大型ディーゼルエンジンでは55％、大型商用車用ディーゼルエンジンでは45％程度が実用となっており、ガソリンエンジンの25～35％を大きく上回っている。

　実用エンジンとしてさらに考慮しなければならないのが、エンジン負荷の低い運転領域（実際の走行では軽負荷での運転が多い）でのディーゼルエンジンの優れた燃費である。ガソリンエンジンはその原理上、一定の空気と燃料の混合割合でなければならないため、エンジンの負荷を変化させる場合はシリンダに入る混合気の量を変化させる必要があり、その手段として吸気絞り（インテークスロットル）を用いる。そのために吸気負圧が発生し、結果として吸気・排気行程で発生するポンプ損失が増大するために、軽負荷での燃費が悪化することになる。近年のガソリンエンジンではこれらの課題を改善するために種々技術開発が行われ、実用化も進んでいる。一方、ディーゼルエンジンでは空気のみを絞りなどがない状態で吸入するために、エンジンの負荷が低い場合においてもポンプ損失が増えることがなく燃費の悪化は少ない。また前述したディーゼルサイクルに関しても、近年の燃料噴射装置の改良により1000気圧から高いものでは2000気圧以上の噴射圧力が得られており、シリンダ内での燃焼期間も短縮され、実際のサイクルもオットーサイクルに近いものが実用化されている。

　このように、近年のディーゼルエンジンは大きな改善がなされてきた一方、特徴の一つであった電気系統が無いという従来のエンジンとは異なり、燃料噴射装置には高度な電子制御が必要になってきており、エンジンの本質的な違い以外は、ガソリンエンジンもディーゼルエンジンも大変似てきている。

引用文献　　1)　齋藤孟監修『自動車工学全書5　ディーゼルエンジン』山海堂、1980年、p.10

第2章　ディーゼルエンジンの基礎

2.1　サイクル、効率、燃焼

2.1.1　ディーゼルエンジンのサイクル

(1) ディーゼルエンジンのサイクル

　ディーゼルエンジンは、空気のみを吸入・圧縮し、その高温で高圧となった雰囲気中に燃料を噴射し、自己着火・燃焼させることで出力を得ている。ディーゼルエンジンのシリンダ内圧力の時間変化を図2.1.1に示す。この吸入→圧縮→膨張(燃焼)→排気の一連の行程をサイクルと呼ぶ。一般に、サイクルを表現するためにはPV線図が用いられる。PV線図とは横軸にシリンダ内容積Vを、縦軸に$\log$スケールでシリンダ内圧力Pをとって表すもので、その例を図2.1.2に示す。PV線図の多くは縦軸と横軸を$\log$スケールで表し、その形状により吸入圧力や燃焼状態などを把握できることから、サイクルの特徴を理解するのに重要である。

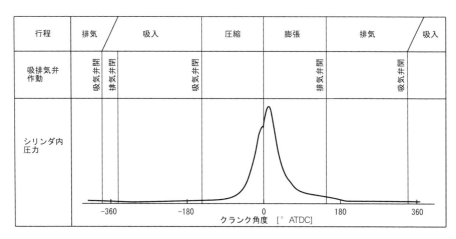

図2.1.1　ディーゼルエンジンのシリンダ内圧力過程

(2) 定容サイクル、定圧サイクル、複合サイクル

内燃機関の理論サイクルとしては、定容サイクルと定圧サイクルがある。定容サイクルはオットーサイクルとも呼ばれ、ガソリンエンジンの燃焼形態を表すものであり、上死点で一定容積の燃焼（等容燃焼）により出力を得るため、*PV* 線図上では燃焼期間が垂直に表現される。

これに対し、定圧サイクルはディーゼルサイクルとも呼ばれており、上死点から一定圧力の燃焼が続くこと（等圧燃焼）で出力を得るため、*PV* 線図上の燃焼期間は水平に表現され、初期の空気噴射式船舶用の大型低速ディーゼルエンジンの燃焼は比較的これに近いといわれている。

さらに、定容サイクルと定圧サイクルを複合させたサイクル（複合サイクル）という考え方があり、具体的には、上死点での等容燃焼とその後の等圧燃焼を両方から出力を得るため、*PV* 線図での燃焼期間は前半が垂直、後半が水平に表現される。自動車用の高速ディーゼルエンジンの燃焼は複合サイクルで表すことが一般的である。定容サイクル、定圧サイクル、複合サイクルの模式図を図2.1.2に示す。

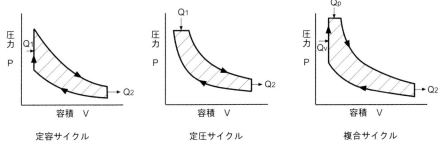

図2.1.2　内燃機関の基本サイクル（*PV* 線図）

2.1.2　熱効率と損失

(1) 熱勘定

エンジンに供給された燃料消費の内訳を熱勘定といい、その模式図を図2.1.3に示す。燃料が燃焼して発生する熱量のうち、出力に変換されるのは30～45％であり、25～30％はエンジン冷却水に、残りの30～35％は排気および各部からの放射によって失われる。

熱勘定は燃焼方式、過給の有無、エンジン回転数・負荷などによって大きく変化

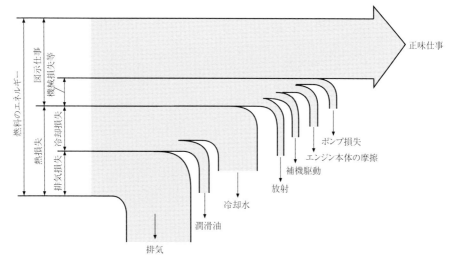

図2.1.3　熱勘定の概念

する。燃焼方式については、直接噴射式に対して副室式の場合、燃焼室の表面積が大きいため冷却損失が大きいことと、副室へのガス流出入に対して細いガス通路を通過することによる絞り損失を伴うことで、出力に変換される熱量が少なくなる。また、ターボ過給エンジンは、排気に棄てられるエネルギーの一部をタービンで回収し、同軸に配されたコンプレッサによって吸気を加圧し、空気密度が増して出力が向上するため、相対的に失われる熱量が低減する。エンジン負荷については、軽負荷領域において相対的に損失が大きくなるため、出力に変換される熱量の割合は減少する。

(2) 熱効率

　図2.1.4の複合サイクルのPV線図において、サイクルの各点（1、2、3、4、5）における、各状態での圧力をp、温度をTおよび比容積vとし、等容燃焼、等圧燃焼によって与えられる熱量をれぞれQ_v、Q_p、等容排気で失われる熱量をQ_2とし、行程中の比熱（等容比熱C_v、等圧比熱C_p）を一定とし、比熱比$\kappa = C_p/C_v$とする

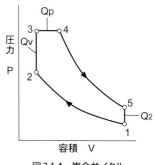

図2.1.4　複合サイクル

と、理論熱効率 η_{th} は次式で表される。

$$\eta_{th} = 1 - \frac{T_5 - T_1}{(T_3 - T_2) + \kappa\,(T_4 - T_3)} \qquad (2.1.1)$$

これを、圧縮比 $\varepsilon = v_1/v_2$、爆発度 $\xi = p_3/p_2$、加熱期間を表す締切比 $\sigma = v_4/v_3$ などで整理すると、

$$\eta_{th} = 1 - \frac{1}{\varepsilon^{\kappa-1}}\left(\frac{\sigma^{\kappa}\xi - 1}{\xi - 1 + \kappa\xi\,(\sigma - 1)}\right) \qquad (2.1.2)$$

となり、理論熱効率を向上させるには、圧縮比 ε を増加すればよいことが容易にわかる。その他に、爆発度 ξ を増加させる、あるいは締切比 σ を 1 に近づけるなどの方法がある。

なお、定容サイクルは複合サイクルにおいて、締切比 σ が 1 の場合であり、定圧サイクルは、爆発度 ξ が 1 の場合を示している。

熱効率には、PV 線図上の面積（仕事）で定義される図示熱効率、実際の効率である正味熱効率があり、両者の間には、

$$\text{正味熱効率} = \text{図示熱効率} \times \text{機械効率} \qquad (2.1.3)$$

という関係がある。したがって、出力として取り出される正味熱効率を向上させるには、図示熱効率を向上させるとともに、次に述べる冷却損失、排気損失を低減して、機械損失を低減することによって機械効率を高めることが必要である。

図示熱効率を向上させることは、理論熱効率 η_{th} を向上させることになり、圧縮比 ε の増加、締切比 σ を 1 に近づけることなどが必要になる。実際のエンジンでは圧縮比 ε を必要以上に上げると、後述する摩擦損失が増大するとともに、燃焼室形状の最適化が困難となることから制限を受ける。また、締切比 σ を 1 に近づけることは、3 章にて述べる排出ガス（NOx）や騒音、部品の機械的強度の面からの制約がある。

また、実際の熱効率 η は、燃料の低位発熱量 h [kJ/kg]、燃料消費率を b_e [g/kWh] とすると、

$$\eta = \frac{3.60}{b_e h} \times 10^8 \ [\%] \qquad (2.1.4)$$

で表される。

(3) 損失

　燃焼によって発生したエネルギーのうち、熱として大気に放出される主なものは冷却損失と排気損失であるが、このほかにエンジン各部の摩擦損失、エンジン運転に必要な補機駆動によるエネルギー損失などの機械損失および放射による損失がある。

　冷却損失は、圧縮から燃焼・膨張行程にかけてシリンダ内からシリンダヘッド、ピストン、ピストンリング、シリンダライナおよび潤滑油を介して冷却水へ放出する熱損失のことで、最終的に大気へ放出される。この損失によりシリンダ内圧力は減少し、ピストンが受けとるべき膨張仕事が減少することになる。また、車両用エンジンの冷却損失には、冷却水に放出された熱をラジエータを通じて大気中に放出するため、ファンを駆動するための機械損失も伴うので注意が必要である。

　排気損失は、文字通り排気に流出した熱損失のことである。ターボ過給エンジンでは排気損失の一部をタービンで回収して、エンジンの吸気を加圧するエネルギーに変換することで排気損失を低減している。また、ターボチャージャの後流にさらにタービンを設置して残りのエネルギーを回収し、エンジンを駆動するエネルギーに変換するターボコンパウンド（図3.2.14および図3.2.15参照）も一部実用化されている。

　エンジンは、空気を吸入して燃焼し、出力を得た後、排気することから、空気ポンプと見なすことができる。それぞれの行程中のガスの流れの抵抗はエンジンの駆動損失に直結し、これを総称してポンプ損失と呼ぶ。ポンプ損失の低減には、吸排気バルブ寸法、バルブ開閉時期の最適化および吸排気通路各部の流量係数の向上（曲がり、急拡大・縮小の回避）などが必要となる。また、ターボチャージャのウエストゲートバルブには過大な排気圧力を緩和してポンプ損失を低減する作用がある。

　摩擦損失は、ピストン、ピストンリング、シリンダライナ、各部軸受などの運動摩擦による損失をいい、フリクションとして直接機械損失とされるもののほか、摩擦熱となって冷却水等へ放出されるものがある。摩擦損失はエンジン回転数が高いほど増加し、強度確保、面圧の低減とのトレードオフの関係（二律背反的関係）がある。摩擦損失を低減するためには、摺動部分の寸法減、潤滑条件の改良、変形の抑制などが必要となる。

　エンジンの性能に関わる主要な計算式を以下（4）（5）（6）に示す。

(4) 出力と平均有効圧力

　4サイクルエンジンの場合、軸出力 P [kW]、軸トルク T [Nm]、正味平均有効圧力 p_e [MPa] の間には次式の関係がある。ここで、正味平均有効圧力とは PV 線図の有効仕事面積を行程容積で割ったもの（図示平均有効圧力）から機械損失を引

いたものであり、この定義を使用すると機関のシリンダ容積、回転数、サイクル数の差にかかわらず、1サイクルあたりの発生仕事を同一基準で考えることができるため、異なる排気量のエンジンの性能差を表現する上で非常に有用である。

$$p_e = \frac{120P}{VN} = \frac{1.256T}{V} \times 10^{-2} \ [\text{MPa}] \tag{2.1.5}$$

なお、Vは総行程容積[L]、Nはエンジン回転数[rpm]である。

(5) 燃料消費率

測定された燃料消費量をG_f [g/sec]あるいはQ_f [cm³/sec]とし、燃料比重をγ_f [g/cm³]とすると、燃料消費率b_eは次式で与えられ、エンジンの効率を表現する特性値として熱効率の代わりによく用いられる。

$$b_e = \frac{3600G_f}{P} = \frac{3600Q_f\gamma_f}{P} \ [\text{g/kWh}] \tag{2.1.6}$$

(6) 空気過剰率、容積効率

単位時間に吸入される空気重量をG_a [kg/sec]、吸気入口での温度・圧力における空気体積をQ_a [m³/sec]とし、吸入空気比重をγ_a [kg/m³]、理論空燃比を14.3とすると、空気過剰率λおよび容積効率η_vは次式で表される。

$$\lambda = \frac{G_a}{14.3G_f} = \frac{Q_a\gamma_a}{14.3G_f} \tag{2.1.7}$$

$$\eta_v = \frac{1.2Q_a}{VN} \times 10^7 \ [\%] \tag{2.1.8}$$

なお、過給エンジンの場合、吸気された空気がターボチャージャで加圧されるためη_vは低速および軽負荷を除いて100%を超えることが一般的である。

2.1.3 ディーゼルエンジンの燃焼

(1) ディーゼルエンジンの燃焼過程と熱発生率

ディーゼルエンジンは、前述のように、空気のみを吸入・圧縮し、その高温で高圧となった雰囲気中に燃料を噴射し、自己着火・燃焼させることで出力を得ている。この燃焼過程（シリンダ内圧力、熱発生率、針弁リフト）と燃焼観察例を図2.1.5に示す。燃料が噴射されてから予混合燃焼が開始するまでの期間を着火遅れと呼び、燃焼状態、燃料性状などを論じる上で重要な役割を果たす。ディーゼルエンジンの燃焼は、大きく3つに分類され、それぞれを予混合燃焼、拡散燃焼、後燃えと呼ぶ。

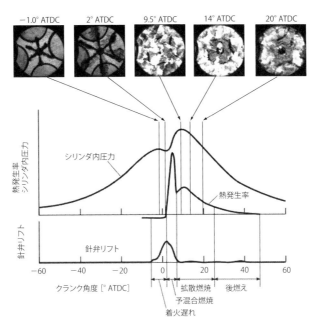

図2.1.5　ディーゼルエンジンの燃焼過程

　ディーゼルエンジンでは、燃焼の経過とともに発生する熱により出力を得るが、このときの単位時間あたりの発生熱量を熱発生率という。熱発生率は、その時間経過パターンから大略の燃料噴射開始時期、エンジン負荷および燃焼の良否が判断でき、ディーゼルエンジンの燃焼から性能を論じる上で不可欠なものである。

(2) ディーゼルエンジンの燃焼方式

　ディーゼルエンジンは、空気と燃料を別々にシリンダ内へ投入するため、その混合が燃焼の成否を分けることになる。良好な混合を得るために多数の燃焼方式、燃焼室が考案されている。燃焼方式は大きく分類すると、直接噴射式と副室式に分類される。その中で、副室式は予燃焼室式、渦流室式（図1.2.1参照）、空気室式などに分類される。

　歴史的には、副室式の方が先に実用化が進み、乗用車を中心にコメット（Comet）型と呼ばれる渦流室式の燃焼室が主流を占め、近年まで使用された。また、副室式は予燃焼室式、空気室式を含め多くの考案がなされたが、最終的には熱負荷および燃費に有利な直接噴射式に移行している。

副室式の混合気形成は、主として圧縮行程で副室内に押し込められた空気の運動エネルギーによるため、高い燃料噴射圧力を必要としない特長がある。また、副室からの半燃焼ガスをそのエネルギーによって噴出させることで、さらに混合を進めることができ、一般に直接噴射式に比べて少ない空気量で高い煙排出限界を得られる。しかしながら、副室への空気圧縮および噴出に要する損失エネルギーが大きく、燃焼室内ガス流動が大きいために熱負荷が高い欠点があり、前述のように直接噴射式への移行が進んだと考えられる。

　一方、直接噴射式は空気室をピストン側に移す思想からM燃焼方式（図1.2.2：ピストン頂面に半球形の燃焼室を設け、その燃焼室壁面に沿わせて当てた燃料噴霧が蒸発・着火する方式）へ発展したが、強い渦流を必要とすることから熱負荷が高く、始動性にも難点があることから淘汰された。また、少し遅れてザウラー（Saurer）型と呼ばれる燃焼室が考案され、今日のリエントラント型の基となっている。

　一般に現在の直接噴射式は、吸気ポートにより旋回流（スワール）を与え、6～12個の噴孔から燃料を噴射し、燃焼室壁面に衝突させ、圧縮時の縦渦流（スキッシュ）、膨張時の縦渦流（逆スキッシュ）などを組み合せて混合を促進させている。直接噴射式は、副室式に比べて空気の運動エネルギーが小さいので、その高性能化のためには高圧の燃料噴射装置が必要である。

(3) 燃焼に影響を与える要因

　既述のように、ディーゼルエンジンは、空気を吸入・圧縮してから燃料を噴射するため、その混合が燃焼に大きな影響を与える。混合に影響を及ぼす要因は、吸排気系、燃料噴射系、燃焼室形状および時間（エンジン回転数）であり、言い換えればエンジンの基本スペックのすべてが燃焼に影響を及ぼすことがわかる。

　一般に、混合を促進すると燃焼は活発化する。混合を促進する代表的な要因を挙げると次のようになる。

- ・吸気系：スワール比（スワール回転数 Ns とエンジン回転数 N の比で、Ns/N で表される）を上げる。
- ・噴射系：燃料噴射圧力を上げる、ノズル噴孔面積を小さくする、ノズル噴孔数を増やす。
- ・燃焼室：燃焼室口径を小さくし、スキッシュエリア（ピストン頂面の平面部面積）を広くする、リエントラント角度（燃焼室入口の垂直面と燃焼室壁面の角度）を増やす。

　ただし、燃焼現象は、多くの物理的・化学的要因が交絡しているため、すべての

要因を混合促進の方向に変更したからといって、大幅に燃焼が活発化するわけではない。また、活発化できたとしても、後述する排出ガス（NOx）や、騒音などから制約があり、さらにはエンジン回転数の低速域と高速域および高負荷と軽負荷のバランスをとることが必要になる。この全体を最適化する作業を燃焼チューニングと呼ぶ。

2.1.4 始動性と白煙

ディーゼルエンジンを成立させるために、出力・トルク、排出ガスと並んで重要な項目として、エンジンの低温始動性と白煙がある。

低温始動性は、エンジンの基本スペックである圧縮比や潤滑系に影響を及ぼすため重要である。また、エンジンは−30℃を下回る極寒地でも使用されるため、車室内暖房確保の面からも重要である。始動プロセスは、燃料が着火した時点を初爆、エンジンが自立運転を始めた時点を完爆といい、吹き上がりを迎えて終了する。既述のようにディーゼルエンジンは吸入した空気を圧縮し、高温場に燃料を噴射し、自己着火・燃焼させているため、圧縮時に達する温度（圧縮端温度）がほぼ始動性を決定するといってよい。このため始動性の向上には、エンジンの圧縮比を高く設定することや吸入空気・燃料噴霧をヒータ・グロープラグで加熱することが有効である。なお、始動性が向上するとオイルが供給されないうちに各部が摺動するため、潤滑特性にも注意が必要である。

また、寒冷地などでエンジン暖機時中に白煙が排出されることがある。白煙の主成分は水蒸気であるが、燃料の未燃成分が含まれるため低減する必要がある。白煙は吸気温度が低いことで着火遅れが長くなり、噴射された燃料の一部が燃焼室壁面に付着することで生成する。このため白煙の防止には、着火遅れを短くする手段として、始動性の向上と同様に高圧縮比、インテークヒータ、グロープラグのほか、燃料噴射時期進角、パイロット噴射などが有効である。また、白煙の生成が燃焼室壁面への付着に起因することから、基本スペックであるスワール比、燃焼室口径、ノズル仕様（噴孔径、噴孔長さ、サックボリューム）の他、燃料噴射圧力の影響も大きいため注意が必要である。近年は酸化触媒の適用により白煙はほぼ排出されなくなったが、過剰な白煙は触媒暖機過程において大量に放出される恐れや触媒自体を被毒させる可能性もあるため、エンジン側での低減は依然として重要である。

2.1.5　低圧縮比

　近年、乗用車を中心に圧縮比を低減する動きが盛んであり、従来17程度であった圧縮比が14まで低減されているものもある。圧縮比の低減は理論熱効率を低下させるため望ましい方向ではないが、軽負荷を多用する乗用車においては摩擦損失を低減して正味熱効率を向上させる手段として用いられている。このようなコンセプトを実現するために低圧縮比化されたエンジンは、クランク・コンロッドを強度に影響のない範囲で細く設計される。これによりガソリンエンジンとのヘッド・ブロックの共通化も実現されている。

　低圧縮比を実現するために欠かせなかった技術がマルチ噴射である。低圧縮比は、白煙や軽負荷のHCを悪化させるが、マルチ噴射の進化により14レベルの圧縮比でも製品として問題ないレベルが確保されている。

　商用車の圧縮比には一部を除いて大きな変化は見られないが、研究レベルでは26、30といった高圧縮比が検討されている。燃費向上の社会的要求が強まるにつれて圧縮比は高まる可能性が高い。

2.2　　出力性能と過給

2.2.1　出力・トルクの定義と計算式

　軽油の燃焼によりピストンに作用する力は、クランク軸を回転させトルク（回転力）を発生する。トルクは、軸を回転させる力と力が作用する腕の長さの積で定義される。長さ r [m]の腕の先に F [N]の力を加えて回転させたときに発生するトルク T [N・m]は次式で表される。

$$T = F \times r \tag{2.2.1}$$

エンジンのトルクはトランスミッションなどの減速装置を経て半径 R [m]のタイヤに伝わり、T/R [N]の牽引力（駆動力）を発生する。

　また、力 F に逆らって n 回転したときの仕事 W [N・m]は、一回転当たりの移動距離が $2\pi r$（円周長）であることから次式で表される。

$$W = F \times 2\pi rn \tag{2.2.2}$$

　出力 P [kW]は単位時間 [s]当たりの仕事で定義される。
回転数n [rpm]で作動しているエンジンの出力は次式で表される。

$$P = \frac{F \times 2\pi rn}{60 \times 1000} = \frac{2\pi nT}{60 \times 1000} \quad (2.2.3)$$

車両が走行抵抗(転がり抵抗、空気抵抗、登坂抵抗)に抗した牽引力を発揮しながら、短時間に移動すなわち高速で走行するためには、より大きな出力が必要である。

なお、トルク、出力の単位の関係はつぎのとおりである。

1 [kgf・m] = 9.807 [N・m]

1 [PS] = 0.7355 [kW]

1 [HP] = 0.7457 [kW]

2.2.2 エンジン性能と車両走行性能

エンジンの性能曲線として最も代表的なものは、各回転数におけるアクセル全開

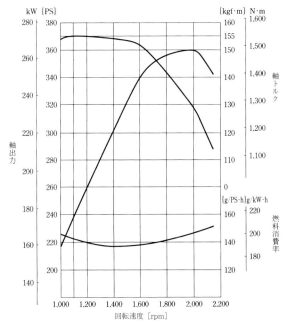

排気量13Lの直6ターボインタークーラ付きエンジンの例
最大出力　365PS{265kW}/2000rpm
最大トルク　155kgf・m {1520N・m}/1100rpm

図2.2.1　全負荷性能曲線

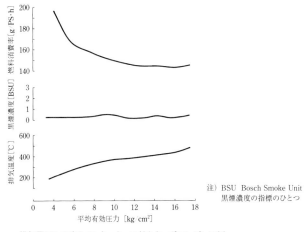

排気量13Lの直6インタークーラ付きターボエンジンの例
最大出力　365PS{265kW}/2000rpm
最大トルク　155kgf·m {1520N·m}/1100rpm

図2.2.2　部分負荷性能曲線

時のエンジン性能を示した全負荷性能曲線である。図2.2.1に全負荷性能曲線の例
を示す。エンジン回転数を横軸にとり、縦軸に出力、トルク、燃料消費率、必要に
応じて排気温度、排気煙濃度、排出ガス排出量などを表示する。エンジンの部分負
荷性能を表示する場合は、回転数毎に正味平均有効圧力を横軸にとり、縦軸に燃料
消費率、排気煙濃度、必要に応じ排気温度、過給圧力、排出ガス排出量などを表記
した部分負荷性能曲線が使用される。図2.2.2に部分負荷性能曲線の例を示す。こ
の性能曲線は、線の形が釣り針に似ていることから、エンジン技術者の間ではフィッ
シュフックと呼ばれている。

　車両の動力性能を表示するために車両走行性能曲線が一般的に用いられる。車両
走行性能曲線は、横軸に車速をとり、縦軸はトランスミッションの変速段毎の牽引
力、勾配毎の走行抵抗、必要に応じて変速段毎のエンジン回転数を表示する。図
2.2.3に大型トラックの車両走行性能曲線の例を示す。図に示した車両の場合、平
地で到達できる最高車速はトランスミッションが7速の牽引力曲線の右端（a点）に
相当する141km/hである。ただし、わが国では高速道路における制限速度違反に
よる重大事故防止や燃費向上等を狙いに、大型トラック等に対して速度抑制装置の
装着が義務付けられており、最高速度は90km/hに制限されている。最大登坂能力

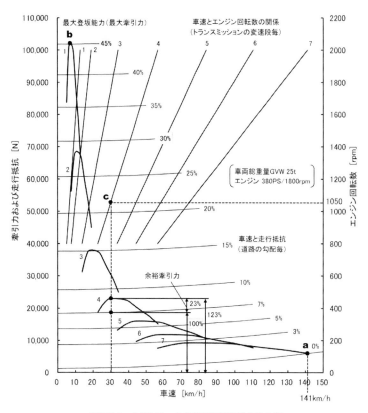

図2.2.3　大型トラックの車両走行性能曲線の例

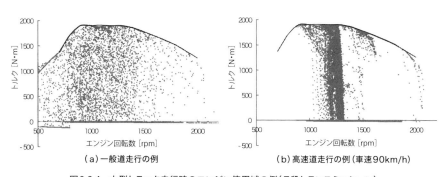

（a）一般道走行の例　　　　　　　　（b）高速道走行の例（車速90km/h）

図2.2.4　大型トラック走行時のエンジン使用域の例（7段トランスミッション）

は1速のけん引力曲線と接する走行抵抗曲線の勾配45%（*b*点）である。また、4速・30km/hで7％勾配を登坂中のエンジン回転数は1050rpm（*c*点）であり、この時の牽引力はまだ23%の余裕を残しているので、登坂中といえども加速が可能である。

　図2.2.4は、図2.2.3で示した走行性能の大型トラックが郊外の一般道および高速道路を走行した場合のエンジンの回転数とトルクの変化を、エンジンのトルクカーブ上に0.4秒毎にプロットしたものである。発進、停止、加減速の多い一般道走行では、低中速を中心に軽負荷から高負荷まで広い範囲が使われている。これに対し高速道走行では、トランスミッションの最高段の車速90km/h相当の回転数を中心とした軽負荷〜高負荷までと、中速から高速の高負荷域の使用頻度が多くなっている。

2.2.3　エンジン出力・トルクの変遷

　わが国では、高度成長期の昭和30年代後半、都市高速道路として首都高速道路の京橋〜芝浦間4.5km（1962年）、高速道路として名神高速自動車道路の栗東〜尼崎間71km（翌1963年）が開通して以来、高規格幹線道路網（高速自動車国道・自動車専用道路）の整備が進められてきた。その結果、2010年時点での高規格幹線道路の総延長は9855kmに及び、現在も高規格幹線道路網計画（高速自動車国道約1万1520km、自動車専用道路約2480km）に基づき整備が進められている。このような高速道路網の整備に合わせて、大量・高速輸送の担い手である大型トラック用ディーゼルエンジンに対する高出力・高トルク化の要求が年々高まってきた。

　大型トラック用エンジンの断面図および盛り込み技術を、2010年代および1970年代で比較して図2.2.5に示す。図2.2.6にこれらのエンジンのトルクカーブを比較して示す。1970年代の排気量13Lの自然吸気エンジンは、最大出力が270PSと小さく、最大出力点回転数は2300rpmと高い。また、回転数に対するトルク特性がフラットである。これに対し2010年代の排気量13Lのターボインタークーラ付エンジンの最大出力は380PSと大きく、最大出力点回転数は1800rpmと低い。さらに、最大出力点から最大トルク点に到るトルク上昇が大きく、1100rpmという低回転で220kgf·mという非常に大きな最大トルクとなっている。このように低回転で高トルクを発生するようなトルク特性とするのは、ピストンスピードが小さくエンジン内部の摺動部の摩擦損失（機械摩擦損失）の小さな低回転域での走行を可能とし、走行燃費を向上させるのが狙いである。（3.2.3項参照）

　国内の積載量10トンクラス大型トラック用ディーゼルエンジンの最大出力の変

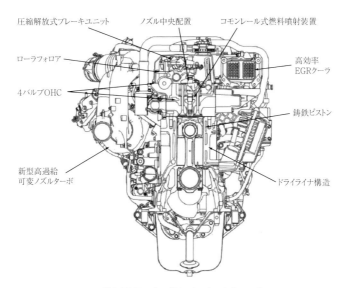

圧縮解放式ブレーキユニット　ノズル中央配置　コモンレール式燃料噴射装置

ローラフォロア

高効率
EGRクーラ

4バルブOHC

鋳鉄ピストン

新型高過給
可変ノズルターボ

ドライライナ構造

排気量13L　ターボインタークーラ付エンジン
380PS/1800rpm、220kgf・m/1100rpm
(a) 2010年代のエンジン

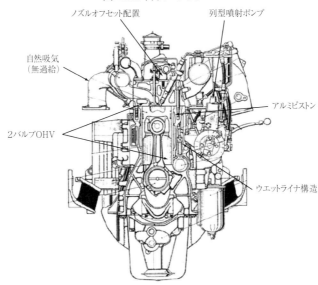

ノズルオフセット配置　　列型噴射ポンプ

自然吸気
(無過給)

アルミピストン

2バルブOHV

ウエットライナ構造

排気量13L　自然吸気エンジン
270PS/2300rpm、95kgf・m/1400rpm
(b) 1970年代のエンジン

図2.2.5　大型トラック用エンジン(直接噴射式)の盛り込み技術の比較

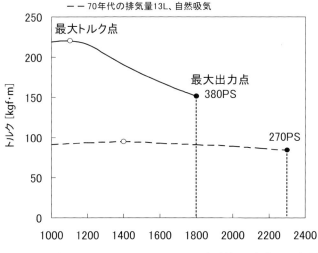

図2.2.6　大型トラック用エンジンのトルクカーブ比較（2010年代、1970年代）

遷（年毎の分布）を図2.2.7に、最大トルクの変遷（年毎の分布）を図2.2.8に示す。
1960年代に名神高速道路、東名高速道路が開通し高速トラック輸送が本格化する
と、低燃費と耐久性に対するニーズが高まり、1960年代後半には従来の副室式に代
わって燃費と耐久性に優れる直接噴射式が導入されはじめた。1980年代になると
高速道路網の拡充に合わせて、高出力で燃費に優れるインタークーラ付ターボ過給
エンジンが導入され普及していった。1980年代から1990年代にかけて高速道路網
はさらに拡充され、大量・高速輸送のニーズに合わせてエンジンの高出力化が進め
られた。1993年には車両総重量の規制値を軸距等に応じて最大20トンから25トン
に引き上げる規制緩和が行われてエンジンの高出力化はさらに進み、1990年代後半
には最大出力400PS以上の高出力エンジンが開発されるようになった。トルクも
エンジンの高出力化に合わせて増大した。特にインタークーラ付ターボ過給エン
ジンは、低燃費化のニーズに合わせて高トルク化が著しく進み、2000年代になると
200kgf·mを超す非常に大きなトルクを発生するエンジンも開発されるようになっ
た。2000年代以降は、国内積載量10トンクラスの大型トラック用エンジンの上限
出力は400PSクラス、上限トルクは200kgf·mクラスで横ばいとなっている。

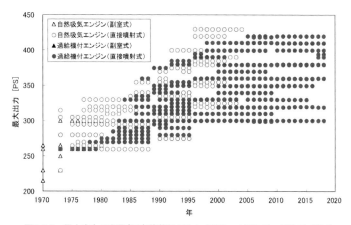

図2.2.7　最大出力の変遷（国内積載量10トンクラス、大型トラック用エンジン）

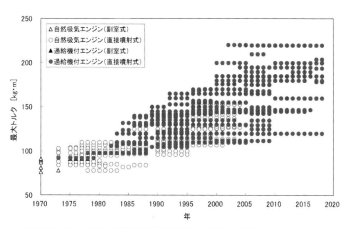

図2.2.8　最大トルクの変遷（国内積載量10トンクラス 大型トラック用エンジン）

2.2.4　過給

(1) 過給の概要

　ディーゼルエンジンの行程容積当たりの出力・トルクを増大させる方策として、過給が行われる。過給は、圧縮機等により空気を圧縮して密度を高めて大量の空気をシリンダ内に供給し、より多量の燃料を燃焼させて出力・トルクを高めるものである。過給により圧縮上死点付近の温度・圧力が増大すると着火遅れが短縮し、予混合燃焼が抑制されNO_x（窒素酸化物）排出量が低減する。また、高い空気過剰率により燃焼が活発になり、黒煙排出量を低減することができる。さらに、過給によ

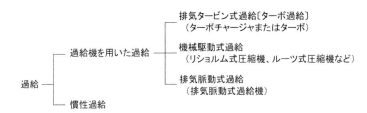

図2.2.9　過給方式の分類

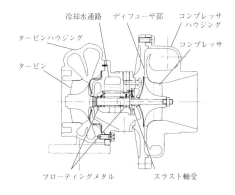

図2.2.10　ターボチャージャの断面図[1]

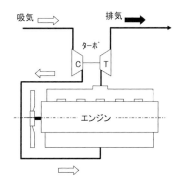

図2.2.11　ターボ過給のシステム図

り出力・トルクを増大させると、機械摩擦損失が相対的に低減できるので燃費向上にも有効である。近年、自動車用ディーゼルエンジンは、低排出ガス・低燃費化、小型・軽量化の要求に対応するため急速に過給化が進み、排出ガス規制の厳しい先進国においては、過給を行わない自然給気エンジンは姿を消してしまった。新興国においても、排出ガス規制の強化により過給エンジンへの代替が進み、自然吸気エンジンは姿を消しつつある。

　過給方式を分類すると図2.2.9に示すように、過給機を用いた過給と慣性過給(吸気の脈動効果を活用した過給)に分類することができる。過給機を用いた過給は過給機の種類により、排気タービン式過給、機械駆動式過給、排気脈動式過給に分類することができる。

(a) 排気タービン式過給

　排気タービン式過給は、エンジンの排気エネルギーによりタービンを回転させ、同軸上に取り付けられた圧縮機を駆動する過給方式である。図2.2.10に排気タービン式過給機の断面図を示す。排気タービン式過給機はターボチャージャ、ターボ過給機またはターボなどと略して呼ばれる(以降、「ターボ」と略す。また、排気ター

ビン式過給を「ターボ過給」と略す）。図2.2.11にターボ過給のシステム図を示す。

　ターボの基本構造は、軸受で支持された回転軸の両端にコンプレッサとタービンが取り付けられた回転部、軸受を支持する軸受ハウジング、コンプレッサの空気流路を構成するコンプレッサハウジング、タービンのガス流路を構成するタービンハウジングから成っている。コンプレッサには、精密鋳造アルミニウム合金製の遠心式圧縮機が用いられる。最近では、加工技術の高度化・高速化により複雑な羽根車形状も短時間に加工できるようになり、高強度の鍛造アルミニウム合金材から削り出した遠心圧縮機も用いられるようになった。広い回転域で使用される自動車用エンジンに対応するため、羽根車は作動空気流量範囲が広く取れるバックワード形インペラ（羽根車出口の翼の向きが回転方向とは逆に向いている羽根車）が、ディフューザ部は翼無し形（ベーンレス）が一般的に用いられる。タービンには、精密鋳造耐熱ニッケル合金製のラジアルタービンや斜流タービンが用いられる。回転する軸を支持するラジアル軸受には、軸受の内外周に油膜を形成するフローティングメタル軸受が使用され、高速回転する軸の安定性を保つとともに、メタル軸受の回転により軸とメタル間のPV値（軸受の荷重圧力とすべり速度の積）を下げて摩耗や機械摩耗損失低減に有利な構造としている。また、コンプレッサとタービンにより発生する軸方向のスラスト力を受けるスラスト軸受にはテーパランド式軸受が用いられる。最近では、機械摩耗損失の低減による効率向上を狙い、軸受にボールベアリングを使用した商用車用ターボも開発されている。高い耐久性が要求される大型商用車では、軸受部の温度上昇を抑制するため軸受ハウジングを水冷構造とする場合もある。

　自動車用エンジンでは、小型軽量でかつ後述の機械駆動式過給機のように、エンジンの出力を消費することのないターボ過給が主流を占めている。

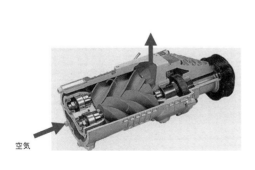

図2.2.12　リショルム式過給機[1]

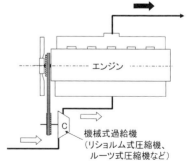

図2.2.13　機械駆動過給のシステム図

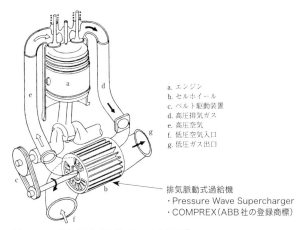

a. エンジン
b. セルホイール
c. ベルト駆動装置
d. 高圧排気ガス
e. 高圧空気
f. 低圧空気入口
g. 低圧ガス出口

排気脈動式過給機
・Pressure Wave Supercharger
・COMPREX（ABB社の登録商標）

図2.2.14　排気脈動式過給のシステム概要[2]

（b）機械駆動式過給

　機械駆動式過給はリショルム式、ルーツ式、スクロール式などの容積型圧縮機や速度型の遠心式圧縮機をエンジンのクランク軸から歯車またはベルトを介して機械的に駆動する方式である。図2.2.12にリショルム式過給機を、図2.2.13に機械駆動式過給のシステム図を示す。機械駆動式過給は、エンジンにより直接駆動されるので、エンジンの過渡時の変化に対する空気量変化の応答性が良い。容積型圧縮機は回転数に応じて空気量が供給されるので、エンジンの低速から高速まで回転数に応じた空気量が得られるという利点がある反面、エンジンの全回転域をカバーするには圧縮機の体格が大きくなるという欠点がある。また、遠心圧縮機は供給空気量が回転数の2乗に比例するので、エンジンの低速域では空気量が過少に、高速域では空気量が過多となるため、エンジンとの適合が難しいという問題がある。機械駆動式過給は、エンジンの低速域のトルク向上や過渡特性の向上を狙って採用されることが多い。

（c）排気脈動式過給

　排気脈動式過給のシステム概要を図2.2.14に示す。排気脈動式過給は、片方を吸気側、他方を排気側に開放した多数のセルにより構成されるロータをエンジンのクランク軸または排気のエネルギーを利用して回転させ、排気側から流入する排気の脈動圧により吸気側から流入する空気を圧縮してエンジンに供給するものである。この方式は、排気により直接空気を圧縮するので、それほど高い過給圧は得られないが、過給遅れがほとんど無いという特徴がある。過渡時の応答性改善への要求が大きい乗用車用ディーゼルで製品化された例がある。

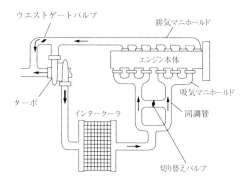

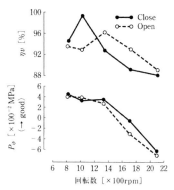

図 2.2.15　多点同調式慣性過給のシステム例 [3]

図 2.2.16　コントロールバルブ開閉による体積効率とポンプ平均有効圧力の変化(全負荷) [3]

(d) 慣性過給

エンジンの吸気行程前半は、ピストンの下降による負圧により吸気管内には速度の大きな吸気流が生じ、その後ピストンが下降し減速すると吸気流が減速してせき止められ運動エネルギーが圧力上昇に変わる。吸気管内の圧力が最大値に達した時点で吸気バルブを閉じることにより吸入空気量を増大させることができる。このように吸気流の慣性を利用することを慣性効果といい、これを積極的に活用してエンジンの吸入空気量を増大させるのが慣性過給である。吸気系の固有振動数は吸気管が長いと低く、短いと高くなる。一方、吸気管内の圧力脈動の周波数はエンジンの回転数に比例するので吸気管が長いと低速域で同調し、短いと高速域で同調して吸気管内の圧力脈動が大きくなり慣性過給の効果も大きくなる。多点同調式慣性過給は、吸気管の同調長さを吸気流路の切り替え弁で変え、複数のエンジン回転数で慣性の効果を得るものである。多点同調式慣性過給のシステム例を図2.2.15に示す。切り替え弁開閉による低速1000rpmにおける切り替え弁開閉による全負荷の体積効率とポンプ仕事の変化を図2.2.16に示す。多点同調式慣性過給は、低速域のトルク増大を狙いターボ過給と組み合わせて使用された例がある。しかし、低速域でも高圧噴射が可能なコモンレールシステム(4.9項参照)や低速から高速まで過給圧を制御できる可変容量ターボ(次項参照)の実用化により、最近では慣性過給が使われることが少なくなった。

(2) 排気ターボ過給

(a) 静圧過給と動圧過給

エンジンの膨張行程の終わりで排気バルブが開くとき、シリンダ内の燃焼ガ

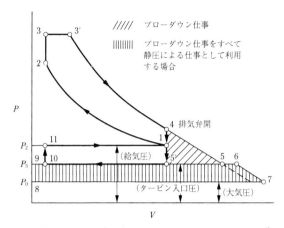

図2.2.17　ターボ過給エンジンのインジケータ (*PV*) 線図[4]

スの持つエネルギー（ブローダウンエネルギー）が排気管内に開放される。この
エネルギーは図2.2.17に示す理想的なインジケータ線図上の斜線部（4-5-5'）に相
当する。排気ターボ過給は、ブローダウンエネルギーのタービンの駆動への利
用の仕方により静圧過給（Constant Pressure Turbocharging）と動圧過給（Pulse
Turbocharging）に分けることができる。

　静圧過給はタービンに到る排気管に十分大きな容積を持ち、ここで排気は膨張し
て温度を高めて容積を増し、ほぼ一定の圧力でタービンに供給される。タービンの
断熱膨張仕事は面積（6-7-8-9）となる。タービンに到る排気の流れはほぼ定常流と
なるのでタービンを効率良く使うことはできるが、ブローダウンエネルギーを十分
に活用することはできない。また、排気管の容積が大きいことから過渡応答性に不
利である。

　一方、動圧過給はタービンに到る排気管を細く短くしてブローダウンエネルギー
をタービンの駆動に活用するもので、排気は脈動流としてタービンに供給される。
タービン入口圧力が激しく変動するので、タービンを効率良く使うという点では不
利だが、ブローダウンエネルギーを圧力として有効に活用した過給が行える。動圧
過給では一つのシリンダから放出された排気脈動が、他シリンダの排気と干渉せぬ
ようにシリンダ配置、着火順序に応じて排気管のつなぎ方を設計する必要がある。
また、排気管の容積が小さいことから過渡応答性が良く、回転・負荷変動に対する
高応答が要求される車両用エンジンに多く採用されている。

(b) 給気冷却

　ターボ過給エンジンを高出力化するためには過給圧力を高めて給気量の増加を図

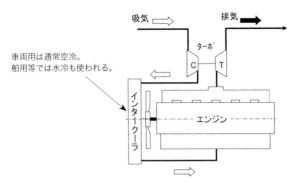

吸気 ⇒　　排気 ⇒

車両用は通常空冷。
舶用等では水冷も使われる。

ターボ
C　T

インタークーラ

エンジン

図2.2.18　インタークーラ付きターボ過給のシステム図

る必要がある。しかし、過給圧力を高めると、コンプレッサ出口の給気温度が圧縮により上昇し空気密度が低下するだけでなく、エンジンの熱負荷も増大する。給気温度を下げ空気密度を高めて給気量を増加させるとともにエンジンの熱負荷増大を抑えるため、コンプレッサの出口に中間冷却器（インタークーラ）を追加し給気冷却が行われる。インタークーラには空冷式と水冷式がある。空冷式は走行風を活用して冷却するため、インタークーラを走行風の当たりやすい場所に搭載する必要がある。一方、水冷式は走行風を当てる必要がなく搭載の自由度は大きいが、80℃程度以上の高温になるエンジン冷却水を冷媒に使う場合は冷却効果が小さい。大きな冷却効果を得るには、専用の低水温の冷却水回路、ポンプ、熱交換器を設ける必要がある。自動車用ディーゼルエンジンのインタークーラには、通常は空冷式が用いられる。インタークーラ付ターボ過給のシステム図を図2.2.18に示す。また、給気冷却は、空気過剰率の増大、給気温度の低下により燃焼温度を下げることができ、ピストンやシリンダヘッドの温度低減、黒煙やNOx排出量の低減にも有効である。インタークーラを装着すると冷却系への放熱量が増大するため、ラジエータ、クーリングファン、冷却水ポンプの容量を大きくするなど冷却系の強化が必要である。

(c) ターボの特性とエンジンとの適合

　自動車用エンジンとして広い回転・負荷域で良好な性能を確保するためには、ディーゼルエンジンとターボをうまく適合させることが重要である。ターボは、タービンに供給される排気エネルギーに応じて回転数が高まり、給気量も増加する。ターボ過給では、排気エネルギーの大きなエンジンの高速域においてターボが過回転しないように大容量のタービンを選定すると、排気エネルギーの少ないエンジンの低速域ではターボ回転が上がらず給気量が不足する。逆に、低速域でターボ回転を上

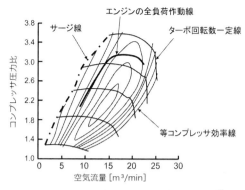

図2.2.19　コンプレッサの性能曲線とターボ作動線の例[5]

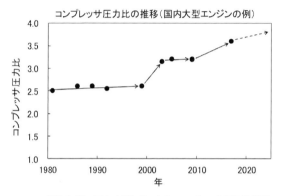

図2.2.20　国内大型トラックのコンプレッサ圧力比推移

げて給気量を増加するために小容量のタービンを選定すると、高速域におけるターボの過回転や給気量によるエンジンのガス交換行程におけるポンプ損失（3.2.3項参照）が増大する。このような特性は平均有効圧力が大きく、高い過給圧力を必要とする高過給エンジンで問題となる。後述するように、この問題を解決するために多くの対応技術が開発・実用化されている。

　コンプレッサの性能曲線とエンジン作動線の例を図2.2.19に示す。エンジンの回転数を一定にして負荷を高めてゆくと、排気エネルギーの増加に従ってターボ回転が上昇しコンプレッサ圧力比と空気流量が増大する。エンジンの低速域では、全負荷の作動線がコンプレッサのサージ限界線と十分に余裕が確保できるようにコンプレッサ仕様を選定する必要がある。また、エンジンの高速域では、ターボ回転数が許容回転数を超えぬようにエンジンとターボを適合する必要がある。

図2.2.20に国内の大型トラック用エンジンのコンプレッサ圧力比（最大値）の変化を示す。2000年を境にコンプレッサ圧力比が上昇傾向になっているのがわかる。2000年前後から排出ガス対策としてEGR（3.1.3項参照）が行われるようになり、エンジンのシリンダ内に送り込む作動ガス量が増加したこと、ならびに低燃費化のニーズから小排気量で高出力・高トルクを出すために高過給化が進んだことがコンプレッサ圧力比増加の要因となっている。現在、ディーゼル重量車用に使われるターボは、コンプレッサの外径がφ60〜φ90mm程度、コンプレッサ翼の設計にもよるが平地における最高回転数がおおむね9万〜14万rpm程度である。また、標高の高い高地でターボ過給エンジンを使用する場合は、大気圧と大気温度が低いため空気流量が低下、排気温度が上昇し、コンプレッサのサージングやターボの過回転などが問題となる場合がある。高地で使用する場合には、仕向け地の標高を考慮しエンジンの作動線とサージ限界線の余裕を十分にとる、標高に応じてエンジンのトルク・出力制限を行うなどの対策がとられる。

(d) 種々のターボ過給機・過給方式
①ウエストゲート（WG）付き過給

前述のように、ターボ過給では、排気エネルギーの大きなエンジンの高速域においてターボが過回転しないように大容量のタービンを選定すると、排気エネルギーの少ないエンジンの低速域ではターボ回転が上がらず給気量が不足する。逆に、低速域でターボ回転数を上げて給気量を増加するために小容量のタービンを選定すると、高速域におけるターボの過回転や給気量によるエンジンのガス交換行程におけるポンプ損失が増大する。高速域ではタービン入口に設けたバルブ（ウエストゲー

図2.2.21
中型エンジン用ウエストゲート（WG）付きターボ[6]

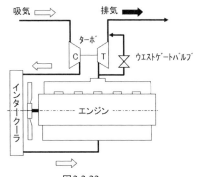

図2.2.22
ウエストゲート（WG）付き過給のシステム図

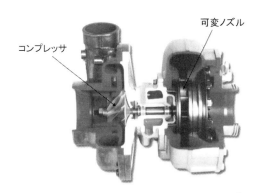

コンプレッサ　　可変ノズル

図2.2.23　大型エンジン用可変容量ターボ[1]

ト（Waste Gate：WG）バルブ）を開き排気をバイパスさせれば過給圧力の上昇を制
限し、ポンプ損失の悪化を抑制することが可能である。このように、タービンは低
速域にマッチした比較的小容量のものとし、高速域はWGバルブにより過給圧力の
上昇を抑制するのがWG付き過給である。図2.2.21にWGバルブが一体となったター
ボの外観写真を、図2.2.22にWG付き過給のシステム図を示す。WG付き過給はター
ビンが小さく、ターボ回転部の慣性モーメントが低減できるので、過渡時の応答性
の向上にも有効である。

②可変容量ターボ

　可変容量ターボは、排気エネルギーの小さい低速域から排気エネルギーの大きな
高速域まで、幅広い運転域で過給圧力を制御できるようにタービンの容量を可変と
したターボである。乗用車向けなど小型のターボでは、タービンハウジング内に可
動ベーンなどを設けて排気流路面積を変える方式が採用される場合があるが、ト
ラック用などの大型ターボではタービン入口に可変ノズルを設け、この開度により
タービンの容量を変える方式が一般的である。図2.2.23に大型トラック用可変容量
（Variable Geometry：VG）ターボの内部構造を示す。可変ノズルは、エンジンの
回転数や負荷に応じて多段エアシリンダやDCモータなどのアクチュエータにより
駆動される。

③二段過給

　エンジンの高出力・高トルク化等のニーズに対応して高過給化が必要であるが、
単段ターボ過給で高圧力比化を進め過給圧力を高めてゆくと次のような問題が発生
する。

・コンプレッサの作動空気量範囲が狭くなり、サージ余裕の確保が困難になる。

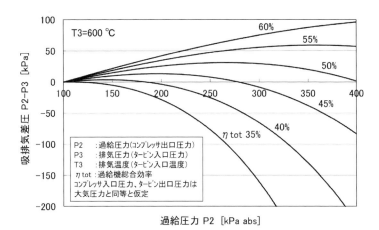

図2.2.24　過給圧力、過給機総合効率と吸排気差圧の関係の試算例

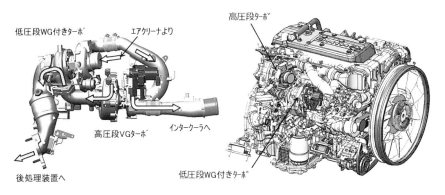

ターボシステム図　　　　　　　　　　　エンジン全体図

図2.2.25　二段過給エンジン外観図の例[7]

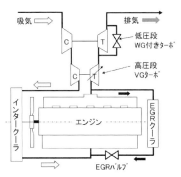

図2.2.26　二段過給エンジンのシステム図の例

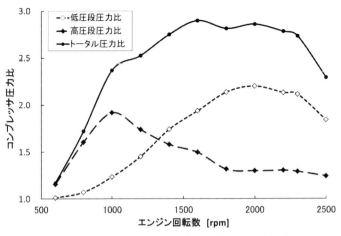

図2.2.27　二段過給エンジンの全負荷コンプレッサ圧力比の例

・コンプレッサの遠心応力増大とコンプレッサ出口温度の上昇に伴う羽根車の材料
　（通常は精密鋳造アルミニウム合金製）強度の低下で、信頼性確保が困難になる。
　更に、過給圧力を高めるためには、より高い過給機総合効率（または過給システ
ムの総合効率）が必要となる。図2.2.24は、過給圧力、過給機総合効率と吸排気差
圧の関係を試算した例である。エンジンの燃費を良くするには吸排気差圧を大きく
してポンプ損失を小さくする必要があるが、吸排気差圧を大きく保ちかつ過給圧力
を高めるためにはより高い過給機効率が必要になることがわかる。
　二段過給は、このような問題を解決するためシリーズに接続した低圧段と高圧段
の2個のターボを使うシステムである。図2.2.25、図2.2.26に二段過給エンジンの
外観図およびシステム図の例（クールドEGR付き、EGRについては3.1.3項参照）
を示す。この例の場合は、高圧段はVGターボ、低圧段にはWG付きターボを使い、
過給圧力やEGR率の制御を行うようになっている。図2.2.27に、本エンジンの全
負荷における高・低圧段およびトータルのコンプレッサ圧力比を示す。コンプレッ
サを二段に使用することにより各段のコンプレッサとタービンの周速（コンプレッ
サまたはタービンの外径とターボ回転数の積、遠心応力は周速の2乗に比例して
大きくなる）とコンプレッサ圧力比を下げることができ、コンプレッサおよびター
ビンに発生する遠心応力を下げることができるだけでなく、作動空気量範囲が大き
くかつ効率の良い領域でコンプレッサを使用することが可能となる。
　過給圧力や過給システムの総合効率を大幅に高める必要がある場合に、低圧段コ
ンプレッサ出口にもインタークーラを追加した高・低圧段インタークーラ付き二段

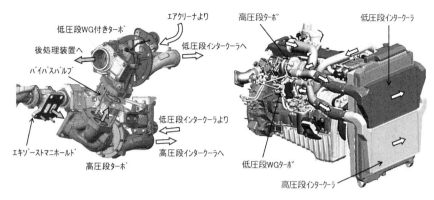

| 低圧段WG付きターボ | エアクリーナより | 高圧段ターボ | 低圧段インタークーラ |

ターボシステム図

エンジン全体図

図2.2.28　高・低圧段インタークーラ付き二段過給エンジンの外観図の例[8]

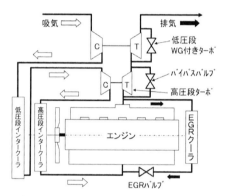

図2.2.29　高・低圧段インタークーラ付き二段過給エンジンのシステム図の例

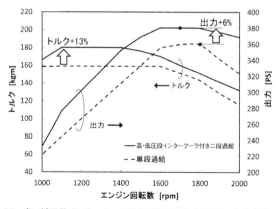

図2.2.30　高・低圧段インタークーラ付き二段過給による出力・トルクアップの例

過給システムが採用される。図2.2.28、図2.2.29に高・低圧段インタークーラ付き二段過給エンジンの外観図およびのシステム図の例（クールドEGR付き、EGRについては3.1.3項参照）を示す。低圧段コンプレッサ出口にインタークーラを追加することにより、高圧段コンプレッサの入口温度を下げることができるので、高圧段コンプレッサの出口温度の上昇を抑制しながら高圧力比化が可能となる。この結果、過給システムの総合効率が高まり、過給圧力を大幅に高めることができ、エンジンへの供給空気量を増加させることが可能となる。その結果、単段過給の場合に対し、エンジンの出力、トルクを大幅に増大することが可能となる。図2.2.30に本システムによる出力・トルクアップの例を示す。本エンジンの場合、高・低圧段インタークーラ付き二段過給システムの採用により単段過給に対しトルクを13%、出力を6%、それぞれ増大することができた。その結果、排気量の大きな上位のエンジンをダウンサイジング（3.2.3項参照）することが可能となり、大幅な燃費改善を実現している。

二段過給は以上のようなメリットがある反面、システム構成部品の点数が多く、車両への搭載性悪化、コスト・質量の増加などの課題がある。

引用文献

1） （株）IHI、資料提供
2） P. K. Doerfler, "Comprex Supercharging of Vehicle Diesel Engines", *SAE Paper*, 750335, 1975-2
3） 遠藤真ほか「トラック用過給エンジンの効率向上と性能改善」『自動車技術』Vol.47、No.10、自動車技術会、1993 年、p.17
4） 斉藤孟監修『ディーゼルエンジン　自動車工学全書』第 5 巻、山海堂、1980 年
5） Hiroshi Horiuchi *et al.*, "The Hino E13C: A Heavy-Duty Diesel Engine Developed for Extremely Low Emissions and Superior Fuel Economy", *SAE Paper*, 2004-01-1312
6） Honeywell Turbo Technologies 社、資料提供
7） 岩間英世ほか「中型商用車用ディーゼルエンジンの開発」『JSAE SYMPOSIUM　新開発エンジン前刷集』No.17-15、自動車技術会、20154804、2016 年
8） 茨木邦和ほか「大型商用車用新型ディーゼルエンジンの開発」『自動車技術会秋季大会講演会前刷集』自動車技術会、20176146、2017 年

参考文献

① 国土交通省、国土交通省 HP「国土交通白書 2011」
② 長尾不二夫『内燃機関講義　第 3 次改著』上巻、養賢堂、1962 年
③ 稲葉興作『過給機の知識』成山堂書店、1968 年

④ 池谷信之「エンジン要素技術講座　過給機 (1)」『エンジンテクノロジー』Vol.2、No.4、山海堂、2000 年、p.97

⑤ 池谷信之「エンジン要素技術講座　過給機 (2)」『エンジンテクノロジー』Vol.2、No.5、山海堂、2000 年、p.106

⑥ G. Zehnder *et al.*, "The Free Running Comprex", *SAE Paper*, 890452, 1989

⑦ 人見光夫ほか「PWS ディーゼルエンジンの特徴」『マツダ技報』No.7、1989 年

⑧ 佐々木洋介「小松ターボ＆ターボディーゼルエンジン　高速ディーゼルの 2 段過給化」『内燃機関』第 23 巻 14 号（Vol.23、No.301）、1984 年

⑨ 小茂鳥和生『内燃機関工学』実教出版、1997 年

⑩ 内燃機関編集委員会編「ディーゼル機関の排気と黒煙」『内燃機関の燃焼』山海堂、1973 年、p.317

⑪ 河野道方ほか『最新内燃機関』朝倉書店、1995 年

⑫ Minoru Kowada *et al.*, "Hino's Advanced Low-Emission Technologies Developed to Meet Stringent Emissions Standards", *SAE Paper*, SAE, 2006-01-0275, 2006

⑬ 山口征則ほか「軽量・コンパクト・低燃費　新日野 A09C 型エンジンの開発」『JSAE SYMPOSIUM　新開発エンジン前刷集』No.19-07、自動車技術会、20084224、2008 年

⑭ 日高達也ほか「中型トラック搭載　ポスト新長期排出ガス規制対応　5.2L　新ディーゼルエンジンの開発」『JSAE SYMPOSIUM　新開発エンジン前刷集』No.12-10、自動車技術会、20114257、2011 年

⑮ 浅妻金平『ターボチャージャーの性能と設計』グランプリ出版、2006 年

⑯ 杉村永哉ほか「新型『日野レンジャー』A05C エンジンの開発」『日野技報』No.67、日野自動車、2018 年、p.111

第3章　ディーゼルエンジンの性能

3.1　排出ガスの生成と低減技術

3.1.1　排出ガス成分と計測法

　内燃機関の排出ガス成分が大気汚染源の一つとして問題視され、内燃機関技術者はエンジンの熱効率向上、出力向上などを図るとともに、排出ガスの少ないエンジンを作り出すことが要求されている。ディーゼルエンジンの排出ガスはガス（気体）で排出されるものと粒子（固体や液体）で排出されるものに分類できる。排出ガス中の粒子は総称して粒子状物質（Particulate Matter；PM）と呼ばれている。

　ガス成分では、軽油が完全燃焼した場合に生成する窒素（N_2）、炭酸ガス（CO_2）、水蒸気（H_2O）、酸素（O_2）などの無害成分以外の二酸化窒素（NO_2）、一酸化炭素（CO）、各種炭化水素（HC）、亜硫酸ガス（SO_2）などが公害上の問題物質とされる。NOとNO_2は合わせてNOxと称されるが、これらはエンジンの燃焼室内で空気中の窒素（N_2）と酸素（O_2）が化合して生ずるものであり、燃焼温度が高いほど排出量が大きくなる。燃焼温度を高くすることは熱効率を高める条件の一つであり、熱効率を高めようとするとNOx排出量が増大する、すなわち燃費とNOx排出量はトレードオフの関係にある。これはエンジン技術者にとって頭の痛い問題である。HCは燃料が燃焼できずに生じる成分、COは局所的な空気量不足などによる不完全燃焼により生じる成分である。ディーゼル燃焼は、燃料に対して空気が過剰な状態で燃焼するので、ガソリンエンジンに比べるとHC、COの排出量は非常に少ない。SO_2は燃料中の硫黄や一部燃焼室内に混入した潤滑油中の硫黄が燃焼して生じるものである。SO_2も排出量としては非常に少ない。以上のように、ディーゼルエンジンから排出されるガス成分の中で問題となるのはNOxの低減である。

　一方、粒子状物質（PM）は、煤（黒煙）などの固体と、燃料や潤滑油が未燃のまま単独または煤に含浸された形で排出されたもの、サルフェート（燃料中の硫黄分の酸化生成物が排出ガス中の水分に溶けて霧滴化したもの）などの液体により構成

される。通常PMは、有機溶剤に溶けない有機溶剤不可溶成分（Insoluble Organic Fraction；IOF）、溶ける有機溶剤可溶成分（Soluble Organic Fraction；SOF）に分類される。煤、サルフェートはIOF、未燃の燃料や潤滑油はSOFである。

(1) 排出ガス3成分(NOx、CO、HC)

NOxは、予混合燃焼の際に吸気中の窒素（N$_2$）と酸素（O$_2$）が反応して生成され、膨張行程で温度が下がってもほとんど分解されずに排出する。拡散燃焼中や後燃え期間でもNOxは生成されるが、予混合燃焼中に比べるとその排出量は少ないといわれている。一酸化窒素（NO）を含んだ試料ガスとオゾン（O$_3$）ガスは混合すると（3.1.1）式に示す反応が起こる。生成した二酸化窒素（NO$_2$）分子の一部は励起状態にあり、基底状態に戻る時に（3.1.2）式に示すように励起エネルギーを波長590〜2500nmの光として放出する。その光の強度は試料中のNO濃度に比例する。また、試料中のNO$_2$はそのままでは測定できないので、コンバータによりNO$_2$をNOに変換し（3.1.3）式に示す還元反応により生じるNOガスを計測する。これらを合算することで、NOx（NO+NO$_2$）を測定することができる。

$$NO + O_3 \rightarrow NO_2 + O_2 \tag{3.1.1}$$

$$NO_2 \rightarrow NO_2 + h\nu \tag{3.1.2}$$

$$2NO_2 \rightarrow 2NO + O_2 \tag{3.1.3}$$

COは、燃料噴霧が濃く局所的にO$_2$不足を起こしているところで生成されるほか、燃料噴霧が希薄なところで火炎が消えてしまうこと（消炎）によっても生じる。一般に、ディーゼルエンジンは常に空気が過剰な状態で燃焼しているので、ガソリンエンジンに比べるとその排出量は少ない。COガスは赤外線を照射すると、特定の波長を吸収する。その程度はガス濃度に応じて変化し、ランバートベールの法則により表すことができる。測定セル中で赤外線がどの程度吸収されているかを、COガスの吸収波長のみに感応する検出器によって知れば濃度を求めることができる。

HCもCOと同じく、燃料と空気の混合の悪いところでのO$_2$不足、および燃料噴霧の希薄なところでの消炎によって生成される。また、燃料噴霧が低温の燃焼室壁に触れた場合には火炎が消えやすいため、エンジン始動直後は通常運転時に比べてHCが増加する傾向にある。さらに、燃料噴射直後に発生する噴射パイプ内の圧力脈動によって起こる、再噴射（二次噴射）や噴射ノズルのシート不良などの不具合では顕著なHCの増加が見られる。HCの濃度測定には水素を用いる。ジェットノズルから水素ガスを噴き出して燃焼させ、その水素炎中にHCが導入されると、先端で燃焼している高温のエネルギーによって複雑なイオン化が起こる。炎をはさん

で対向した電極（コレクタ電極）を設け、その間に直流電圧を印加すれば、HCの炭素数に比例した微小イオン電流が流れる。この電流を抵抗を介して、電圧に変換することにより濃度測定を行うことができる。

(2) 黒煙、パティキュレート（PM）

　排気中の黒煙は、NOxとは逆に拡散燃焼や後燃え期間中に多いとされている。これは予混合燃焼期間においても黒煙は生成するものの、高温のうちにO_2と出会う確率が高く、再酸化されやすいためである。これに対し、拡散燃焼や後燃え期間中に生じた黒煙は、すでにO_2が少ないのでなかなか酸化されずにそのまま排出されてしまうことに起因する。黒煙濃度は、エンジンの排気中から330cm^{3}のガスを吸引して濾紙に付着させた黒化度合いを、光の反射率に応じて0〜100％の範囲で定量化した指標（汚染度）などを用いて表される。

　PMは、エンジンから排出される粒子状物質のことで、SOF、IOFに大別され、IOFはさらにDry Soot（煤分）、Sulfate（硫酸塩分）に分けられる。PMはその構成から黒煙、HCの排出量および燃料中の硫黄分に相関があることがわかっている。PMは、エンジンの排出ガスを希釈トンネルに通し、空気で52℃以下になるまで希釈した後、0.3μmの標準微粒子を99％以上捕集できるフィルタに捕集し、その重量によって測定される。希釈トンネルの例を図3.1.1に示す。

(3) CO₂、微小粒子、未規制物質

　CO$_2$は地球温暖化の原因となる温室効果ガスのひとつであり、近年排出量の低

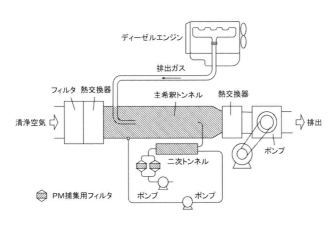

図3.1.1　希釈トンネルの例

減が強く求められている。わが国では排出ガスとしては規制されていないが、CO_2は燃料の消費量に応じて排出量が増大するので、車両が満たすべき燃料消費量の基準（ディーゼル重量車の場合は重量車燃費基準）が定められ、これを達成することが求められている。（3.2項参照）CO_2ガスもCOガスと同様、特定の赤外線波長を吸収する性質があるため、CO_2ガスの吸収波長のみに感応する検出器によって吸収度合いを知れば濃度を求めることができる。

　わが国では、PMのうち粒径10μm以下の浮遊粒子状物質（SPM Suspended Particulate Matter）と、さらに小さな粒径2.5μm以下のPM2.5の大気中の環境基準（重量濃度）が定められている。粒径の微小なものは、吸い込むと人体への影響を及ぼすと懸念されており、近年、粒子の径と個数濃度が注目されている。微小粒子は、エンジンの排出ガスを希釈トンネルやロータリー希釈器などにより沿道を模擬した粒子数濃度に希釈した後、微小粒子の計測器を用いて粒子径と粒子数を計測する。計測器としては、一定の条件で計測する場合には静電移動度を利用した走査型粒子計測装置があり、過渡条件での計測には電子式衝突捕集方式、連続静電移動度方式などの計測装置が開発されている。これらの計測器を用いることにより、ディーゼル排出ガス中の微小粒子の挙動およびDPF（Diesel Particulate Filter、3.1.4項参照）などによる微小粒子の低減効果が明らかになってきている。

　日本、米国、欧州において自動車から排出される化学物質の計測が行われ、データの蓄積が行われている。日本においては、化学物質排出移動量届出制度PRTR（Pollutant Release and Transfer Resister）がある。代表的な未規制物質としては重要5物質（ベンゼン、ホルムアルデヒド、アセトアルデヒド、1,3-ブタジエン、ベンゾ[a]ピレン等）がある。ベンゼンや1,3-ブタジエンは、エンジンからの排出ガスを希釈トンネルにおいて希釈した後、テドラバックというサンプリング専用の袋に捕集し、その後、ガスクロマトグラフにより定性・定量分析を行う。アルデヒド類は希釈トンネルにおいて希釈した後、インピンジャーという捕集瓶を用いて2,4-ジニトロフェニルヒドラゾン（DNPH）を含む吸収液中に捕集するか、またはアルデヒド捕集用DNPHカートリッジに捕集し、高速液体クロマトグラフにより定量分析を行う。ベンゾ[a]ピレンはエンジンからの排出ガス中のPMを捕集し、それをジクロロメタン等の有機溶媒により抽出し、高速クロマトグラフにより定性・定量分析を行うことにより計測される。近年、ディーゼル自動車からの排出ガス中の炭化水素系の未規制物質は、酸化触媒や触媒付きDPFにより大幅に低減されている。

3.1.2 排出ガス規制の経緯と動向

(1) 排出ガス規制値

　わが国における車両総重量3.5トン超のディーゼル重量車の排出ガスのNOx、排気煙濃度またはPM規制値の推移を図3.1.2に示す。1974年に導入されたディーゼルの排出ガス規制は、NOxに対しては濃度規制、PMに対しては排気煙濃度規制という形で開始され、直噴式と副室式で規制値が別々に設けられていた。その後規制値は段階的に強化され、1994年の平成6年規制からは、副室式ディーゼルが姿を消したこともあり規制値は一本化され、NOx、PMともに単位出力当たりの排出重量で規制する重量規制が導入された。わが国におけるディーゼル車の排出ガス規制はどちらかというとNOxの低減に重点が置かれてきたが、しだいにPM低減にも重点が置かれるようになり、NOx、PMの規制値は段階的に強化されてきた。2009年からは、ガソリンエンジンと同レベルの平成21、22年規制（ポスト新長期規制）が導入された。更に、2016年から導入された平成28年規制（ポストポスト新長期規制）ではNOxの規制値が一段と強化された。

　表3.1.1に、日本、米国、EUのディーゼル重量車の排出ガス規制値の比較を示す。EUのEuro Ⅵ規制では、従来の排出ガスの規制に加え、排気中の粒子状物質PM（Particulate Matter）の粒子数PN（Particle Number）の規制が導入された。表3.1.2

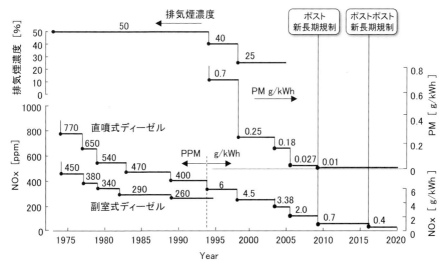

図3.1.2　国内ディーゼル重量車の排出ガス規制値の推移

表 3.1.1　日米 EU のディーゼル重量車の排出ガス規制値の国際比較

地域	排出ガス規制	規制年	車両	試験モード	規制値 [g/kWh] PM	NOx
日本	平成10、11年規制（長期規制）	1998	GVW＞2.5t	D13（定常）	0.25	4.5
	平成15、16年規制（新短期規制）	2003			0.18	3.38
	平成17年規制（新長期規制）	2005	GVW＞3.5t	JE05（過渡）	0.027	2
	平成21、22年規制（ポスト新長期規制）	2009			0.01	0.7
	平成28年規制（ポストポスト新長期規制）	2016		WHTC(過渡) WHSα(定常)	0.01	0.4
米国	1994年規制	1994	GVW＞3.85t	FTP（過渡）	0.13	6.7
	1998年規制	1998			0.13	5.4
	2004年規制	2004			0.13	3.2
	2010年規制フェーズイン（部分実施）	2007			0.013	1.6
	2010年規制	2010			0.013	0.27
EU	Euro II	1995	GVW＞3.5t	ECE13（定常）	0.15	7
	Euro III	2000		ETC（過渡） ESC（定常）	0.16/0.10（定常）	5
	Euro IV	2005			0.03/0.02（定常）	3.5
	Euro V	2008			0.03/0.02（定常）	2
	Euro VI	2013		WHTC（過渡） WHSC（定常）	0.01	0.46（過渡） 0.4（定常）

表 3.1.2　日米 EU 以外の国々のディーゼル重量車の排出ガス規制の推移の例

	年	2007	2008	2009	2010	2011	2012	2013	2014	2015	2016	2017	2018	2019
アジア	中国	国III（Euro III同等）					国IV（Euro IV同等）					国V（Euro VI同等）		
	タイ	Euro II		Euro III										
	インドネシア			Euro II										
	フィリピン	Euro I		Euro II						Euro IV				
オセアニア	オーストラリア	Euro IV				Euro V								
南米	コロンビア			Euro II					Euro IV					
	エクアドル			Euro II										
	チリ	Euro III				Euro V								
アフリカ	南アフリカ			Euro II										
欧州	ロシア	Euro II	Euro III		Euro IV									

　に日本、米国、EU 以外の国々のディーゼル重量車の排出ガス規制の例の推移を示す。ほとんどの国が欧州の排出ガス規制を導入しており、段階的に規制値を強化する動きが見られるが、規制のレベルはさまざまである。自動車メーカーは、それぞれの国の排出ガス規制に応じてエンジンを開発する必要があり、負担となっている。
　表 3.1.3 に乗用車を含むディーゼル自動車のポスト新長期規制、ポストポスト新長期規制の排出ガス規制値を示す。

(2) 排出ガス試験法

　ディーゼル車の排出ガス性能をより的確に評価するため、排出ガス試験法の改訂も提言され導入され始めている。車両総重量 3.5t 以下の自動車に適用される車両ベース試験は、従来の 10・15 モードおよび 11 モード試験に代わり、2008 年から新た

表3.1.3 ディーゼル自動車のポスト新長期規制、ポストポスト新長期規制の排出ガス規制値[1]

または自動車の種類		ポスト新長期規制 (平成21、22年規制)					ポストポスト新長期規制 (平成28年規制(重量車)／平成30年規制)				
		試験モード [単位]	PM	NOx	NMHC	CO	試験モード [単位]	PM	NOx	NMHC	CO
乗用車		JC08C +JC08H コンバイン モード [g/km]	0.005	0.08	0.024	0.63	WLTC [g/km]	0.005	0.15	0.024	0.63
トラック バス	軽量車 GVW≦1.7t		0.005	0.08	0.024	0.63		0.005	0.15	0.024	0.63
	中量車 1.7t＜ GVW≦3.5t		0.007	0.15	0.024	0.63		0.007	0.24	0.024	0.63
	重量車 GVW＞3.5t	JE05 [g/kWh]	0.010	0.7	0.17	2.22	WHTC WHSC [g/kWh]	0.010	0.4	0.17	2.22

注1) PMは粒子状物質、NOxは窒素酸化物、NMHCは非メタン炭化水素、COは一酸化炭素を表す。
 2) GVWは車両総重量(車両重量＋乗車人員＋最大積載量)を表す。
 3) WLTC：乗用車等の国際調和排出ガス・燃費試験モード
 WHTC：重量車の国際調和過渡試験モード
 WHSC：重量車の国際調和定常試験モード

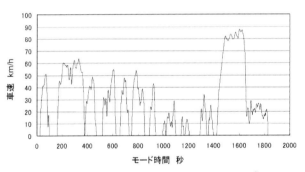

図3.1.3 JE05モードのベースとなった車速パターン[2]

な JC08試験モードが、更に2018年からは乗用車等の国際調和排出ガス・燃費試験法（WLTP：Worldwide harmonized Light vehicles Test Procedure）が導入されている。

　車両総重量3.5t超の重量車に適用されるエンジンベース排出ガス試験は、従来の定常13モード試験に代わり、2005年の平成17年規制より、図3.1.3に示す車速パターンをベースとしたJE05モードと呼ばれる過渡試験モードに変更された。エンジンベースの排出ガス試験は、本車速パターンをエンジンごとに回転数と負荷率のエンジン運転パターンに変換して行われる。

　排出ガス規制など自動車の技術基準は、各国固有の事情（交通事情、大気環境問題ほか）を反映して各国独自の基準作りが行われてきた。この結果、国により技術

基準や認証方法が異なり、国ごとに仕様変更、開発、認証試験などを行う必要が生じ、これらに費やすエネルギーや経済的な損失が問題視されるようになってきた。これを解決するため、自動車の法規や認証を国際的に統一された基準で運用しようとする動きが進められている（国際基準調和）。ディーゼル重量車の国際調和排出ガス試験法（WHDC：Worldwide harmonized Heavy Duty Certification）が2009年に国連にて採択され、EUでは2013年のEuro Ⅵ規制からWHDCが導入された。わが国においても、2016年のポストポスト新長期規制からWHDCが導入された。

　各国のディーゼル重量車の排出ガス試験法の比較を表3.1.4に、国内に新たに導入されたWHDCとJE05モード法の排出ガス試験のエンジン運転域の比較を図3.1.4に示す。また、WHDCの過渡試験WHTCのベースとなった車速パターン（WHVC：Worldwide Harmonized Vehicle Cycle）を図3.1.5に示す。WHDCの導入により、コールドスタート試験、定常試験、オフサイクル試験、高度なOBDなど、従来のわが国の試験法にはなかった新たな試験や要件が追加された。コールドスタート試験とは、冷機状態から排出ガス試験を行うものである。コールドスタート試験は、エンジンや後処理装置（3.1.4項参照）の温度が低いため燃焼や触媒の浄化作用が悪く、通常の暖気状態からの排出ガス試験（ホットスタート試験）に比べ排出ガス値が増加する。排出ガス値Xは、ホットスタート試験の排出ガス値Xh、コールドスタート試験の排出ガス値Xc、コールドスタート比率c（%）を用い、次式で計算する。

$$X = Xh \times \left(1 - \frac{c}{100}\right) + Xc \times \frac{c}{100} \tag{3.1.4}$$

　オフサイクル試験は、過渡および定常のサイクル試験とは別に、試験法により定められたエンジンの運転域の任意の点の定常排出ガス値を規制するものである。高度なOBD（On-Board Diagnostics、排出ガス故障診断システム）は、自動車が実際に使用されている時の排出ガスや排出ガス低減装置の性能劣化等を各種センサなどにより検出する高度な車載式故障診断システムのことである。高度なOBDでは、排出ガス故障診断システムが備えるさまざまな要件に適合することが要求される。

　自動車の排出ガス規制は年々強化され、排出ガス認証試験における排出ガスは大幅に低減されてきたが、排出ガスシステムの複雑化や電子制御の高度化に伴い、走行環境の変化の影響も受けやすくなっている。このため路上走行時の排出ガス低減が重要な課題となっている。欧州では、ディーゼル重量車に対しては2013年のEuro Ⅵから、乗用車等の小型車に対しては2017年から、車載式排出ガス分析装置PEMS（Portable Emission Measurement System）による路上走行時の排出ガス試験が義務付けられた。2015年米国において、排出ガス検査時のみ排出ガス低減装

表 3.1.4　各国のディーゼル重量車の排出ガス試験法の比較

項目		日本		EU	米国
		平成21、22年規制 (ポスト新長期)	平成29年規制 (ポストポスト新長期)	Euro VI規制	EPA 2010規制
過渡試験	試験サイクル	JE05	WHTC	WHTC[注1]	FTP
	コールドスタート試験 (コールドスタート比率)	無し	有り (14%)	有り (14%)	有り (14%)
定常試験	試験サイクル	無し	WHSC	WHSC[注1]	RMC
オフサイクル試験		無し	有り	有り	有り
高度な OBD		無し	有り	有り	有り
PEMS[注2]による路上走行時の排出ガス試験		無し	無し	有り[注3]	有り[注3]

注1) EUのEuro VI規制は、従来の排出ガスの規制に加え、PM粒子数規制が導入された。
　2) PEMS : Portable Emission Measurement System　車載式排出ガス測定装置
　3) EUは排出ガス認証試験と使用過程車に、米国は使用過程車に、路上走行時の排出ガス試験を義務付け。

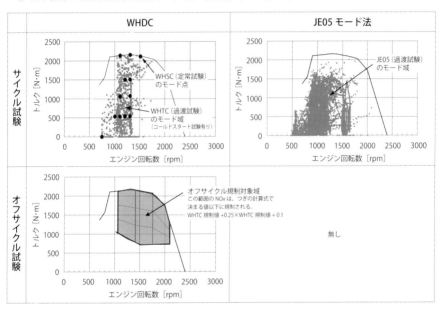

図3.1.4　WHDCとJE05モード法の排出ガス試験のエンジン運転域の比較

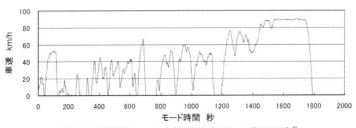

図3.1.5　WHTCのベースとなった車速パターン(WHVC)[2]

置を作動させる不正ソフトを搭載するディーゼル乗用車が米国環境保護庁（EPA）より発表され大きな問題になった。この事案を受けて、国内でも車両総重量3.5t以下のディーゼル乗用車およびディーゼル貨物車を対象に検査方法の見直し等が検討され、2022年より路上走行検査を導入する提言を含む最終取りまとめが2017年4月に公表された。

　一方、車両にPEMS、駆動用バッテリ、排出ガス校正用の高圧ガスボンベ、ピトー管式排出ガス流量計等を搭載または設置し、時々刻々と変化する実走行環境下での排出ガス計測には、計測精度や再現性、計測装置の搭載性や設置性、安全性等の課題もある。これらを解決した上で、国内の走行状況に即した適切な評価を行えるようにする必要がある。

(3) 自動車NOx・PM法と自治体における自主基準の動向

　自動車交通が著しく集中している大都市域における大気環境改善のため、1992年6月に「自動車から排出される窒素酸化物の特定地域における総量の削減等に関する特別措置法」いわゆる「自動車NOx法」が制定された。これに基づき、6都府県196市区町村において、平成12年度までに二酸化窒素にかかわる大気環境基準をおおむね達成することを目標に各種の対策が実施されてきた。しかしながら、二酸化窒素や浮遊粒子状物質による大気汚染が依然として厳しい状況にあったことから、自動車NOx法の一部が改正され、2001年6月に公布された。改正された法律は、削減対象にPMが追加されていることから「自動車NOx・PM法」と呼ばれている。本法では東京都、埼玉県、千葉県、神奈川県、愛知県、三重県、大阪府、兵庫県の区域の276区市町村を対策地域とし、平成22年度までに二酸化窒素および浮遊粒子状物質にかかわる大気環境基準を達成するために必要な措置を講じるとしている。自動車NOx・PM法に基づき規制対象車についてNOx、PMの排出基準（2002年4月1日より適用）が定められており、対策地域ではこの排出基準を満たさない規制対象車は8年～10年（車種により異なる）の猶予期間経過後は新規登録できなくなる。これにより対象地域の規制対象車は、NOx、PM排出量の少ない自動車に強制的に代替されることになった。

　自動車交通量の多い地域を有する自治体では、国の規制とは別に独自の条例を設けて排出ガスの規制が行われている。東京都のディーゼル車のPMの規制に関する条例を紹介する。本規制の内容は、条例で定めるPM排出基準を満たさないディーゼル車は都内の走行を禁止するという厳しいものであり、島部を除く都内全域が対象地域となっている。対象車種は乗用車以外のディーゼル車で開始時期は2003年

表3.1.5　1都3県条例とNOx、PM法の主な相違点 [3)]

	1都3県の条例	自動車NOx・PM法
排出規制物質	粒子状物質 (PM)	窒素酸化物 (NOx)、粒子状物質 (PM)
対象地域 (対策地域)	東京都：都内全域 (島部を除く) 埼玉県：県内全域 千葉県：県内全域 神奈川県：県内全域	奥多摩町、檜原村、島部を除く全域 全90市町村のうち、61市町村 全80市町村のうち、18市町 全37市町村のうち、26市町村
規制の内容	平成15年10月から (東京都、埼玉県：平成17年4月以降に規制値を強化)粒子状物質の排出基準に適合しないディーゼル車の運行禁止	使用過程車：平成15年10月から排出ガス基準に適合しない車は、対策地域 (1都3県にわたる広範囲を指定) 内では、車検に通らない。 新規登録：平成14年10月から
粒子状物質の 排出基準	東京都、埼玉県 ・平成15年施行　平成10、11年規制値と同値 ・平成17年施行　平成15、16年規制値と同値 千葉県、神奈川県：長期規制と同値	総重量3.5t超：平成10、11年規制値と同値 総重量3.5t以下：ガソリン車並み ※別にNOxの排出基準あり
対象車種	ディーゼル車の ・貨物自動車 (トラック・バン) ・乗合自動車 (バス) ・特殊用途自動車 (冷蔵冷凍車等) ※乗用車および乗用車をベースに特殊用途自動車に改造したものは対象外	(燃料の種類は問わない) ・貨物自動車 ・乗合自動車 ・特殊用途自動車 ・ディーゼル乗用車
猶予期間	初年度登録から7年間 ※千葉県：NOx・PM法対策地域外のみの走行車両について例外を設ける	・小型貨物車　8年 ・普通貨物車　9年 ・マイクロバス　10年 ・大型バス　12年 ・特殊用途自動車　10年 (一部特例あり) ※法施行後、車齢に応じて1〜2年、規制適用を延期する措置あり
規制に適合させる規定上の手法	知事が指定した粒子状物質減少装置の装着 ※神奈川県：知事が指定した粒子状物質減少装置の装着など、知事が認める対策	
罰則等	運行責任者等に運行禁止命令 命令に従わない場合は、50万円以下の罰金 (氏名公表)	車検証不交付 (道路運行車両法58条) 6月以下の懲役又は20万円以下の罰金

10月からとなっているが、新車登録から7年間は規制適用の猶予期間となっている。2003年10月施行のPM排出基準は平成10、11年規制の排出基準値と同じ値であるが、2005年4月以降は知事が別に定める日から規制値が強化されることになっている。本規制によると新車登録から7年経過した規制に適合しない車両は規制適合車に代替するか、知事が指定したPM低減装置 (酸化触媒やDPFなど) を装着することが義務付けられる。東京都の条例は、埼玉、千葉、神奈川の各県でも採用されている。この1都3県の条例と自動車NOx・PM法の主な相違点を表3.1.5に示す。

3.1.3　エンジン本体の排出ガス低減技術

(1) 排出ガス低減技術の推移

表3.1.6に排出ガス低減技術の推移を示す。2.3.2項で述べたとおり、わが国におけるディーゼル車の排出ガス規制はどちらかというと、NOxの低減に重点が置か

表3.1.6　排出ガス低減技術の推移（国内重量車用ディーゼル）

		年	~1980	~1990	~1995	~2000	~2005	~2010	~2015	~2020	~2025
エンジン本体	噴射系	噴射時期遅延	────	────	────	────	──▶				
		噴射圧力の高圧化	────	────	────	────	────	────	────	·····	···▶
		マルチ噴射（コモンレール）				────	────	────	────	·····	···▶
	燃焼系	燃焼室改良	────	────	────	────	────	────	────	·····	···▶
		4バルブ化		────	────	────	────	────	────	·····	···▶
		予混合圧縮着火燃焼								·····	···▶
		可変動弁機構					────	──▶	────	────	──▶
	過給	インタークーラ付き過給		────	────	────	────	────	────	────	──▶
		2段過給						────	────	────	──▶
	EGR系	内部EGR				────	──▶				
		EGR　ホットEGR				────	──▶				
		クールドEGR				────	────	────	────	────	──▶
後処理	PM低減	酸化触媒					────	──▶			
		DPF					────	────	────	────	──▶
	NOx低減	NOx触媒					────	────	────	────	──▶

れて規制値が強化されてきたという経緯がある。1995年頃（平成6年規制の時期）までは、燃料の噴射時期遅延によるNOx低減と噴射圧力の高圧化、燃焼室の改良、4バルブ化や過給による空気量増大などのPM低減技術の組み合わせによる排出ガス低減が行われてきた。1990年代後半になると規制は一段と強化され、従来の噴射時期遅延だけに頼るNOx低減では対応が困難となり、コモンレール式燃料噴射装置によるマルチ噴射やEGR（Exhaust Gas Recirculation：排気再循環）など新しいNOx低減技術が導入され始めた。2000年代になると世界的にディーゼル排出ガス低減のニーズが高まり、わが国においてもNOx、PMの大幅な規制値強化が行われるようになり、酸化触媒、DPF、NOx触媒などの排気後処理装置が導入されるようになってきた。EGRや触媒を使用する排気後処理装置などの新技術が導入された背景には、エンジン内部の腐食や触媒の劣化に悪影響をおよぼす燃料中の硫黄分が、排出ガス規制の強化に応じて低減されたことがある。燃料中の硫黄分含有量は、1998年の長期規制の時点では500ppm以下と定められていたが、現状では10ppm以下と大幅に低減されている。

(2) 噴射系の改良

(a) 噴射時期遅延と噴射圧力の高圧化

　1995年頃（平成6年規制の時期）まで、NOx排出量低減の方法として最も一般的に行われてきたのは燃料の噴射時期遅延である。噴射時期を変更した場合の排出ガ

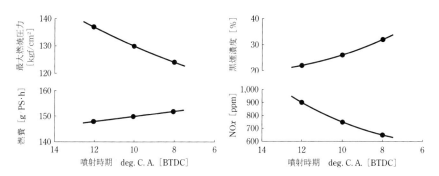

図3.1.6　噴射時期変更時の排出ガス変化
（排気量13L、ターボインタークーラ付きエンジンの実験例）

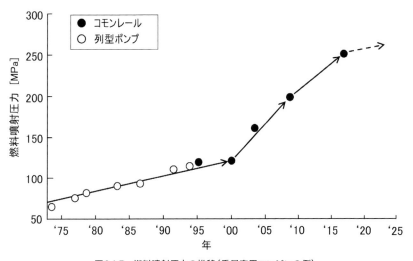

図3.1.7　燃料噴射圧力の推移（重量車用エンジンの例）

スの変化を図3.1.6に示す。噴射時期を遅延し圧縮上死点に近づけると、着火遅れが短縮し圧力・温度上昇率の大きな予混合燃焼を抑制でき、かつ膨張行程での燃焼割合が増えるため最大燃焼圧力が低下しシリンダ内温度の上昇が抑えられ、NOx排出量を低減することが可能である。反面、燃焼期間が延び、燃焼終了時期が遅れるため黒煙排出量が増大する。

　噴射時期遅延に伴う黒煙悪化を防ぐ噴射系の対策として、燃料噴射圧力の高圧化が行われてきた。噴射圧力を高めると、燃料の微粒化促進と燃料噴霧への空気導入促進により燃焼が良好になり黒煙排出量を低減することができる。図3.1.7は大型トラック用エンジンの噴射圧力の推移を示す。1970年代から1990年代後半まで、

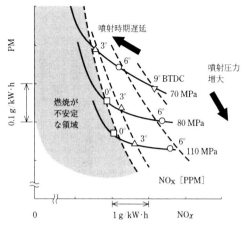

D13モード定常試験結果
・ NOx－PMはトレードオフの関係。噴射時期を遅らせるとNOxは減るがPMが増える
・ 噴射圧力増大でトレードオフが改善

図3.1.8　噴射時期と噴射圧力がNOxとPMに及ぼす影響[4]

噴射圧力は60MPa程度から120MPa程度まで徐々に高圧化されてきた。1990年代後半からは、後述のEGRの導入やPMの規制値強化に伴い急速に高圧化が進んでいる。

　噴射時期と噴射圧力がNOx、PM排出量に及ぼす影響の例（大型トラック用ターボインタークーラ付エンジン）を図3.1.8に示す。噴射時期を遅延するとNOx排出量は低減するがPM排出量が増大し、圧縮上死点よりさらに遅延してゆくと燃焼が不安定になる。噴射圧力を高めるとPM排出量が低減し、噴射時期を変更した際のNOxとPMのトレードオフ関係が改善されることがわかる。

（b）マルチ噴射の活用

　コモンレール式燃料噴射装置（詳しくは4.9項参照）は燃料噴射の自由度が大きく、1サイクルに複数回の燃料噴射（マルチ噴射）が可能である。この機能を排出ガス低減に活用した排出ガス低減技術について説明する。

　代表的な例は、主噴射の直前に極少量の燃料噴射（パイロット噴射）を行い、NOx排出量を低減する技術である。パイロット噴射された燃料が主噴射に先立ち燃焼することにより主燃焼の着火遅れが低減でき、温度・圧力上昇率の大きな予混合燃焼が抑制されNOx排出量を低減することができる。さらに予混合燃焼が抑制されるので燃焼室内の圧力上昇が抑制され、燃焼騒音の抑制にも効果がある。パイロット噴射の効果は、上死点付近の温度と圧力が低く、着火遅れが大きい自然吸気

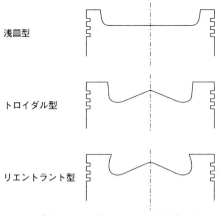

浅皿型

トロイダル型

リエントラント型

図3.1.9　直噴式ディーゼルエンジンの燃料室形状の例

エンジンでは大きいが、ターボ過給エンジンでは小さい。また、燃料噴射量が少なく燃焼室周りの温度が低い軽負荷ほどパイロット噴射の効果は大きい。

　このほかコモンレールのマルチ噴射機能を活用してエンジンの排出ガスを低減する方法として、噴射主噴射終了直後に少量の燃料を噴射（アフタ噴射）・燃焼させてしてシリンダ内を撹乱し、黒煙排出量を低減する方策もある。

　近年では、後述（3.1.4項）の触媒付きDPF（Diesel Particulate Filter）に捕集した煤を強制的に燃焼させるために、排気温度を高めることを目的としたアフタ噴射や、排気弁が開く直前に少量の燃料を噴射するポスト噴射などが活用されている。

(3) 燃焼室・空気流動・過給

　直接噴射式ディーゼルエンジンにおけるシリンダ内の空気流動には、吸入工程で吸気ポートからシリンダ内に流入する際に発生する旋回流（スワール）と、ピストンが上昇しシリンダヘッド下面とピストン頂部に空気がはさまれて発生する水平方向の流れ（スキッシュ）がある。スワールの大きさは、旋回方向流速と軸方向流速の比で定義されるスワール比で表される。スワール比の調整は、吸気ポートの形状を変えることにより行われる。直接噴射式ディーゼルエンジンではスワールを活用して燃料噴霧の燃焼を促進するので、スワール比の大きさの選定は非常に重要である。一般的には、スワール比はピストンスピードの小さい低速域では大きい方が、ピストンスピードの大きな高速域では小さい方が望ましい。エンジンの回転数や負荷に応じてスワール比を最適に制御する可変スワール装置も実用化されている。

　図3.1.9に直噴式ディーゼルエンジンの燃焼室形状の例を示す。トロイダル型は、

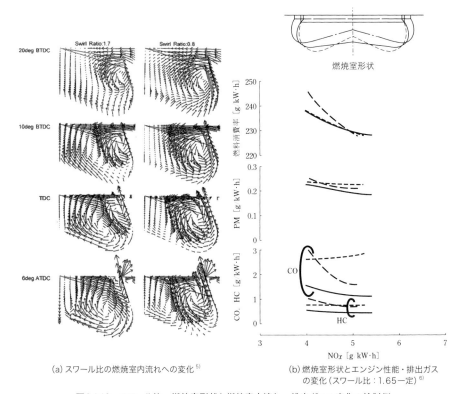

(a) スワール比の燃焼室内流れへの変化[5]

(b) 燃焼室形状とエンジン性能・排出ガスの変化（スワール比：1.65一定）[6]

図3.1.10　スワール比、燃焼室形状と燃焼室内流れ、排出ガスの変化の検討例

浅皿型にくらべて燃焼室が深く中央に突起があるのが特徴である。リエントラント型は口径が絞られており、ピストン頂面で強いスキッシュが発生し燃焼室内に強い渦流が発生するため、燃焼が活発になり黒煙低減に有効である。

　リエントラント型燃焼室において、スワール比を変えた場合の燃焼室内の空気流動の変化のシミュレーション計算による検討例を図3.1.10（a）に、燃焼室の口径、深さを変更した場合の排出ガスの変化を実験的に調べた例を図3.1.10（b）に示す。図3.1.10（a）より、スワール比を変えることによりスキッシュにより発生する渦の中心がクランク角度ごとに変化することがわかる。また、図3.1.10（b）より、燃焼室の形状により燃費や排出ガスが大きく変化することがわかる。燃焼室の形状は、スワール比、ノズル仕様（噴口径、噴口の向きなど）、噴射圧力などに応じて最適に選定することが重要である。

　図3.1.11は、大型トラック用ターボインタークーラ付きエンジンの中速回転・全

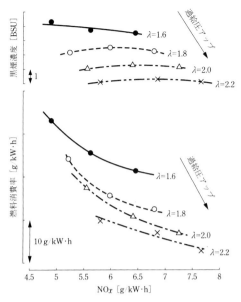

図3.1.11　過給によるNOx、黒煙濃度、燃費への影響（1300rpm、全負荷）[7]

　負荷において、過給圧力を高めて空気過剰率（λ）を増加した場合のNOx、燃費、黒煙濃度の関係を示す。過給により空気過剰率を増大すると、各特性とも改善されることがわかる。過給を行うとシリンダ内の空気密度が増加して着火遅れが短縮し、予混合燃焼が抑制されNOx排出量が低減する。また、燃料噴霧と空気との混合が促進され拡散燃焼が活発になり燃焼期間が短縮し、黒煙、燃費が改善する。過給は、ディーゼルの高出力化と排出ガス・燃費低減の両立に非常に有効な手段であるため、現在ではディーゼルエンジンといえばターボインタークーラ付きが一般的となっている。

（4）EGR・可変動弁機構

　EGR（Exhaust Gas Recirculation；排気再循環）は、排気の一部を新気に混入させてシリンダ内に導入し、NOx排出量を低減する技術である。EGRを行うと、シリンダ内の酸素濃度が低下して燃焼が緩慢になることに加え、比熱の大きなCO_2が混入することで作動ガスの熱容量も増大するため、燃焼温度が低下してNOx排出量が低減すると考えられている。排気には燃料中の硫黄（S）が酸化して生成するSO_2が含まれている。これがさらに酸化され水と反応すると硫酸H_2SO_4が生成し、温度が低いと硫酸が結露する。EGRを行うと、生成した硫酸によりEGR経路やエ

表 3.1.7　ターボインタークーラ付きエンジンの EGR の経路と課題 [8) 9)]

EGRの方式	考え方	EGRの経路・バルブリフトカーブ		課題
外部EGR	排気側と吸気側を外部配管で接続し、新気にEGRガスを混合してシリンダに送り込む。	高圧経路	タービン前の排気管 → 外部配管 → インタークーラ後の吸気管	吸気系や排気系に絞り弁を設けるなどして排気圧力を吸気圧力より高める必要がある。
		低圧経路	タービン後の排気管 → 外部配管 → コンプレッサ前の吸気管	ターボのコンプレッサおよびインタークーラの汚損や腐食。大量EGRを行うには吸気系や排気系に絞り弁を設けるなどして差圧を大きくする必要がある。
内部EGR	吸・排気バルブタイミングやカム形状を工夫してエンジンの内部でEGRを行う。	吸気バルブ／排気バルブ（TDC　deg CA）	吸・排気バルブのオーバーラップを拡大し、シリンダ内に排気を残留させる。	最適なカム形状の設計とEGR率のコントロール。
		（TDC　deg CA）	排気行程で吸気バルブを開き、排気を吸気側に還流させ新気と混合した後シリンダに戻す。	
		（TDC　deg CA）	吸気行程で排気バルブを開き、排気管から直接シリンダ内に排気を還流する。	

ンジン内部の部品が腐食したり、オイル中に混入してオイルが劣化し摺動部の摩耗を増大するといった不具合が発生する。このような問題を解決するため、排出ガス規制の強化と並行して燃料中の硫黄分が低減され、さらに材料やオイルの改良が行われてきた。その結果、現在では、このような不具合が発生することなく、多くのエンジンでEGRが採用されるようになった。ここでは、現在の主流であるターボインタークーラ付きエンジンのEGRについて解説する。

　表3.1.7はターボインタークーラ付きエンジンにおける、EGRの経路と課題を整理したものである。EGRの方式は、排気側と吸気側を外部配管で接続し新気にEGRガスを混合してシリンダに送り込む外部EGR方式と、外部配管を用いずに吸・排気バルブタイミングやカム形状を工夫してエンジンの内部でEGRを行う内部EGR方式に分類することができる。

　外部EGR方式のEGR経路としては、ターボのタービン前から排気を取り出してインタークーラ後の吸気管に戻す高圧経路と、タービン後から排気を取り出してターボのコンプレッサ上流に戻す低圧経路が考えられる。大型トラック用ターボインタークーラ付きエンジンは、通常、全負荷の過給圧力比が2.5を超える高過給が行われる。このような高過給エンジンでは、中・高負荷におけるインタークーラ後の吸気圧力がタービン前の排気圧力よりも高い。大型トラック用ターボインター

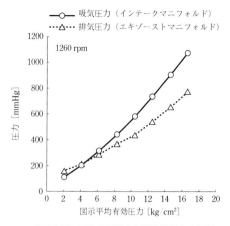

凡例: 吸気圧力（インテークマニフォルド） 排気圧力（エキゾーストマニフォルド）

図 3.1.12　平均有効圧力と吸排気圧力の関係
（排気量 11L、WG付きエンジンの例）

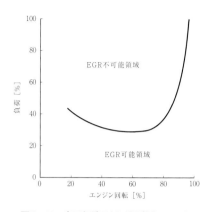

図 3.1.13　高圧経路EGRが可能なエンジン
運転域（排気量 11L、WG付エンジンの例）

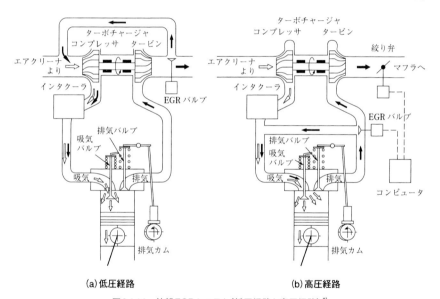

（a）低圧経路　　　　　　　　（b）高圧経路

図 3.1.14　外部EGRシステム（低圧経路と高圧経路）[8]

　クーラ付きエンジンの平均有効圧力と吸排気圧力の関係を図3.1.12に、WG付きエ
ンジンにおいて単純に吸排気管を接続した場合に、高圧経路EGRが可能なエンジ
ン運転域を図3.1.13に示す。高速域を除き、そのままでは中高負荷でのEGRが行
えないことがわかる。

　外部EGRシステムの例を図3.1.14に示す。高圧経路でEGRを可能とするためには、

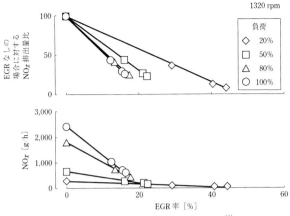

図3.1.15　EGR率とNOx低減効果の関係[10]

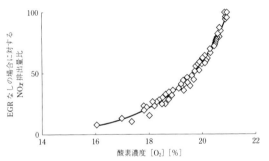

図3.1.16　酸素濃度とNOx低減率の関係（全運転域）[10]

吸気系や排気系に絞り弁を設ける（図3.1.14(b)）、または可変ノズル付きターボ（VGターボ）を使用するなどして排気圧力を吸気圧力より高める必要がある。通常、(VGターボではない）コンベンショナルなターボを6気筒エンジンに使う場合は、排気管内での排気干渉（排気管内において、各気筒からの排気の圧力波が他の気筒の排気を阻害すること）を防ぐためガス入口が2つあるタービンハウジング（ツインスクロール・タービンハウジング）を用いそれぞれのガス入口に前後3シリンダの排気を別々に接続する。最近では、ツインスクロール・タービンハウジングの一方のガス通路の断面積を他方よりも小さくして、これに接続する前または後3シリンダからの排気管内の排気圧力を吸気圧力よりも高めて、高圧経路でEGRを実現した例もある。2段過給の場合は、高圧段をVGターボ・低圧段をWG付きターボとする、高圧段をバイパスバルブ付きコンベンショナルターボ・低圧段をWG付きターボとするなどの例がある（図2.2.26、図2.2.29参照）。必要な過給圧力やEGR率に応じて、

最適な過給システムを設計することが重要である。

　また低圧経路ではタービン下流は正圧、コンプレッサ上流は負圧となるのでそのままでもEGRは可能である（図3.1.14（a））。しかし、吸排気の差圧が小さいので大量EGRを行うには高圧経路の場合と同様に、吸気系や排気系に絞り弁を設けるなどして差圧を大きくする必要がある。さらに、アルミニウム製のターボのコンプレッサおよびインタークーラを排気が通過するため、これらの汚損や腐食対策など信頼性の確保が課題となる。高い信頼性と耐久性が求められる重量車用ディーゼルでは、通常高圧経路の外部EGRが採用される。乗用車用ディーゼルでは、ターボ効率やエンジン背圧の最適化等を狙い、高圧経路と低圧経路の外部EGRを併用するものが開発されている。

　内部EGR方式は、使用される回転数・負荷範囲が広く定常・過渡を含め、様々な条件で使用される車両用エンジンとして実用化するためには、最適なカム形状の設計とEGR率のコントロールが非常に難しい。可変動弁機構を用いて内部EGRの作動をコントロールするシステムも実用化されている（図3.1.23）。

　大型トラック用ターボインタークーラ付きエンジンの中速域における、負荷ごとのEGR率とNOx低減効果の関係を図3.1.15に示す。EGR率を増加させるとNOx排出量が低減し、負荷が高いほどNOx低減率は大きい。図3.1.16は、新気とEGRガスが混合したエンジン吸入ガスの、酸素濃度とNOx低減率の関係を示す。NOxの低減率は、エンジンの回転数、負荷、EGR率によらず吸入ガスの酸素濃度と強い相関がある。

　外部EGRの場合、EGRの経路にエンジンの冷却水によりEGRガスを冷却する冷

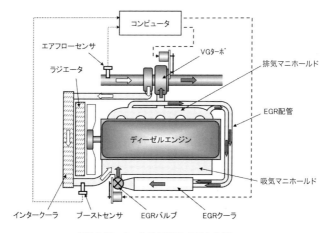

図3.1.17　クールドEGRシステムの例

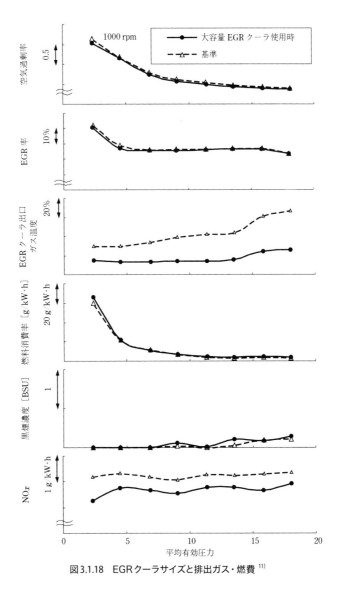

図 3.1.18　EGR クーラサイズと排出ガス・燃費 [11]

却器（EGR クーラ）を設け、高温の EGR ガスを冷却して新気と合流させるクールド EGR が行われる。クールド EGR は、EGR ガスの冷却により密度を高めてより大量の EGR を行い、かつ EGR 合流後の吸入ガス温度を低減してより大きな NOx 低減率を得るのが狙いである。クールド EGR を採用したトラック用大型エンジンのシステム例を図 3.1.17 に示す（EGR クーラの構造例、図 4.6.7（a）参照）。本エンジンは、

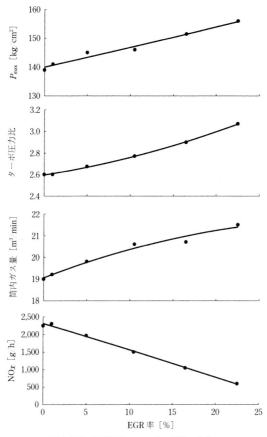

図3.1.19　EGR時のエンジン特性の変化

　エアフローセンサとブースト圧センサにより吸入空気量と給気圧力を測定し、時々
刻々変化する過渡時の吸排気圧力の変化に応じてそれぞれが目標の値になるよう
に、EGRバルブ開度とVGターボのノズル開度をコントロールするシステムが採用
されている。EGRガスをエンジン冷却水で冷却するクールドEGRは、冷却水への
放熱量が増加した分、ラジエータの放熱量を増加させる必要があるため、車両の冷
却系の性能向上が必要となる。

　クールドEGRによりNOx排出量を大幅に低減するには、EGR量の増大とともに
EGRガスの冷却が重要である。EGRクーラの冷却能力を高めた場合のエンジン性
能変化の例を図3.1.18に示す。EGRガスの冷却強化により黒煙排出量、燃費の悪
化を抑えてNOx排出量を大幅に低減することが可能である。EGR量の増大にあわ

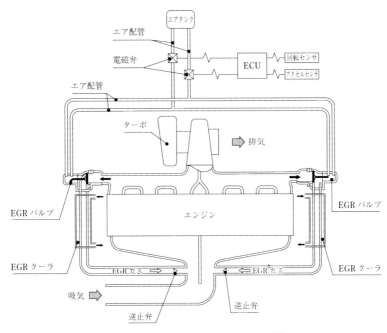

エアタンク

エア配管

電磁弁

ECU

回転センサ

アクセルセンサ

エア配管

ターボ

排気

EGR バルブ

EGR バルブ

エンジン

EGR クーラ

EGR クーラ

EGR ガス

EGR ガス

吸気

逆止弁

逆止弁

図3.1.20　逆止弁付きEGRシステムの例 [12]

せて冷却能力の高いEGRクーラが必要である。

　図3.1.17と同様のEGRシステムを採用した大型トラック用エンジンにおいて、VGターボのノズル開度を絞りEGR率を増大した時のエンジン特性の変化の例を図3.1.19に示す。EGR率を増大するとNOxは低減するが、一方で新気とEGRガスの合計であるシリンダ内の作動ガス量（シリンダ内ガス量）が増加するため、過給圧力すなわちターボ圧力比を増大する必要がある。この結果、シリンダ内最大圧力Pmaxも増大する。クールドEGRシステムにおいてEGR率を増大させる場合には、ターボの圧力比増加への対応や高いシリンダ内圧力に対応するためのエンジンの強化が必要になる。

　前述のように高過給エンジンでは、中・高負荷におけるインタークーラ後の吸気圧力がタービン前の排気圧力よりも高い。ただし、これは平均圧力でみた場合であり、排気マニホールド内の圧力は大きく脈動しているのでクランク角ごとにみると、排気バルブが開いた直後などは排気圧力が吸気圧力よりも高い期間が存在する。この差圧と逆止弁を活用して、排気圧力が給気圧力よりも高い期間だけEGRガスを流す高圧経路のEGRが実用化されている。逆止弁付きEGRシステムの例を図3.1.20

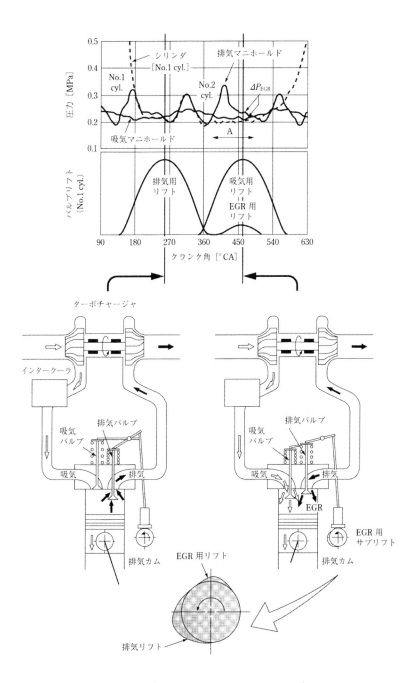

図3.1.21　内部EGRシステムの例（パルスEGR）[8]

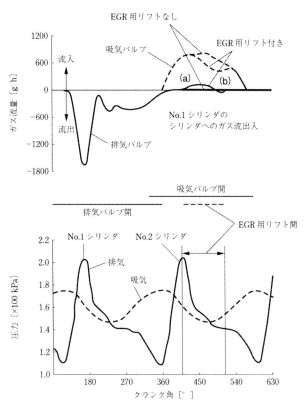

図3.1.22　パルスEGRの吸・排気圧力およびシリンダのガス流出入計算結果 [8]

に示す。このシステムによれば、吸排気系に絞り弁等を設けることなく中・高負荷でも高圧経路のEGRが可能になる。しかし、絞り弁等を使用して排気圧力を吸気圧力よりも高めて大量にEGRを行おうとする場合は、逆止弁の通路抵抗が逆にその妨げとなる場合がある。

　外部配管を用いずにバルブタイミングやカム形状を工夫し、排気マニホールドから直接シリンダ内にEGRを行う内部方式は、吸気圧力の高い高負荷域においても排気絞り弁等により排気圧力を高める必要がなく、ポンピングロスを増加させずにEGRが可能である。また、クールドEGRのように冷却水への放熱量増加を伴うこともない。しかし、カム形状が特殊になるため、回転・負荷範囲が広く定常・過渡を含め、様々な条件で使用される車両用エンジンではEGR率のコントロールが非常に難しい。図3.1.21は大型トラック用ディーゼルで実用化された内部EGRシステム（パルスEGR）を示す。本システムは、排気カムに排気用のリフトとは別に

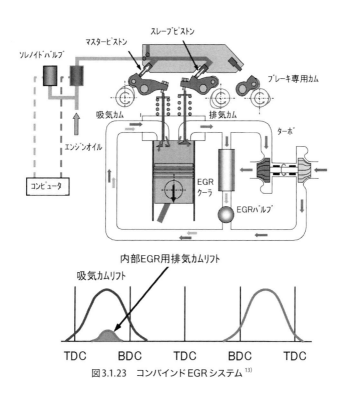

図3.1.23　コンバインドEGRシステム[13]

EGR用排気弁リフトを追加し吸気行程で排気ハルブを開け、排気マニホールド内の排気脈動を利用して排気マニホールドからシリンダ内に直接排出ガスを再循環させるものである。本システムでは、VGターボによるEGRガス量と新気量のコントロール、コモンレールシステムによるEGR時の燃焼改善等の技術を組み合わせてシステムを実用化している。

　図3.1.22に、パルスEGRの中速回転・全負荷におけるNo.1シリンダへのガス流出入のシミュレーション計算結果を示す。EGRリフトの開弁期間中に、No.2シリンダの排気パルスにより排気バルブからシリンダ内への排気の逆流（図の(a)）が認められ、内部EGRが行われることがわかる。

　前述のように、EGRガスをエンジン冷却水で冷却するクールドEGRは、冷却水への放熱量が増加した分、ラジエータの放熱量を増加させる必要がある。特に、排気温度の高い高負荷において大量のクールドEGRを行うと、ラジエータやファンの極端なサイズアップが必要となり、搭載スペースの制約で車両として成立させるのが困難となる場合がある。これを解決するため、可変動弁機構を活用し、クール

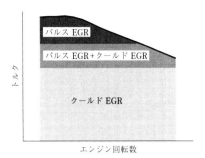

図3.1.24　クールドEGRと内部EGRの使い分け[13]

ドEGRと前述のパルスEGRを複合させたコンバインドEGRシステムが実用化されている。コンバインドEGRシステムを図3.1.23に示す。コンバインドEGRシステムにおけるクールドEGRとパルスEGRの使い分けを図3.1.24に示す。車両冷却系の放熱性能に余裕のある軽負荷は可変動弁機構でパルスEGRをカットし、大量のクールドEGRのみでNOxを低減する。一方、高負荷はEGRバルブを閉じてクールドEGRをカットし、可変動弁機構を作動させて内部EGRを行う。コンバインドEGRは、クールドEGRだけの場合に対し高負荷でのエンジン冷却水への放熱量を大幅に低減でき、車両冷却系への負荷を抑えることが可能である。

　また最近では、エンジン冷間時の暖機促進やEGRシステムに還流するCOやHCの低減等を狙い、排気バルブタイミングを進角できる可変動弁機構を採用したエンジンが実用化されている。

(5) 予混合圧縮着火燃焼

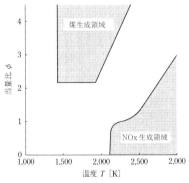

図3.1.25　温度T-当量比φマップ上のNOx、煤生成領域[14) 15]

ディーゼルの燃焼のような拡散燃焼においては、NOxと煤は生成する温度域、当量比域（当量比は空気過剰率の逆数）が異なり、図3.1.25に示すようにNOxは低当量比・高温度領域、煤は高当量比の特定の温度領域で生成することが知られている。NOx、煤ともにほとんど生成しない燃焼方式として、予混合圧縮着火方式が注目を集め研究が進められている。予混合圧縮着火燃焼は、燃料を0.5以下という低い当量比で燃焼させることで低当量比と燃焼温度の低温化を両立し、NOxと煤を同時に低減することを狙った燃焼である。均一な予混合気を得るため燃料噴射時期を大幅に進角する方法が提案されてきたが、シリンダ内圧力が低く低温の雰囲気に燃料噴射を行うと、シリンダライナに燃料が直接付着し、燃焼効率の低下や燃料によるオイル希釈などの不具合が生じることが知られている。これを解決するため、上死点付近の燃料噴射と大量クールドEGRを組み合わせて、煤の発生しない当量比2以下でEGRにより燃焼温度を抑えて予混合的な燃焼をさせる方式などが研究されている。一方で、予混合圧縮着火燃焼は着火時期の制御が非常に難しく特に高負荷では燃焼自体が成立しない、燃焼騒音が大きいなど問題点も多く、これらを克服するためにさまざまな研究が行われている。最近では、可変動弁機構を用いて吸気弁の閉時期をコントロールし、燃焼を制御する研究も行われている。

3.1.4　排出ガスの後処理技術

　ディーゼル排出ガス規制強化に対し、従来はクールドEGRや高圧燃料噴射等エンジン本体での排出ガス低減により対応することができた。しかし、近年の厳しい排出ガス規制に適合するためには、エンジン本体での排出ガス低減と併せて、排気後処理による排出ガス低減が必要不可欠である。しかし、排気後処理装置において重要な部品である触媒は、排ガス中に含まれる硫黄分により被毒され、排ガスの浄化性能が劣化する特性を持っている。この硫黄分は主に燃料中に含まれる硫黄分に由来するため、排気後処理装置を実用化するためには硫黄分が少ない燃料を使用する必要がある。しかしながら、硫黄分が多い燃料を使用する新興国では、排気後処理装置に頼らず、EGRや高圧燃料噴射等のエンジン本体のみでの排出ガス低減を行わなければならない。

　本項では、ディーゼルエンジンから排出されるPM、NOxを低減するための後処理技術について記述する。

(1) PM低減後処理技術

PM低減後処理装置として実用化されている主なものとして酸化触媒、フロースルー型メタルPMフィルタ（以下M−PMF）、ウォールフロー型フィルタ（以下DPF）がある。各後処理装置によりPMの浄化率が異なり、エンジンと最適な後処理装置を組み合わせて排出ガス規制に適合させている。以下に各PM後処理装置の詳細を記述する。

（a）酸化触媒

　酸化触媒装置は、フロースルータイプのセラミック製ハニカム（図3.1.26）や金属製のメッシュなどに酸化触媒を担持したもので、排ガス中のPM成分のうち、主にSOF（3.1.1参照）を触媒の作用により酸化除去する後処理装置であり、SOFの成分や排気温度にもよるが、20〜40％のPM低減効果が得られる。

　酸化触媒の活性は温度に対する依存性が高く、低温ではほとんど酸化作用はない。触媒活性の低い低排気温度ではSOF分はいったん酸化触媒に吸着され、排気温度の上昇に従いに酸化される。一方高温では、排ガス中のSO_2が酸化触媒の作用により酸化されサルフェート（3.1.1参照）が生成するため、逆にPMが増加することがある。PM低減率を高めるには高いSOF浄化性能とサルフェート生成の抑制を両立した酸化触媒を開発しなければならない。触媒の成分としては、低温活性及びガス状のHC、COの浄化に優れたPt（白金）やサルフェート生成抑制に優れたPd（パラジウム）などが使用されるが、高温でのサルフェート生成を抑制するため、酸化力の強いPt、Pdなどの貴金属の使用量を抑えて、金属酸化物系触媒を採用した酸化触媒が広く用いられている。また、サルフェート生成を抑制するため、硫黄分の少ない燃料を使用することが必要である。

（b）フロースルー型メタルPMフィルタ（M−PMF）

　M−PMFは、図3.1.27に示すように複数の突起状の切欠きを施したメタル波箔

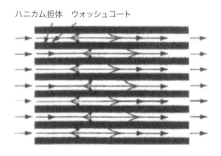

ハニカム担体　ウォッシュコート

図3.1.26　フロースルータイプのセラミック製ハニカム[16)

と多孔質の金属性不織布を積層して構成されたもので、排ガス中のPM成分のうち、主に煤を捕集し浄化する後処理装置であり、切欠きのサイズや不織布の目の粗さにもよるが、50〜70％のPM低減効果が期待できる。

　セルに流入した排ガスは途中の突起状の切欠きによって上下の不織布に導かれ、不織布を通過する際に煤を捕集する。また突起状の切欠きに流入する手前に左右のセルに移動できる空間があり、フロースルー通路も確保している。

　M−PMFのシステム構成例としては、M−PMFの上流に酸化触媒（DOC；Diesel Oxidation Catalyst）を配置し、排ガス中のNOを酸化触媒でNO$_2$に酸化させ、このNO$_2$を酸化剤としてM−PMFに捕集された煤を酸化し除去する（図3.1.28）。

（c）ウォールフロー型フィルタ（DPF）

　DPF（Diesel Particulate Filter）は多孔質セラミックでできたハニカムの端面に交互に栓をし、排ガスの全量がセラミックの壁を通過して煤を捕集するフィルタ（図3.1.29）で、排ガス中のPM成分のうち、主に煤を捕集浄化し、80〜90％以上のPM

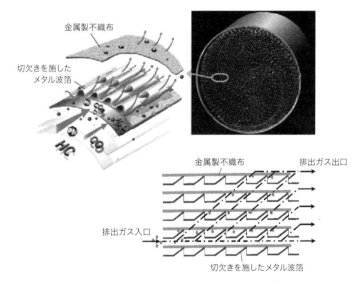

図3.1.27　フロースルー型メタルPMフィルタ[17]

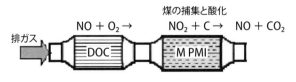

図3.1.28　フロースルー型メタルPMフィルタシステム図[17]

低減効果が得られ、近年の厳しい排出ガス規制には必須の後処理装置となっている。DPFは煤の捕集率が高いが圧力損失も高いという背反を持ち合わせているが、近年セラミック壁内の細孔の形状を工夫し、低圧損と高捕集率を両立させたDPFが量産されている。DPFの材質としては、セラミックの一種であるコージェライトやシリコンカーバイト（SiC）が主に使用されている。

　DPFを継続して使用するためにはフィルタに捕捉された煤を除去する必要があり（DPFの再生と呼ぶ）、これがDPFを実用化するにあたり非常に難しい技術的課題となっている。以下にDPFの再生方法について記述する。

　大型トラック用ターボインタークーラ付きディーゼルエンジンのエンジン出口の排気温度の例を図3.1.30に示す。排ガスは、エンジンからDPFに到る排気管でさらに放熱され温度が低下する。排ガス中の酸素で煤を酸化除去するには550〜600℃程度の高温が必要であるが、通常走行中にそのような高温になることはない。

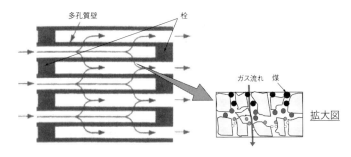

図3.1.29　ウォールフロー型フィルタ（DPF）[16]

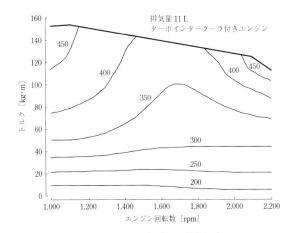

図3.1.30　エンジン出口の排気温度

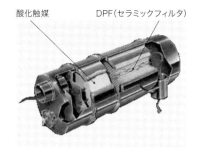

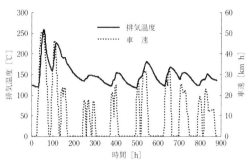

図3.1.31　連続再生式DPFの例
（ジョンソン-マッセイ社）[18]

図3.1.32　東京都内の渋滞路を模擬した
東京都No.2モード（平均車速8.4km/h）での排気温度[11]

DPFを実用化するためには、実際の走行状態において煤を酸化除去する技術が必要となる。

　最初に開発された再生方法としては、M−PMFと同様にDPFの上流に酸化触媒を配置して排ガス中のNOをNO_2に酸化し、これを酸化剤として使用することにより連続再生可能な温度を400℃以下まで下げた連続再生式DPF（図3.1.31）や酸化触媒をフィルタに担持し、触媒の作用でより低温から煤を燃焼させる方法（触媒付きDPF）がある。しかしながら、種々の走行状態での排気温度は、高速・高負荷走行で200〜450℃、渋滞のない一般道の走行では150〜400℃、渋滞が多い都市内走行では150〜300℃である。図3.1.32は東京都内の渋滞路を模擬した走行パターン（平均車速8.4km/h）での車速と排気温度を示したものである。実際の車両走行条件では排気温度が300〜400℃の高温になる機会は少なく、酸化触媒付きのDPFでも定期的に煤を清掃除去するなどのメンテナンスなしで使用することは困難である。特に都市部の渋滞路走行は発進停止が多く、排気温度は約150℃と非常に低い。触媒を使用した連続再生式DPFをこのような条件で使用すると、煤がフィルタに溜まる一方となり継続して使用することができなくなる。

　DPFの再生温度領域を広げる方法として、排ガス中に燃料を添加して酸化触媒で酸化反応する際の反応熱により排気温度を高め、広いエンジン運転域でDPFを強制再生する方法が実用化されている。強制再生式DPFのシステムの例を図3.1.33に示す。エンジンの噴射系には1サイクル中に複数の燃料噴射（マルチ噴射）が可能なコモンレール式燃料噴射システムを採用し、マフラの内部には酸化触媒と触媒付きDPFが配置されている。本システムで使用しているマルチ噴射を図3.1.34に示す。アフタ噴射は排気温度を高めることを目的に主噴射の直後に行う少量の燃料

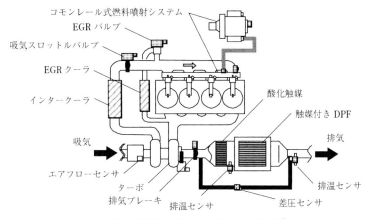

図 3.1.33　強制再生式 DPF エンジンシステム図 [19]

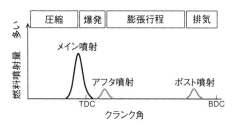

図 3.1.34　ポスト噴射とアフタ噴射

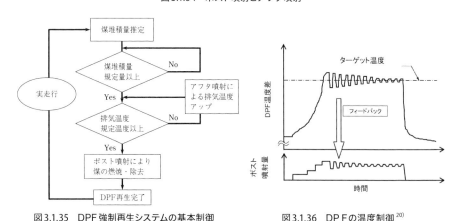

図3.1.35　DPF 強制再生システムの基本制御　　　　　図3.1.36　DP Fの温度制御 [20]

噴射、ポスト噴射は未燃燃料を排気管に送り込むため排気バルブが開く直前に行う少量の燃料噴射である。この DPF 強制再生システムの基本制御を図3.1.35に示す。DPFに捕集した煤堆積量の推定を行い、捕集した煤量が規定量以上に達する

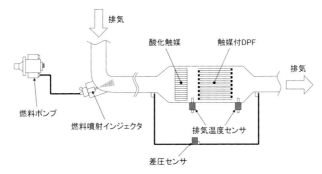

図3.1.37　燃料噴射インジェクタ付き強制再生式DPFエンジンシステム図

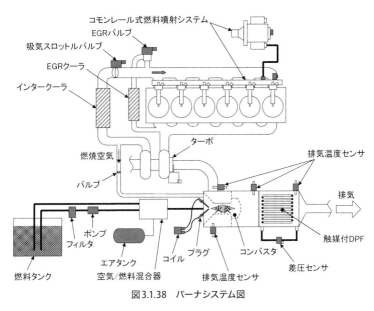

図3.1.38　バーナシステム図

と強制再生を行う。この時、排気温度が規定値（酸化触媒の活性温度）以下の場合は、アフタ噴射により排気温度を上昇させ、排気温度が規定値以上になったらポスト噴射を行い、未燃燃料を排気管に送り込み、酸化触媒で酸化させDPFに流れる排気温度を高めてDPFを強制再生する。排気温度が規定値以上の場合は、ポスト噴射だけでDPFを強制再生する。強制再生時のDPF入口の排気温度は、煤の燃焼が可能でかつDPFの溶損や触媒の高温劣化を防ぐため一般的には600℃前後に温度をコントロールする必要がある。本システムでは、排気温度センサにより排気温度を確認しながら、排気温度を最適に保つようにポスト噴射量をコントロールしている

（図3.1.36）。排ガス中に燃料を添加する方法として、図3.1.37に示すように排気管に燃料噴射インジェクタ装着し、直接排気管に燃料を噴射するシステムもある。

　また、強制再生を酸化触媒で酸化反応する際の反応熱に依らず、燃料を排気管内で燃焼させることにより、排気温度を高める方法としてバーナシステムがある。バーナシステムの例を図3.1.38に示す。このシステムはDPFの上流にコンバスタと称する燃焼容器を配置し、その中に空気と混合した燃料を噴射しプラグにて着火して燃焼させることにより排気温度を高める方法である。燃焼のために必要な空気はエンジンのターボチャージャから供給される。温度コントロールは、ポスト噴射の場合と同様に排気温度センサにより排気温度を確認しながら、排気温度を最適に保つように燃料噴射量をコントロールしている。ポスト噴射に比べて、強制再生時間が短く、強制再生に使用する燃料も少ない利点がある一方、サイズが大きくシステムが複雑でコストがかかるという欠点もある。

(2) NOx 低減後処理技術

　NOx触媒は、排気中のNOxと還元剤との反応を促進し、NOxをN$_2$に還元して除去する触媒である。ディーゼルエンジンの燃焼は空気過剰の状態で行われるため排ガスは酸素を多く含む酸化雰囲気であり、ガソリンエンジンに比べると排気温度も低い。さらに、排ガス中に存在するHCなど還元作用のある成分の濃度がガソリンエンジンに比べて非常に低い。ディーゼル用NOx触媒は、これらの点を考慮して開発されている。

　NOx低減後処理装置として実用化されている主なものとしてNOx吸蔵還元触媒、尿素選択還元触媒、HC選択還元触媒がある。以下に各NOx後処理装置の詳細を解説する。

(a) NOx 吸蔵還元触媒

　NOx吸蔵還元触媒は、空気過剰率の大きな通常運転時（リーン条件）にNOxをいったん触媒に吸蔵し、エンジンの制御と排ガス中への燃料（HC）添加により還元雰囲気を作り（リッチ条件）、触媒に吸蔵されたNOxを還元するという制御を繰り返し、NOxを浄化するものである。

　NOx吸蔵還元触媒を使用した排気後処理システムの例を図3.1.39に示す。本システムでは、排気管への燃料添加と大量EGR、コモンレール式燃料噴射装置によるエンジン制御によりリッチ条件を作り出している。本システムでは、NOx吸蔵還元触媒を多孔質セラミックフィルタに担持し、DPFの機能も持たせている。図3.1.40にその構造を、図3.1.41にNOx吸蔵還元触媒のNOx浄化メカニズムを示す。

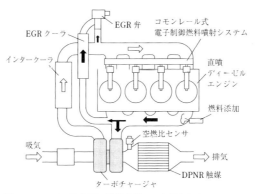

図3.1.39　NOx吸蔵還元触媒を使用した排気後処理システム図[21]

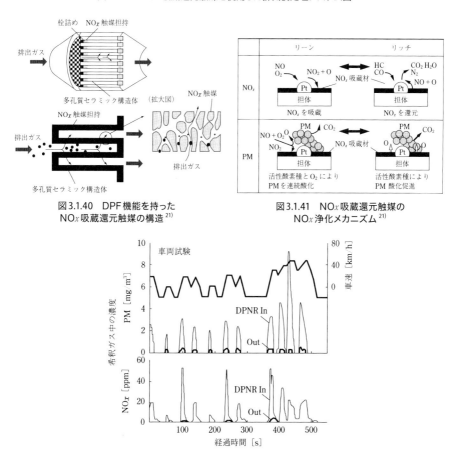

図3.1.40　DPF機能を持った
NOx吸蔵還元触媒の構造[21]

図3.1.41　NOx吸蔵還元触媒の
NOx浄化メカニズム[21]

図3.1.42　DPF機能を持ったNOx吸蔵還元触媒のNOx、PM浄化性能[21]

本システムを装着した排気量2.0Lのターボインタークーラ付きエンジンの車両におけるNOx、PM浄化性能を図3.1.42に示す。本システムにより10・15モード走行時にNOx、PMをともに80％以上低減している。

一方で、NOx吸蔵還元触媒は硫黄分Sと化合する特性があるため、一定時間運転するとNOx吸蔵能力が低下しNOx浄化性能が劣化する。これを回復するため、触媒から硫黄分を脱離する高温でリッチな雰囲気を定期的に作り出す必要がある。ま

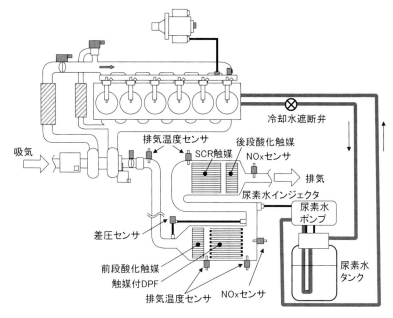

図3.1.43　尿素選択還元触媒を使用した排気後処理システム図[22)]

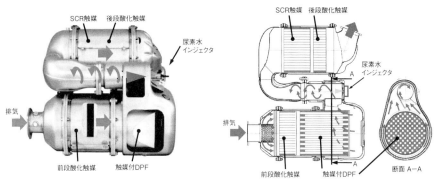

図3.1.44　DPR-尿素SCRマフラ[22)]

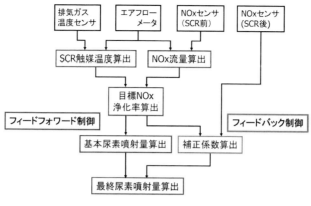

図3.1.45　尿素噴射制御

た、硫黄分の少ない燃料を使用することもNOx吸蔵還元触媒を使用する前提条件
となる。

(b) 尿素選択還元触媒

　尿素選択還元触媒（尿素SCR）は、尿素水を排ガス中に噴射し、尿素の加水分解
により生成するアンモニア（NH₃）を還元剤としてNOxを選択的に還元する触媒で
ある。反応式はつぎのとおりである。

〔尿素の加水分解によるアンモニアの生成反応〕

$$(NH_2)_2CO + H_2O \rightarrow 2NH_3 + CO_2 \tag{3.1.4.1}$$

〔アンモニアによる脱硝反応〕　反応速度の速い順に

$$2NH_3 + NO + NO_2 \rightarrow 2N_2 + 3H_2O \tag{3.1.4.2}$$

$$4NO + 4NH_3 + O_2 \rightarrow 4N_2 + 6H_2O \tag{3.1.4.3}$$

$$6NO_2 + 8NH_3 \rightarrow 7N_2 + 12H_2O \tag{3.1.4.4}$$

　アンモニアを還元剤として用いる選択還元脱硝技術は、1970年代から定置式の
ディーゼルエンジンプラントに採用され実用化されていたが、これを車両用ディー
ゼルエンジンに適用しようというものである。

　大型商用車用として実用化された尿素選択還元触媒システムの例を図3.1.43に、
また尿素選択還元触媒が収められたマフラの例を図3.1.44に示す。本システム事例
は前述のDPFと組み合わせたものであるが、近年の厳しい排出ガス規制では尿素
選択還元触媒上流にDPFを配置するのが一般的である。前述の(3.1.4.2)式から分
かるように、アンモニアの還元反応は排ガス中のNOとNO₂のモル比が1：1のと
きに効率的に行われる。ディーゼルの排ガス中にはNO₂よりもNOの方が大量に含

まれる。尿素選択還元触媒の上流に配置された酸化触媒は、DPFの再生のためだけではなく、NOの一部をNO₂に酸化してNO：NO₂の比を1：1に近づけることにより、NOxの浄化率を向上する目的にも利用されている。また、後流に配置された後段酸化触媒は、過剰に添加された尿素水から生成したアンモニアがそのまま排出されぬように酸化除去する狙いで装着されている。

　尿素噴射制御の例を図3.1.45に示す。尿素噴射量は、SCR触媒上流に設置したNOxセンサで測定したNOx濃度とSCR触媒温度等から演算し、またSCR触媒のアンモニア吸着量を考慮して決定される。さらに、アンモニアスリップ防止のための酸化触媒後流に配置するNOxセンサにて、NOxおよびアンモニア排出量を監視し尿素噴射量へフィードバックを行う。

　還元剤として使用される尿素水は、－11℃で凍結する特性を持っているため凍結時には解凍するシステムが備えられている。図3.1.43に示すシステムでは、エンジン冷却水を尿素水タンクや尿素水配管に導き、解凍するように工夫されている。また、これ以外に電気ヒータを用いて解凍するシステムも実用化されている。

　本システムを装着した排気量12.9Lのターボインタークーラ付きエンジンのNOx浄化性能を図3.1.46に示す。本システムによりJE05モード走行時のNOxは80％以

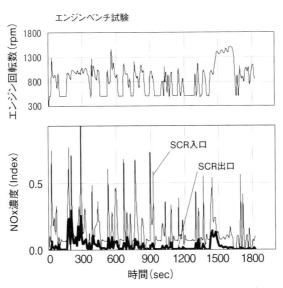

図3.1.46　尿素SCRシステムのNOx浄化性能[22]

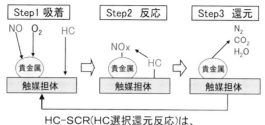

HC-SCR(HC選択還元反応)は、
還元剤として炭化水素(HC)の利用可能

図3.1.47　HC選択還元触媒のNO$_x$浄化メカニズム [23]

T　　：温度センサ
NOx　：NOxセンサ
P　　：差圧センサ

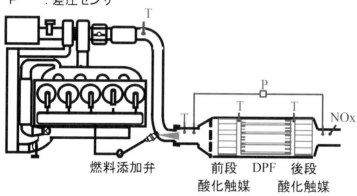

図3.1.48　HC選択還元触媒を使用した排気後処理システム図 [23]

上の低減効果を得ている。

(c) HC選択還元触媒

　HC選択還元触媒は、酸素過剰雰囲気下で炭化水素(HC)を還元剤として反応させNO$_x$を浄化する触媒である。しかしながら、炭化水素は排ガス中に含まれる酸素とも反応するため、この酸素との反応を抑えつつ、NO$_x$の還元反応を促進させる必要がある。還元対象であるNO$_x$と炭化水素を触媒表面に吸着させ、活性金属上で選択的に炭化水素とNO$_x$を反応させるために、触媒としては吸着性能に優れたウォッシュコート材と活性金属の選択が重要である。図3.1.47に推定されるNO$_x$浄化メカニズムを示す。還元剤のHCとしては通常、軽油が用いられる。

　HC選択還元触媒によるNO$_x$浄化性能の向上策は次の様に考えられている。低温

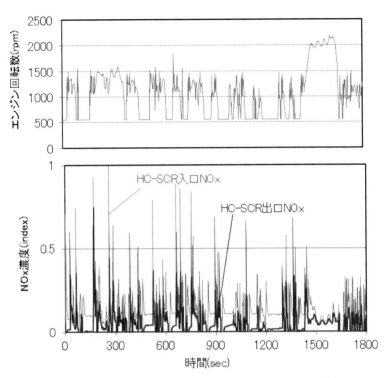

図3.1.49　HC選択還元システムのNOx浄化性能（JE05モード）[23]

　でのNOx浄化性能を向上させるには、触媒として低温でHCの酸化能力が高い活性
金属が適しており、主に白金等の金属が使用されている。一方、高温でのNOx浄化性能を向上させるには、HCの酸化能力を弱めて、触媒上でHCとNOxを反応させる必要がある。近年、そのような特性を有する新しい触媒として、銀系、銅系の触媒が見いだされている。

　図3.1.48は日野自動車が2010年に中型商用車用として実用化したHC選択還元触媒システムの例である。上流側の前段酸化触媒（F-DOC）は燃料添加弁から噴射した軽油が直接供給されるため、HC選択還元反応が進行しやすい触媒であり、最もNOx浄化性能に優れた特性を示す白金系の触媒を本システムでは採用している。これに対し、DPFや後流側の後段酸化触媒（R-DOC）では、触媒温度が低い時にNOx浄化性能を確保するために低温でのNOx浄化性能とHC酸化能力を併せ持った白金／パラジウム系の触媒が採用されている。還元のための燃料噴射量は、F-DOC上

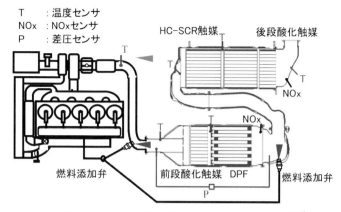

図3.1.50　HC選択還元触媒を使用した新排気後処理システム図[24]

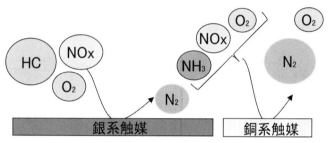

図3.1.51　銀系触媒、銅系触媒によるNOx浄化メカニズム[24]

流に設置したNOxセンサで測定したNOx濃度とF-DOC温度等から演算し、さらにR-DOC後流に配置するNOxセンサにてNOx排出量を監視し燃料噴射量へフィードバックを行う。本システムを装着した排気量6.4Lのターボインタークーラ付きエンジンでのNOx浄化性能を図3.1.49に示す。本システムにより、JE05モード走行時で高いNOx浄化効果を得ている。

　さらに、図3.1.50に日野自動車が2017年に中型商用車用として実用化した新しいHC選択還元触媒システム例を示す。本システムは2つのマフラで構成されており、HC選択還元触媒によるNOx浄化性能を低温だけでなく高温も含めた広温度範囲で発揮するシステムとなっている。前段の第1マフラは低温域のHC-SCR機能を有する白金系のF-DOCと触媒付DPFであり、後段の第2マフラには中高温域でNOxを低減する銀系触媒と銅系触媒を付与したR-DOCが配置されている。図

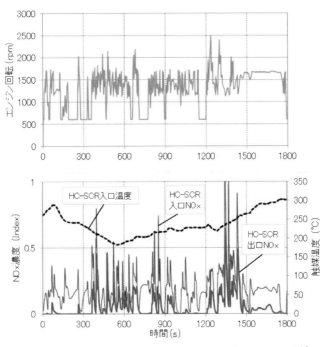

図3.1.52　新HC選択還元システムのNOx浄化性能（WHTCモード）[24]

3.1.51に銀系および銅系触媒のNOx浄化メカニズムを示す。この銀系触媒は従来の
HC選択還元とは異なり、HC、O$_2$、NOxが反応する時にNOxがN$_2$に浄化される
だけでなく、同時にNH$_3$を副生する。このNH$_3$を用いて、銀系触媒で取りきれなかっ
たNOxを銅系触媒でN$_2$に浄化する。銀系触媒の後流側に銅系触媒を配置し、さら
なる高性能化がはかられている。また、排ガスと触媒との接触性を増しNOx還元
反応を進めるため、触媒を塗布しているハニカム担体のセル構造を従来の四角形状
から六角形状にする工夫が用いられている。その結果、担体の表面積が約10％増
して触媒の反応効率が上がり、触媒塗布量増による圧力損失の上昇が抑えられてい
る。

　2つのマフラでNOxを還元するため、それぞれのマフラ上流に燃料添加弁を備
え、添加される軽油との触媒反応によってNOxを低減する。前段酸化触媒への軽
油添加量はエンジン運転状態（エンジン回転数、エンジン負荷）、前段酸化触媒上
流の温度等を用いて演算されている。さらにDPF下流に配置したNOxセンサによ

りNOx排出量をモニタし、軽油添加量にフィードバックする。また、HC-SCR触媒への軽油添加量もHC-SCR上流の温度、NOxセンサ値等を用いて演算し、SCR触媒下流のNOxセンサによりフィードバックされる。本システムを装着した排気量4Lのターボインタークーラ付きエンジンのNOx浄化性能（WHTC：過渡排出ガス試験モード）を図3.1.52に示す。WHTCでの触媒温度は150〜280℃にわたっているが、NOx浄化率は安定して約60％を得られている。また、より触媒温度が高くなるWHSCモードやWNTEモードにおいても50〜70％のNOx浄化率を達成している。今後、還元剤である軽油のNOxとの反応選択性の改善により、更なる浄化性能の向上が考えられる。

3.1.5 排気触媒開発の経緯（変化）と 今後の更なる排ガス改善の可能性について

ディーゼル排出ガスの改善には、通常、エンジン本体での燃焼改善（EGR、高圧燃料噴射など）に加え、排出ガスの後処理が併用されている。

表3.1.8にこれまでに実用化された排出ガス後処理技術を示す。1994年に排出ガス中のPM、HCを低減するために、Pt（白金）を使用した酸化触媒が用いられ、SOF（Soluble Organic Fraction）が大幅に低減された。SOFは低温時に酸化触媒に吸着され、温度が上がると燃焼除去される。次に2003年に排出ガス中の煤（粒子状物質）を大幅除去するために、Ptを含む酸化触媒を塗布したDPF（Diesel Particulate Filter）が新たに開発された。同時に酸化触媒もHC浄化能力が強化された。DPFはハニカムの両端に交互に栓をし、排出ガスの全量がハニカム壁を通過して、煤が捕集される。所定量の煤が捕集後、DPFの上流に設置した酸化触媒上でHC（燃料）を燃焼してDPFを昇温し、煤が燃焼除去される。DPFの採用により90％以上の煤低減効果が得られる。一方、排ガス中のNOxを浄化するため、NOx吸蔵還元触媒が開発された。NOx吸蔵還元触媒は排出ガスがリーン条件（吸蔵雰囲気）にNOxを硝酸塩化合物として触媒中に一時的に溜め込み、エンジン制御と排出ガスへのHC添加によりリッチ条件（還元雰囲気）をつくり、NOxが浄化される。2005年から2009年にかけて、燃費改善、排出ガス浄化の両立の実現に向け、NOx低減効果の高い後処理技術の要求が高まった。そこで、NOx還元剤を排出ガスに添加し、触媒上でNOxと選択的に反応させ、NOx排出量を低減する尿素選択還元、HC選択還元が開発された。尿素選択還元触媒は尿素が分解して生成するアンモニアを還元剤として触媒上でNOxを浄化する。Fe（鉄）イオンを含むゼオライトが尿素選

年代	後処理技術	後処理レイアウト	特徴
1994年	酸化触媒	排ガス	HC、CO浄化 主に白金系の触媒で排ガス中のHC、SOF、COをCO_2に酸化し浄化する
2003年	酸化触媒＋DPF	排ガス　酸化触媒　DPF	HC、CO浄化、PM除去 排ガス中のHC、SOF、COを浄化する白金系の触媒に加えPMを捕集除去するDPFを装着
	NOx吸蔵還元	排ガス	NOx浄化（雰囲気制御） リーン雰囲気の排ガス中のNOxを硝酸塩として触媒に溜め込み、軽油を添加して排ガスをリッチ雰囲気にしNOxを還元浄化
2009年	尿素選択還元（Ⅰ）	軽油　尿素　酸化触媒　DPF　SCR触媒（鉄）　アンモニア酸化触媒	NOx浄化（尿素水添加、鉄系触媒） ・尿素水を排熱でアンモニアに分解し、アンモニアとNOxを鉄系触媒上で反応させ、広温度域でNOxを還元浄化 ・排ガス中のHC、SOF、CO、PMを酸化触媒、DPFで除去
	HC選択還元（Ⅰ）	軽油　HC-SCR触媒（白金）　DPF　酸化触媒	NOx浄化（軽油添加、白金系触媒） ・軽油（HC）とNOxを白金系触媒上で反応させ、低温域のNOxを還元浄化 ・排ガス中のHC、SOF、CO、PMを酸化触媒、DPFで除去
2016年	尿素選択還元（Ⅱ）	軽油　尿素　酸化触媒　DPF　SCR触媒（銅）　アンモニア酸化触媒	NOx浄化（尿素水添加、銅系触媒） ・尿素水を排熱でアンモニアに分解し、アンモニアとNOxを銅系触媒上で反応させ、低温度域のNOx還元浄化を強化 ・排ガス中のHC、SOF、CO、PMを酸化触媒、DPFで除去
	HC選択還元（Ⅱ）	軽油　軽油　HC-SCR触媒（白金）　DPF　SCR触媒（銀）　SCR触媒（銅）	NOx浄化（軽油添加、銀系・銅系触媒） ・軽油（HC）とNOxを白金系触媒および銀系・銅系触媒上で反応させ、広温度域でNOxを還元浄化 ・排ガス中のHC、SOF、CO、PMを酸化触媒、DPFで除去

表3.1.8　排出ガス後処理技術の進化（日野エンジンの例）

択還元触媒として用いられ、アンモニアの大気放出を防止するアンモニア酸化触媒（ASC）が最後段に備えられている。また、HC選択還元触媒はディーゼルエンジンの燃料である軽油を還元剤として利用し、NOxを浄化する。HC選択還元触媒は酸化触媒としての機能を有するPt等を担持した触媒が使用された。尿素選択還元、HC選択還元ともに煤を除去するDPFを配置し、NOx、PMが大幅に低減されている。ここで、尿素選択還元は大型商用車に、HC選択還元は小中型商用車に搭載された。さらに、2016年にはさらなるエンジン低燃費化により低温化した排出ガス中のNOx浄化、高温でのNOx浄化効果の向上が後処理に求められた。そのため、進化した触媒を採用した尿素選択還元、HC選択還元が実用化されている。尿素選択還元触媒は低温の排出ガス中に多く存在するNOとの反応性を高めるため、触媒の活性金属としてCu（銅）が見いだされ、低温域で高いNOx浄化性能が達成されてい

る。HC選択還元触媒は高温域でNO_xとの優れた反応選択性を有する触媒として、新たにAg（銀）触媒、Cu触媒が開発されている。いずれも従来のPt等の酸化触媒と組み合わせ、低温から高温まで幅広い温度域において、高いNO_x浄化効果が得られている。2020年以降は日本を含め欧米で燃費規制の強化が決定されており、燃費をさらに向上させつつ、排出ガスの徹底的な浄化（NO_xゼロエミッション化）が求められる。NO_xゼロエミッション化については、エンジン始動時や低温運転時のNO_x排出を抑えるため、NO_xとの反応性の高い還元剤（尿素からアンモニア、軽油から含酸素化合物）の低温での生成促進や低温でのNO_x吸着能力向上が考えられる。また、エンジンのHV化に使う電力を活用した後処理の改善なども期待できる。

引用文献

1） http://www.mlit.go.jp/jidosha/jidosha_tk10_000002.html（国交省 HP、新車に対する排出ガス規制について）

2） 鈴木央一ほか「次期重量車用試験サイクルの概要と排出ガス性能評価法としての特徴」『交通安全環境研究所フォーラム 2014 講演概要』2014 年

3） 小高松男「新規エミッション規制と自治体における自主基準の動向」『自動車技術』Vol.57、No.9、自動車技術会、2003 年、p.4

4） 青柳友三「大型ディーゼルエンジンの燃焼技術の現状と今後の課題」『自動車技術』Vol.53、No.4、自動車技術会、1999 年、pp.11–16、

5） Noboru Uchida *et al.*, "Combustion Optimization by Means of Common Rail Injection System for Heavy-Duty Diesel Engines", *SAE Paper*, 982679, 1998

6） Masatoshi Shimoda *et al.*, "Technologies for Simultaneous Improvement in NOx, PM and Fuel Consumption for Future Diesel Engines of Heavy Duty Trucks", *FISITA*, F98T135, 1998

7） 遠藤真ほか「トラック用過給エンジンの効率向上と性能改善」『自動車技術』Vol.47、No.10、自動車技術会、1993 年、p17

8） 雲雅二ほか「新 EGR システムの開発」『自動車技術』No.54、No.9、自動車技術会、2000 年、pp.86–93

9） 岡崎徹矢ほか「過給ディーゼル機関の EGR に関する研究」『日野技報』No.51、日野自動車、1998 年、pp.53–56

10） 横村仁志ほか「過給ディーゼルエンジンの EGR について」『三菱自動車テクニカルレビュー』No.15、三菱自動車、2003 年、pp.18–24

11） 杉原啓之ほか「大型ディーゼルエンジンの排出ガス低減技術について」『自動車技術会秋季大会講演会前刷集』20045619、自動車技術会、2004 年

12） 尾頭卓ほか「いすゞ 00 型 GIGA のエンジンについて」『いすゞ技報』第 103 号、いすゞ自動車、2000 年、pp.12–28

13） 貴島賢ほか「新 NOx 低減技術「コンバインド EGR システム」の開発」『自動車技術会春季大会講演会前刷集』20045094、自動車技術会、2003 年

14） Takeyuki Kamimoto *et al.*, "High Combustion Temperature for the Reduction of Particle in Diesel Engines", *SAE Paper*, 880423, 1988

15） 横田治之ほか「予混合ディーゼル燃焼における NOx、スス生成の考察」『第 17 回内燃機関シンポジウム前刷集』20026058、2002 年、p.217

16） 谷口茂良「自動車排気浄化触媒」『エンジンテクノロジー』Vol.6、No.2、山海堂、2004 年

17） 大河原誠治ほか「フロースルー型メタルフィルターにおける煤のトラップおよび連続酸化」『自動車技術会論文集』Vol.37、No.2、自動車技術会、2006 年

18） ジョンソン - マッセ社、資料提供（CRT + CSF の図）

19） 南川仁一ほか「DPR の開発」『自動車技術会秋季大会講演会前刷集』20035600、自動車技術会、2003 年

20） Toorisaka, H. *et al.*, "DPR Developed for Extremely Low PM Emissions in Production

Commercial Vehicles", *SAE Technical Paper*, 2004-01-0824, 2004

21）田中俊明「ディーゼル低エミッションのための最新排気浄化技術」『自動車技術』Vol.57、No.9、自動車技術会、2003 年

22）小和田稔ほか「大型商用車用 PM、NOx 低減後処理システムの開発」『自動車技術会秋季大会講演会前刷集』20105725、自動車技術会、2010 年

23）平林浩ほか「新 DPR の開発」『自動車技術会秋季大会講演会前刷集』20105682、自動車技術会、2010 年

24）林崎圭一ほか「軽油を還元剤とした NOx 後処理システムの開発」『自動車技術会秋季大会講演会前刷集』20176148、自動車技術会、2017 年

参考文献

① http://www.env.go.jp/air/car/taisaku/index.html（環境省 HP、中央環境審議会大気環境部会第十次答申、第十二次答申）

② 青柳友三「エミッションクリーン化技術の現状と将来（ディーゼル）」『自動車技術』Vol.55、No.9、自動車技術会、2001 年、pp.10–16

③ 足立祐輔ほか「低公害ディーゼルエンジンの開発」『自動車技術会春季大会講演会前刷集』963、自動車技術会、1996 年、pp.53–56

④ 内野直明ほか「J08C（J-IA）型低公害エンジンの開発」『JSAE SYMPOSIUM "新開発エンジン" 前刷集』自動車技術会、1997 年、pp.1–6

⑤ Shin Endo *et al.*, "Development of J-Series Engine and Adoption of Common-Rail Fuel Injection System", *SAE Paper*, 970818, 1997

⑥ Shin Endo *et al.*, "State-of-the-Art; Hino High Boosted Diesel Engine", *SAE Paper*, 931867, 1993

⑦ 岡崎徹矢ほか「過給ディーゼル機関の EGR に関する研究」『日本機械学会　第 75 期通常総会講演会　論文集（Ⅲ）』日本機会学会、1998 年、pp.475–476

⑧ 岡田誠二ほか「三菱大型トラック・バス用 6M70 エンジンの開発」『JSAE SYMPOSIUM "新開発エンジン" 前刷集』自動車技術会、2000 年、pp.6–11

⑨ 小高松男「超低エミッションディーゼル機関への挑戦」『日本機会学会誌』Vol.105、No.1007、日本機会学会、2002 年、p.19

⑩ Akio Kakinai *et al.*, "Development of the New K13C Engine with Common-Rail Fuel Injection System", *SAE Paper*, 1999-01-0833, 1999

⑪ 雲雅二ほか「パルス EGR システム搭載日野新 P11C エンジン」『エンジンテクノロジー』Vol.2、No.5、山海堂、2000 年、pp.46–51

⑫ 塩崎忠一ほか「ディーゼルエンジンにおける EGR とその問題点について」『日野技報』No.38、1989 年

⑬ Hiroyuk Sugihara *et al.*, "Effects of High-Boost Turbocharging on Combustion characteristics and Improving its Low Engine Speed Torque", *SAE Paper*, 920046, 1992

⑭ 杉原啓之ほか「コモンレールシステム搭載のディーゼルエンジンの開発」『自動車技術』Vol.53、No.9、自動車技術会、1999 年、pp.23–28

⑮ 杉原啓之ほか「新 K13C エンジンの紹介」『日野技報』No.51、日野自動車、1998 年、pp.19-27

⑯ 杉原啓之ほか「日野　新 K13C 型ディーゼルエンジン」『JSAE SYMPOSIUM "新開発エンジン" 前刷集』自動車技術会、1999 年、pp.8-15

⑰ Hiroshi Horiuchi et al., "The Hino E13C: A Heavy-Duty Diesel Engine Developed for Extremely Low Emissions and Superior Fuel Economy", SAE Paper, 2004-01-1312, 2004

⑱ Junnji Honma et al., "Development of a Highly Efficient and Reliable Multi-Tube EGR Cooler", SAE Paper, 2004-01-1446, 2004

⑲ 本間淳司ほか「高性能多管式 EGR クーラの開発」『自動車技術会春季大会講演会前刷集』20045064、自動車技術会、2003 年

⑳ 林孝次ほか「大型ディーゼルエンジンのポスト新長期排出ガス規制適合技術」『自動車技術』Vol.65、No.3、自動車技術会、2011 年、pp.32-36

㉑ Haruyuki Yokota et al., "A New Concept for Low Emission Diesel Combustion", SAE Paper, 970891, 1997

㉒ 横田治之ほか「予混合ディーゼル燃焼における NOx、スス生成の考察」『第 17 回内燃機関シンポジウム』20026058、自動車技術会・機械学会、2002 年、p.217

㉓ 島崎直基ほか「上死点近傍燃料噴射による予混合ディーゼル燃焼コンセプト　—燃料の着火性や蒸発性の影響—」『自動車技術会春季大会講演会前刷集』20055253、No.46-05、自動車技術会、2005 年、pp.5-10

㉔ 片岡一司ほか「高効率クリーンディーゼル燃焼コンセプト ITIC-PCI」『自動車技術会春季大会講演会前刷集』20095349、No.24-09、自動車技術会、2009 年、pp.7-10

㉕ 稲垣和久ほか「高分散噴霧と筒内低流動を利用した低エミッション高効率ディーゼル燃焼（第 1 報）—燃焼コンセプトの提案と単筒エンジンによる基本性能の検証—」『自動車技術会春季大会講演会前刷』20105334、No.88-10、自動車技術会、2010 年、pp.1-6

㉖ 林孝次ほか「大型ディーゼルエンジンのポスト新長期排出ガス規制適合技術」『自動車技術』Vol.65、No.3、自動車技術会、2011 年、pp.32-36

㉗ 港明彦ほか「ディーゼル機関における吸排気弁動作の可変化による予混合燃焼の反応制御」『自動車技術会論文集』Vol.37、No.1、20064111、自動車技術会、2006 年、pp.43-48

㉘ 村田豊ほか「可変バルブ機構による高負荷ディーゼル燃焼のエミッション低減に関する研究」『自動車技術会論文集』Vol.38、No.1、20074134、自動車技術会、2007 年、pp.157-162

㉙ 港明彦ほか「ディーゼル機関の将来像とその統合制御による性能改善」『2011 年度年次大会 DVD-ROM 論文集』日本機械学会、2011 年

㉚ 杉原啓之ほか「大型ディーゼルエンジンの排出ガス低減技術について」『自動車技術会秋季大会講演会前刷集』20045619、自動車技術会、2004 年

㉛ 尾頭卓ほか「いすゞ 00 型 GIGA のエンジンについて」『いすゞ技報』第 103 号、いすゞ自動車、2000 年、pp.12-28

㉜ 貴島賢ほか「新 NOx 低減技術「コンバインド EGR システム」の開発」『自動車技術会春季大会講演会前刷集』20045094、自動車技術会、2003 年

㉝ 中村成男「自動車排ガス中の微粒子に関する計測法と動向」『かんきょう』2009 年 1 月、

日本環境技術協会、2009 年

㉞ 山田裕之ほか「自動車排出粒子測定法の高度化—PMP による活動のこれまでとこれから—」
『交通安全環境研究所フォーラム 2015 講演概要』2015 年

㉟ 山本敏明「OBD の現状と将来の活用方策（乗用車、大型車）」『交通安全環境研究所講演会
講演概要』2016 年

㊱ Vicente Franco ほか『REAL-WORLD EXHAUST EMISSIONS FROM MODERN DIESEL
CARS』

㊲ 小澤正弘ほか「ディーゼル乗用車の実路走行における排出ガス性能評価手法の検討」『交通
安全環境研究所フォーラム 2016 講演概要』2016 年

㊳ 相馬誠一「PEMS（車載式排出ガス分析計）の紹介とその課題」『自動車技術会春季大会フォー
ラム講演前刷集』フォーラム「リアルワールドでの空気室改善に対する自動車影響を考える」、
自動車技術会、2016 年

㊴ 山口恭平ほか「先進技術搭載ディーゼル乗用車等を対象にした排出ガス路上走行検査方法の
検討」『交通安全環境研究所フォーラム 2017 講演概要』2017 年

㊵ http://www.mlit.go.jp/jidosha/jidosha_tk10_000035.html（国交省 HP、排出ガス不正事案を
受けたディーゼル乗用車等検査方法見直し検討会）

㊶ Wolfang Krüger, "10.7-L DAIMLER HD TRUCK ENGINE FOR EURO Ⅶ AND TIER 4",
MTZ, 1212012, Volume73, 2012, pp4–10

㊷ 亀井孝彦ほか「いすゞ '18 型エルフ搭載 4JZ1-TCH/TCS 型ディーゼルエンジンの紹介」『い
すゞ技報』第 130 号、2018 年

3.2 燃費の改善（CO₂削減）技術

3.2.1 燃費改善の必要性

　地球の大気にはCO₂（二酸化炭素）などの温室効果ガスと呼ばれる気体がわずかに（1%程度）含まれている。これらの気体は地球表面から放射される赤外線を吸収し、再び放出する性質がある。地球は太陽の光と人間の活動等により発生した熱で温められ、その一部は温室効果ガスに吸収されて地球を暖め、残りは赤外線として宇宙へ放出される。このバランスが適切であれば、地球の大気温度は人間や動植物が生存するために適切な温度に保たれる。近年人間の活動が活発になり、化石燃料の使用量増大やCO₂を吸収してくれる森林伐採の増加等によりCO₂をはじめとする温室効果ガスの排出量が急激に増加し、地球全体の平均気温が上昇する傾向となっており、これを地球温暖化という。地球温暖化の影響は地球規模での平均気温の上昇だけでなく、海面の上昇や異常気象、海水酸性化など様々なところに現われ、私たちの生活に悪影響を及ぼす。国際社会は、1992年に採択された国連気候変動枠組み条約で地球温暖化対策に世界全体で取り組んでいくことに合意して以降、1995年から気候変動枠組条約締約国会議（COP）が毎年開催され温室効果ガス削減に向け議論が行われている。1997年に京都で開催されたCOP3では2020年までの先進国の温室効果ガス削減目標などが定められた。2015年にフランスのパリで開催されたCOP21では、平均気温上昇の長期目標が共有され、先進国・開発途上国の区別無くすべての国は5年毎に温室効果ガス削減目標を更新し目標達成に必要な国策をとる義務を負うなど、2020年以降の地球温暖化防止の枠組みが締結され、2016年11月にパリ協定として発効した。

　ディーゼルエンジンは、他の内燃機関に比べ熱効率が高くCO₂排出量が少ないことから、地球温暖化対策に有効であるとして期待されている。ディーゼルエンジンの課題は、熱効率を更に向上し、3.1項で述べたようにNOx（窒素酸化物）・PM（粒子状物質）を同時に低減することである。これが実現できれば大都市に於ける大気汚染の改善と地球温暖

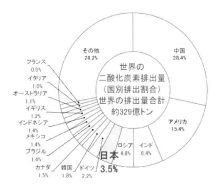

図3.2.1　2015年の世界の二酸化炭素排出量（国別割合）[1]

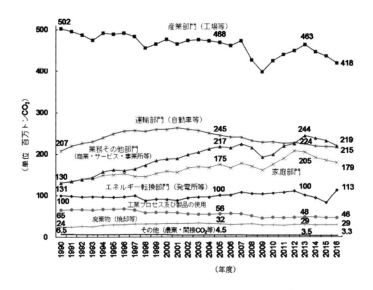

図3.2.2　日本におけるCO_2の部門別排出量の推移[2]

化防止に貢献することができる。先進国のNOx・PM排出量は、排出ガス規制の強化に伴う新技術開発によって大幅に低減されているが、新興国の大気汚染は近年の急速な経済成長により悪化傾向にあり、今後大幅な排出ガス低減と燃費改善を同時に推進する必要がある。これには日本の技術支援等が必要とされておりその役割は大きいといえる。

　図3.2.1に2015年の世界の二酸化炭素排出量（国別割合）を示す。中国、アメリカ、インド、ロシアに続き日本は全体の約3.5%ではあるが、世界で5番目に多い。図3.2.2に日本におけるCO_2の部門別排出量の推移を示す。2016年度の運輸部門の排出量は全体の約18%を占め、その9割近くは自動車から排出されたものである。運輸部門のCO_2排出量は2001年をピークに減少傾向にあるが、これは自動車をはじめとする輸送機器の燃費改善や省エネ化、交通流対策、物流の効率化など、多方面からの対策の成果である。CO_2排出量低減を促進するため、トラック・バスに対しても一層の燃費改善

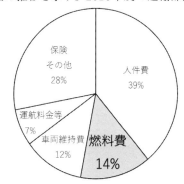

図3.2.3　運送業の経費の内訳[3]

図3.2.4　原油価格動向 [4)]

が求められており、日本や米国などではトラック・バスに対しても燃費規制が施行されている。（詳細は3.2.4項参照）

燃費改善のもう一つの必要性として、燃料価格の上昇に伴う運送業の運送コスト増大への対応がある。図3.2.3に示すように運送業の経費に占める燃料費の割合は、人件費の次に大きいことがわかる。また、図3.2.4に示すように、社会情勢による変動はあるものの原油価格は長期的にみると上昇傾向にあり、この傾向は今後も続くと予測される。原油価格に連動した軽油価格の上昇は運送会社の経営を圧迫するため、運送業界からトラック・バスの燃費改善が強く求められている。

　以上のような社会のニーズを背景に、トラック・バスのメーカは燃費を改善するための技術開発を積極的に進めている。本章ではエンジンの燃費改善技術を中心に説明する。

3.2.2　エンジンの熱勘定と各種損失

　エンジンのシリンダ内に噴射された燃料が燃焼し、発生した熱エネルギーは、（ⅰ）ピストンからクランクを介し取り出される軸出力（有効仕事）、（ⅱ）冷却水による燃焼室まわりの冷却やオイルクーラを介しての油冷却による冷却損失（これには摺動部位の機械摩擦損失（3.2.3項参照）による発熱の冷却も含まれている）、（ⅲ）排気により失われれる排気損失、（ⅳ）輻射により失われる損失等を含むその他の損失に大別される。エンジンの燃費改善のポイントは、これらの損失を如何に低減し有効仕事を増大させるかであり、有効仕事と各損失を計算し評価すること（熱勘定）

が重要となる。以下にその計算方法を説明する。計算では、燃焼室で燃料が完全燃焼した場合に発生する熱量を100とした場合の有効仕事と各損失を、実測した燃費、冷却水の温度・流量、排気の温度・流量等から算出する。

投入燃料の発熱量 $\qquad Qf = q \times \dfrac{Hu}{1000}$ [kcal/h]

有効仕事（正味出力） $\qquad We = Qf \times \eta e$ [kcal/h]

正味熱効率 $\qquad \eta e = \dfrac{860}{be \times Hu} \times 10^5$ [%]

冷却損失 $\qquad Qw = Cw \times Gw \times (Twout - Twin)$ [kcal/h]

冷却損失率 $\qquad \eta w = \dfrac{Qw}{Qf} \times 100$ [%]

排気損失 $\qquad Qexh = Cexh \times Gexh \times (Texh - T0)$ [kcal/h]

排気損失率 $\qquad \eta exh = \dfrac{Qexh}{Qf} \times 100$ [%]

q	：燃料消費量[g/h]
Hu	：燃料の低発熱量[kcal/kg]
be	：燃料消費率[g/kWh]
Cw	：冷却水の比熱[kcal/kg℃]
Gw	：冷却水流量[kg/h]
$Twin$	：エンジン入口冷却水温度[℃]
$Twout$	：エンジン出口冷却水温度[℃]
$Cexh$	：排気の比熱[kcal/kg℃]
$Gexh$	：排気流量[kg/h]
$Texh$	：エンジン出口排気温度[℃]
$T0$	：外気温度[℃]

　図3.2.5にエンジンの熱勘定の例として、日野自動車のTI（Turbo Intercooler：ターボインタークーラ付）エンジンであるP11C型エンジン（直列6気筒、排気量10.5L、ボア122mm、ストローク150mm、出力285PS）とNA（Natural Aspiration：自然吸気）エンジンであるEK100型エンジン（直列6気筒、排気量13.3L、ボア137mm、ストローク150mm、出力275PS）の比較を示す。図からわかるように、損失の中では排気損失が最も大きく、続いて冷却損失が大きい。また、いずれの損失もNAエンジンよりもTIエンジンのほうが小さく、TIエンジンは有効仕事が大きい。すなわち熱効率が良い。これは、TIエンジンが（ⅰ）比出力が高く排気量が小さいため燃焼室を

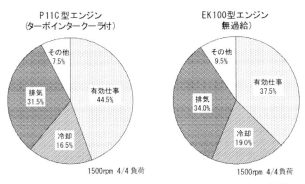

図3.2.5　エンジンの熱勘定の例（TIエンジンとNAエンジンの比較）

取り囲むピストン、ライナ、ヘッド等の部品サイズが小さく、放熱面積の低減により冷却損失が低減していること、（ⅱ）運動系部品も摺動面積が小さく、摩擦損失による発熱が低減したため、冷却損失が低減していること、（ⅲ）その結果、同一出力を得るために必要な燃料の消費量が低減し、排気損失も少なくなっていることによる。

　なお、図3.2.5に示したエンジンはいずれもクールドEGR（3.1.3（4）参照）を採用していない。エンジン冷却水でEGRガスを冷却するクールドEGRを採用したエンジンでは、冷却損失の割合が大きくなる。

3.2.3　低燃費エンジンの基本技術

(1) TIエンジン化とダウンサイジング（2.2.3項参照）

　3.2.2項で述べた通り、TIエンジンは小排気量の小さいエンジンで高出力・高トルクが出せるため冷却や摩擦等による損失が小さく、低燃費に有利である。更に、技術開発により高過給化を実現し、平均有効圧力（Pme：Mean Effective Pressure）を高めることにより、出力・トルクを増大することが可能である。

　ダウンサイジングは、冷却や摩擦による損失が大きい大排気量エンジンを、その出力・トルクを一定に保ち、損失の小さい小排気量の高過給TIエンジンに置き換えることにより燃費改善を図る手法である。図3.2.6に排気量の異なるエンジンのモータリングフリクションの比較例を示す。モータリングフリクションとは、エンジンをモータで駆動した場合に必要な馬力のことで、無負荷運転時の機械摩擦損失とポンプ損失（本項（5）参照）の合計である。排気量9Lのエンジンは、排気量13L

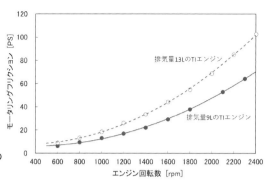

図3.2.6　排気量の異なるエンジンの
モータリングフリクションの比較例

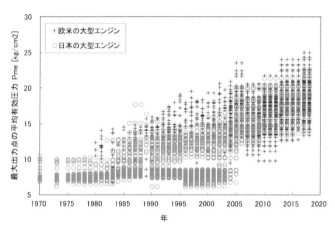

図3.2.7　世界の大型トラック・トラクタ用エンジンの出力点平均有効圧力の推移

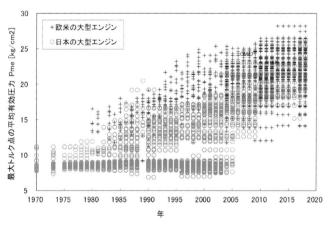

図3.2.8　世界の大型トラック・トラクタ用エンジンのトルク点平均有効圧力の推移

のエンジンよりも、これらの損失が約30%少ないことがわかる。

図3.2.7に世界の大型トラック・トラクタ用エンジンの最大出力点のPmeの推移、図3.2.8に最大トルク点のPmeの推移を示す。米国では1994年より、欧州では1996年より排出ガス規制の影響で全てのエンジンがTIエンジンに変わり、ダウンサイジングや本項(2)で述べるダウンスピーディングが進められ高Pme化が進んだ。わが国では、価格が安く扱いやすい上に、発進・加速の容易な大排気量のNAエンジンをトラックユーザが好むことに大きく影響され、TIエンジン化があまり進まなかった。図中でPmeが10kg/cm²以下は主にNAエンジンを示している。1994年からNOx、PMの重量規制が導入され、2000年代になると世界的にディーゼル排出ガス低減のニーズが高まり、大幅な規制値強化が進められた。(3.1.2項参照)また、ターボの改良やコモンレール式燃料噴射装置(4.9.2項参照)の開発により、極低速から低速域のトルクの増大が可能となり、小排気量のTIエンジンでも発進・加速性を向上させることが可能となった。この結果、排出ガス低減に有利なTIエンジンへの切り替えが進み、図3.2.9に示すように2000年代前半にはトラック・バスからNAエンジンは姿を消した。現在では、先進国のディーゼル重量車のエンジンは全てTIエンジンとなっている。(NA：自然吸気、T：ターボ過給、TI：ターボインタークーラ付き過給)

TIエンジンで高過給化を進めると、過給圧力を高めて大量の空気と燃料をシリンダ内に投入し燃焼させるため、シリンダ内最大圧力(Pmax：Maximum Cylinder Pressure)や熱負荷が増大する。図3.2.9に示した通り、わが国では1990年代前半まではNAエンジンが主流であり、これをベースに開発されたTIエンジンは多くの基本構造部品を許容Pmaxや熱負荷の小さいNAエンジンと共通使用していた。このため、当時のTIエンジンは高過給化を進めることが難しく、大幅なダウンサイジングは進まなかった。その後、ターボ等の高過給技術が進歩し、2000年代になると高Pmax・高熱負荷に耐える本格的な高過給TIエンジンが開発されるようになった。図3.2.10に国内大型トラック・トラクタ用エンジンのダウンサイジングの例を示す。排気量17～21LのV8-NAエンジンが13LのL6-TIエンジンに、11LのL6-TIエンジンが9LのL6-TIエンジンに、更に13LのL6-TIエンジンの一部が9LのL6-TIエンジンでダウンサイジングされた。これにより燃費の改善はもとより、質量、サイズの大幅な低減が可能となった。

ダウンサイジングを実現するためのエンジンの課題は(ⅰ)小排気量のエンジンに高い過給圧力で大量の空気を投入することができるターボや過給システムの開発、(ⅱ)高いPmaxと熱負荷に耐えられるようにシリンダヘッド、シリンダブロッ

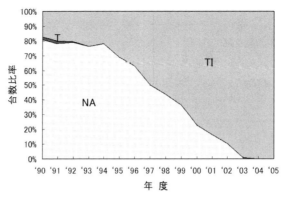

図3.2.9 日本におけるNAエンジンとTIエンジンの比率の経緯

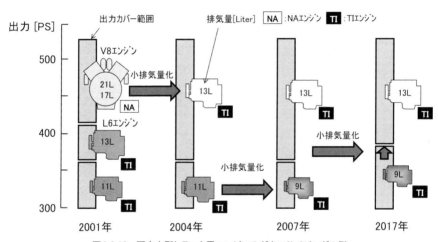

図3.2.10 国内大型トラック用エンジンのダウンサイジングの例

ク、クランクシャフト、ピストン等、基本構造部品の強化を行うための材料・構造・冷却技術の開発等である。

　エンジン本体の課題のほか、極低速トルクの低下や過給遅れに伴う発進・加速性の悪化、エンジンブレーキ力（4.6.5項参照）の低下等、小排気量化に伴う課題にも対応する必要がある。発進・加速性については、ターボや燃焼の改善によるエンジンのトルク増大のほか、トランスミッションの発進段ギヤ比やディファレンシャルギヤ比（最終減速比）を大きくするなど、車両の発進に必要なタイヤの駆動トルクが得られるようにドライブトレーンの最適化が行われる。ハイブリッドシステム（第

6章）と組み合わせ、発進時にモータでエンジンのトルクをアシストするのも有効である。エンジンブレーキ力については、エキゾーストブレーキよりも大きなブレーキ力の得られるエンジンリターダを使う、ドライブトレーンに装着するブレーキ装置（リターダ）と組み合わせるなどの対応がとられる。

(2) ダウンスピーディング

　車両走行時のエンジンの使用回転数を下げることによりエンジン内部の摺動部の摩擦損失を下げる事ができ、燃費を改善することが可能である。これをダウンスピーディング（低回転化）と呼んでいる。例えば、図3.2.6の排気量9Lのエンジンの例では、エンジンの使用回転数を1400rpmから1000rpmに低減することができれば、モータリングフリクションを約40%低減できる。ダウンスピーディングを実現するためには、低回転域で使用しても従来と同様の走行性能が得られるように、エンジンの低回転域のトルクを高める必要がある。わが国では前述の様に大排気量のNAエンジンが好まれTIエンジン化が遅れたが、2000年代になると本格的なTIエンジンが開発されるようになり、高Pmeの低回転・高トルクエンジンが開発されるようになった。大型トラック用TIエンジンの場合、最大出力点の回転数は、1990年代の2000〜2200rpmから最近では1600〜1800rpmまで低回転化が進んできた。ダウンスピーディングはエンジンの基本特性にかかわる重要な燃費改善技術である。

　図3.2.11に低回転・高トルクエンジンの出力・トルク特性の例を示す。従来のエンジンに比べて低回転・高トルクエンジンは、最大出力点が2000rpmから1800rpmに低回転化され、低速のトルクが大きくなっている。この結果、低速域の出力が大きくなり、低回転でも従来のエンジンと同様の車両走行が可能になっている。図3.2.12は、低回転・高トルク化によるエンジン作動域の変化の例を示す。エンジンは図3.2.11と同じものである。図中の○印の大きさは、高速道路走行時の回転数・負荷に対する燃料の消費割合を示している。低回転・高トルクエンジンは従来エンジンと比べて、エンジンの使用回転数が低速側に移っていることがわかる。

　ダウンスピーディングは、トランスミッションの設計にも影響を与える。低回転・高トルクエンジンと組み合わせるトランスミッションは高トルクを許容できるものが必要である。更に、エンジンの使用回転数範囲が狭くなるので、良好な走行性能を確保するためにはトランスミッションの多段化が必要になる。大型トラック用エンジンと組み合わせるトランスミッションは、従来6段や7段といったトランスミッションが一般的であったが、最近では12段、16段といった多段トランスミッションとの組み合わせも設定されるようになった。

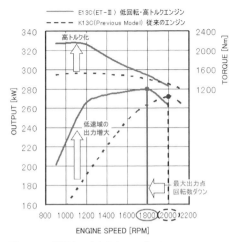

図3.2.11 低回転・高トルクエンジンの
出力・トルク特性の例[5]

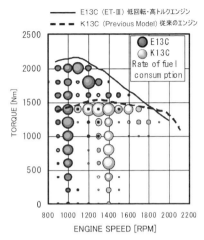

図3.2.12 低回転・高トルク化による
エンジン作動域の変化の例[5]

(3) 冷却損失低減

冷却損失を低減することにより有効仕事を大きくできるので燃費を改善することができる。燃焼室や排気ポート等からの放熱量を低減する方策として、放熱面積を小さくする方法と燃焼室を構成する部品（ピストン、ライナ、ヘッド）や排気ポート等を遮熱する方法がある。放熱面積を小さくする方法は、前述のとおり小さい排気量で大きな出力、トルクを出すTIエンジン化、高Pme化がある。この効果は、図3.2.5でNAエンジンとTIエンジンの冷却損失熱量を比較するとわかる。一方、燃焼室を構成する部品や排気ポートを遮熱する方法は、熱伝導率の小さい材料への置き換えや空気層を活用した方法など様々な方法がある。ここでは、これらの具体的な事例について説明する。

(a) シリンダヘッド内排気ポートからの放熱量の低減

排気ポートに熱伝導率の小さい材料や空気層を設けた排気ポートライナを鋳込んだり、排気ポートの長さを短縮したりすることより、排気の熱エネルギーを冷却水に放熱しにくくして冷却損失を低減することができる。具体例として、シリンダヘッドに鋳込む熱伝導率の小さいセラミックス製の排気ポートライナの例を図

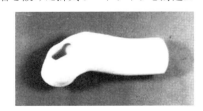

図3.2.13 セラミックス製排気ポートライナ[6]

3.2.13に示す。本構造は、世界的に研究されたが実用化した例は無い。遮熱の効果は低いが、排気ポートの長さを短縮し放熱量を低減する構造が一般的に実用化されている。

(b) シリンダブロックのハーフジャケット化

ハーフジャケットとは、熱負荷も低く油膜も形成しやすいシリングライナ中央から下部は冷却水による冷却をやめ、熱負荷が高く摺動・摩擦条件が厳しいシリンダライナ上部のみを冷却する構造をいう。(第4章の図4.2.9参照) これにより、シリンダ下部からの放熱量が低減するとともにシリンダライナの摺動面温度が上昇し、ピストン系の摩擦損失が低減する。本構造は、一般的なシリンダブロックの構造(フルジャケット構造)に対し、低騒音化が課題となる。(4.2.1項参照)

(c) 鉄系合金製ピストン

ピストンの素材を、一般的に使われているアルミ合金から熱伝導率の小さい鉄系合金に変えることにより、燃焼室からの放熱量を低減することができる。課題は、ピストンの軽量化設計(ピストンの質量が重いとエンジンの振動問題等につながる)と遮熱による燃焼温度増大で

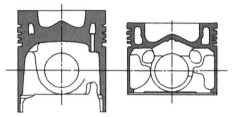

(a) アルミ合金製ピストン　　(b) ダクタイル鋳鉄製ピストン

図3.2.14　アルミ合金製ピストンと
ダクタイル鋳鉄製ピストンの断面構造

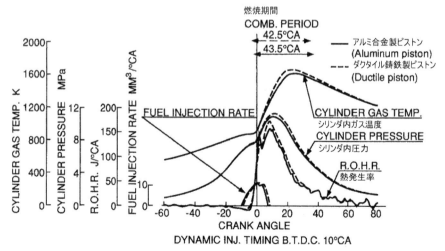

図3.2.15　ダクタイル鋳鉄製と従来のアルミ合金製ピストンの熱発生の比較[7]

NOxが増加する傾向があることである。図3.2.14にアルミ合金製ピストンとダクタイル鋳鉄製ピストンの断面構造を比較して示す。図のダクタイル鋳鉄製ピストンは、高さを低減し、非常に薄肉な構造とするなど設計を工夫し、質量をアルミ合金製並みに低減することができた。図3.2.15に熱発生率の比較を示す。遮熱により燃焼が活発になり、熱発生率、シリンダ内圧力、シリンダ内ガス温度とも増大し、燃焼期間が短縮している。課題であるNOxの増加が抑えられれば燃費改善につなげることができる。

(4) 排気損失低減（排気エネルギーの回生）

　排気損失とは、エンジンの排気のもつエネルギー（排気エネルギー）である。排気エネルギーを回生して排気損失を低減する具体的な事例として、ターボコンパウンドシステムとランキンサイクルシステムについて説明する。（ターボについては2.2.4項を参照）

(a) ターボコンパウンドシステム

　ターボコンパウンドシステムは、ターボのタービンの下流に排熱回収タービンを設け、動力としてクランクシャフトに戻し、出力向上または燃費改善を実現する技術である。図3.2.16にターボコンパウンドエンジンのシステム図を示す。排気エネルギーはターボのタービンでコンプレッサによる空気の圧縮のための動力として回収され、更に残ったエネルギーが排熱回収タービンでエンジンの動力として回収される。排熱回収タービンの回転は減速ギヤを介してクランクシャフトに伝達されるが、クランクシャフトの振り振動の遮断やエンジンが急停止した際の排熱回収タービンの保護を目的として、動力伝達経路の途中に通常は流体継手が設けられる。

　排熱回収タービンによる排気エネルギーの回収量を大きくするためには、タービンの容量を小さくして入口圧力を高めるのが有効であるが、背反としてエンジンの排気圧力の増大でポンプ損失が増加し、エンジン本体の燃費が悪化する。排熱回収タービンによる回収動力の増大とエンジンのポンプ損失の悪

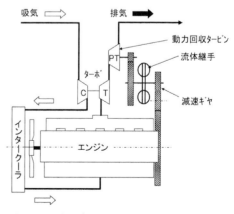

図3.2.16　ターボコンパウンドエンジンのシステム図

**図3.2.17　ターボコンパウンドエンジンの例
（スカニア社DT12型エンジン）[8]**

化は相反する関係にあり、エンジンシステム全体として最大の燃費改善効果が得られるように排熱回収タービンの最適化が重要となる。更に、排気エネルギーが大きい高負荷は、排熱回収タービンの追加によるポンプ損失増大よりも回収動力の方が大きく燃費改善につながるが、排気エネルギーの小さい軽負荷はその逆で燃費改善にはつながらない。軽負荷の燃費悪化をいかに抑えるかが課題である。

　ターボコンパウンドシステムは、日本での採用例はなく、欧米ではスカニア（DT12型エンジン）、ボルボ（D12D500型、D13TC型エンジン）、デトロイトディーゼル（DD15型、DD16型エンジン）などで実用化された例がある。図3.2.17にスカニア社のDT12型ターボコンパウンドエンジンを示す。ターボの下流に排気エネルギーを回収するラジアルタービンを設け、ギアトレーン、流体継手を介しクランクシャフトに動力を戻す構造である。

（b）ランキンサイクル排熱回収システム

　ランキンサイクル排熱回収システムは排気の熱エネルギーや冷却水の熱エネルギーでシステムの作動媒体を加熱・蒸気化し、そのエネルギーを膨張機（タービンなど）で動力として回収する蒸気エンジンサイクルである。膨張後、作動媒体は冷却部で凝縮され液体に戻り、このサイクルを繰り返す。作動媒体は、排熱が排気の様に高温になる場合は水等を、冷却水の様に低温の場合は低沸点の有機化合物等を使用する。図3.2.18にランキンサイクル排熱回収システムの例を示す。図のシステムはエンジン本体（含むEGRクーラ）を冷却後、排気と熱交換したエンジン冷却水を熱源とし、有機化合物を作動媒体としたランキンサイクルでタービン発電機を駆動し、電力として回収するものである。本システムは、ハイブリッドシステム（第6章参照）との組み合わせを前提としており、回収した電力はハイブリッドシステムのバッテリ充電に使われる。本システムを搭載した大型トラックは、高速道路を定速走行した場合、7.5%の燃費効果があるとしている。ランキンサイクル排熱回収システムの研究は近年盛んに行われているが、サイズ、搭載性、質量、コスト等実用化には課題が多く、車両用として実用化された例は無い。

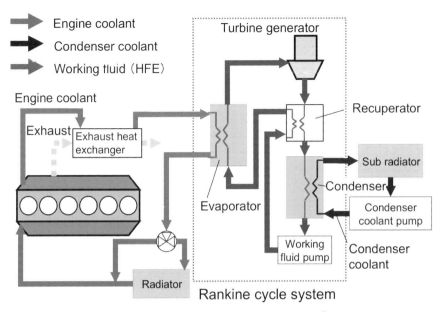

図3.2.18　ランキンサイクル排熱回収システムの例[9]

(5) その他の燃費改善技術

　その他の燃費改善技術として、エンジンのシリンダ内への吸排気に伴う吸排気通路やバルブ通路の流れの抵抗による圧力損失（ポンプ損失）やエンジン各部の機械摩擦損失（フリクション損失、フリクションロス）などの低減技術がある。大型トラック用TIエンジンの出力点回転数におけるモータリングフリクション（本項(1)参照）の内訳の例を図3.2.19に示す。全体に占めるポンプ損失の割合は39%と最も多く、機械摩擦損失の中ではピストン・コンロド系が26%と最も大きい。補機系の機械摩擦損失には、噴射ポンプ、オイルポンプ、ウォータポンプなどが含まれる。なお、エンジンの実働時は、シリンダ内圧力変化、熱負荷、燃料噴射、ターボ過給等の影響があ

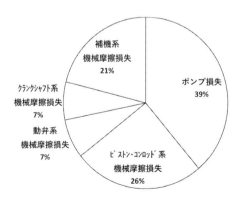

図3.2.19　大型トラック用エンジンのモータリングフリクションの内訳の例

るので、ポンプ損失、機械摩擦損失の割合はモータリングフリクションとは異なってくる。これらの損失の低減技術について、具体例を以下に述べる。

①ポンプ損失の低減

・吸気系、排気系配管の径アップ・急激な曲がり防止

　　吸気系、排気系配管のガス通路の径を大きくし、急な曲がりなど抵抗が発生する形状を無くすことで、ガス流れの抵抗を低減する。ただし、エキゾーストマニホールドは、排気脈動を有効に活用してターボ過給を行うために適切な内径とする必要がある。(2.2.4項、4.6.1項参照)

・エアインテークダクトの径アップ・急激な曲がり防止、エアクリーナの改良

　　上記と同様に、車両の外部からエンジンに空気を導入するエアインテークダクトの径を大きくし、急激な曲がりを無くすことで、ガス流れの抵抗を低減する。吸入空気中の異物を除去するエアクリーナの抵抗を低減するよう内部構造やフィルタの工夫をする。

・多弁化、バルブリフトアップ、バルブ径アップ

　　吸排気の通路が最も絞られている部位は、シリンダの出入口である吸排気バルブの通路である。吸排気バルブ通路の抵抗を少なくする方策として、多弁化がある。またバルブのリフトを大きくすることによって、開口面積を大きくすることが行われている。

・吸排気バルブタイミングの最適化

　　シリンダに最も空気が入り易く、排気が出やすい吸排気バルブのタイミングは、エンジンの回転数によって異なる。エンジンのトルクカーブや要求される燃費特性に合わせて吸排気バルブのタイミングを最適化する。更に、可変バルブタイミング機構を用いて、エンジンの回転数や負荷に応じてバルブタイミングを最適に制御する。

・ターボの効率向上と適合(マッチング)

　　ターボ付きエンジンの場合、実働時のポンプ損失はターボの効率(過給機効総合率)により変わってくる。ターボの効率が悪いと必要な過給圧力(吸気圧力)を得るためタービン入口圧力、すなわちエンジンのシリンダ出口の排気圧力を高くする必要があり、ポンプ損失は大きくなる。逆に、ターボの効率が良いと必要な吸気圧力を得るための排気圧力を低くできポンプ損失を減らすことができる。更に、ターボの効率が十分に大きければ過給圧力よりも排気圧力を低くでき、ポンプ損失ではなくポンプ仕事にすることができる。(図2.2.17、図2.2.24参照)このような場合、外部EGR付きエンジンではVGターボを使用するなどして排気圧

力を吸気圧力よりも高め、必要なEGR率を確保できるまでターボの効率を下げて使用している。(3.1.3 (4)項参照)ターボの効率向上は燃費改善の重要課題のひとつである。また、効率の良いターボを使っても、そのコンプレッサーやタービンの特性(流量、圧力比・膨張比、効率特性など)がエンジンの要求に適していないと、エンジン上でそのターボ本来の性能を発揮することができない。エンジンの要求に合ったターボを選定すること(エンジンとターボの適合またはマッチング)が重要である。

・マフラの圧力損失低減

　マフラの機能は消音と後処理装置の装着であるが、この両方の性能を維持し、かつ排気抵抗が少なくなるよう内部構造を工夫する。

②機械摩擦損失の低減

・低粘度オイル(マルチグレードオイル)

　低粘度オイルによる摺動部の抵抗低減を狙い、マルチグレードオイルの採用が拡大されている。1960年代にはシングルグレードオイルの30番が大半を占めていたが、添加剤の改良とその適切な処方によりマルチグレードオイル化が進んできた。現在は10W－30、5W－30の使用温度範囲の広いマルチグレードオイルが開発され、徐々に使用比率が上がってきている。マルチグレードオイルにより1%から2%の燃費改善効果が期待できる。

・ローラフォロワ、動弁系部品の軽量化

　ローラフォロワによりカムシャフトとフォロワの摺動を滑りから転がり摩擦に変えることにより機械摩擦損失を低減する。また、動弁系部品を軽量化することで、動弁系部品の摺動部に加わる加重を低減し動弁系部品の摩擦損失を低減することができる。

・運動系部品の摩擦損失低減

　運動系部品の軽量化、ピストンリングの低張力化、シリンダライナ内周へのディンプル加工(4.2.4項参照)などにより低減することができる。

・電子制御ファンドライブ

　通常のファンドライブは、クーリングファン上流の冷却空気温度に応じてバイメタル式の作動オイル制御用バルブを開閉して、エンジンの軽負荷運転時などクーリングファンの作動が不要なときはファンを空転させるようにしている。電子制御ファンドライブは制御バルブをソレノイド式に変え、冷却水温度、燃料噴射量、インタークーラ出口空気温度などに応じてエンジン制御コンピュータで制御バルブを精度良く、きめ細かく開閉させてクーリングファンの回転を燃費最適

に制御するものであり、近年大型エンジンを中心に採用されるようになってきた。軽負荷で走行する頻度が高い大型車の例では、電子制御ファンドライブにより1%から2%の燃費改善効果がある。（詳細は4.7.3項参照）

・冷却水ポンプ・オイルポンプの高効率化、可変容量化

　冷却水や潤滑油をエンジン各部に循環させる冷却水ポンプやオイルポンプのベーン形状や内部・吐出部の流路形状等を工夫し、ポンプの効率を向上して駆動損失を低減し燃費を低減することができる。ポンプの可変容量化は、エンジンの回転数や負荷に応じ吐出量を必要な量にコントロールし、ポンプの駆動損失を低減するものである。

(6) 米国におけるディーゼルエンジンの更なる燃費向上の可能性研究 [10]、[11]、[12]、[13]、[14]

　米国ではDOE（Department of Energy）の公募プログラムとして2010〜2016年にスーパートラックプログラムが実施された。本プログラムの目的は、物流を担うClass 8（車両総重量15t超）に属するトラクタ・トレーラ車両の燃費を50%改善する車両の試作とその実証、エンジンは燃費改善50%の中の20%分を賄うものとして正味熱効率50%を実証するとともに正味熱効率55%への道筋を示すことにあり、米国4社（Cummins、DDC、Volvo、Navistar）がそれぞれの受託中心となる4グループで5年間の研究が行われてきた。このプログラムはDOEから$133Mと参加企業からほぼ同額の予算で推進された。正味熱効率50%へ向けた主な技術は、シリンダ内圧力（2章1.1参照）の許容圧力向上、高圧縮比化、比熱比向上、補機損失低減、ランキンサイクル（3章2.3参照）による廃熱回生で、各グループの成果を表3.2.1に示す。また正味熱効率55%へ向けて遮熱燃焼（燃焼室表面にジルコニア等の低熱伝導率素材で遮熱膜を形成して冷却損失を低減する燃焼）、Dual Fuel燃焼（軽油と天然ガス等の2燃料を用いる燃焼）、スプリットサイクル（2つのシリンダを用いて2段圧縮・膨張を行うサイクル）等の技術開発がなされた。これらはディーゼルエン

表3.2.1　米国スーパートラックプログラムの成果

グループ名	正味熱効率		
	エンジン単体	廃熱回収	総計
Cummins	47.5%	+3.6%	51.1%
DDC	47.9%	+2.3%	50.2%
Volvo	48.0%	+2.2%	50.2%
Navistar	49.6%	+0.9%	50.5%

ジンには依然として燃費改善の余地が残されていることを示す結果となった。

更に上記スーパートラックプログラムの成果を受け、2016年にスーパートラックⅡプログラムが5年間の予定で推進されている。これは正味熱効率55%以上を実証することを目的としており、今までの4グループに加えて米国PACCAR社を中心としたグループも参加し5グループで研究が実施されている。またDOEは2027年に正味熱効率57%達成を目標とすることを公表しており、ディーゼルエンジン車が主流であり続けることを示唆している。

3.2.4 燃費基準

(1) 燃費基準の概要

地球温暖化対策および省エネルギー対策の一層の促進を図るため、わが国では「エネルギーの使用の合理化に関する法律」(省エネ法)に基づくトラック・バス等の重量車の燃費基準が策定され、2006年4月に関連する政令・省令・告示が改正された。これにより、トラック・バスのメーカは、燃費基準の達成目標年度である2015年度までに、重量車の種類、車両総重量または積載量、乗車定員等で分類される車両区分ごとの加重調和平均燃費値(燃費値を出荷台数で加重調和平均した値)を燃費基準値以上にするよう燃費性能の改善が求められることになった。また、2006年4月以降に販売される新型車から、重量車の燃費値がそれぞれの商品カタログに表示されることになった。燃費基準値は、2002年度に市販された重量車のうち最も燃費水準の良いものを基準とし、2002年度(平成10、11年排出ガス規制レベル)から2015年度(平成21、22年排出ガス規制レベル)にかけての技術開発による燃費改善の可能性と排出ガス規制強化に伴う燃費への悪影響の評価を行った上で定められている。

2017年12月には、エネルギー政策や地球温暖化対策の観点からのより一層の燃費改善を促進することを狙い、重量車の新しい燃費基準案がまとめられた。新しい燃費基準の達成目標年度は2025年度と定められた。(以降、従来の燃費基準を2015年度燃費基準、新しい燃費基準を2025年度燃費基準と呼ぶ)2025年度燃費基準の燃費基準値は、2014年度に市販された重量車のうち最も燃費水準の良いものを基準とし、2015年度燃費基準の場合と同様、燃費改善の可能性と平成28年排出ガス規制に伴う燃費への悪影響の評価を行った上で定められている。

表3.2.2に2015年度、2025年度重量車燃費基準値を、表3.2.3に2002年度平均燃費実績値と2015年度燃費推定値、表3.2.4に2015年度・2025年度燃費基準値の比較を

示す。2015年燃費基準の達成により、貨物自動車全体（トラック・トラクタ）で約13%、乗用自動車全体（路線バス・一般バス）ともに2002年の実績に対し約12%の燃費改善が達成できる。また、2025年度燃費基準は、2015年度燃費基準に対し貨物自動車全体で約13%、乗用自動車全体で約14%の強化が図られている。なお、次項で述べるように、2015年度燃費基準と2025年度燃費基準は、車両の前提条件や評価法が異なるため、それぞれの燃費値や燃費基準値を直接比較することはできないので注意を要する。

(2) 燃費の評価法

　燃費の評価法は、車種が多く用途により走り方も様々な重量車の燃費を効率良く評価することができ、かつ審査が容易に実施できることが重要である。これ考慮するとつぎに示すような方法が考えられる。

表3.2.2　2015年度、2025年度重量車燃費基準値

車両区分		車両総重量範囲 [ton]	積載量 [ton]	2015年度 目標燃費基準値 [km/L]	2025年度 目標燃費基準値 [km/L]
トラック	T1	3.5 < GVW ≦ 7.5	≦ 1.5	10.83	13.45
	T2		1.5 < PL ≦ 2.0	10.35	11.93
	T3		2 < PL ≦ 3	9.51	10.59
	T4		3 < PL ≦	8.12	9.91
	T5	7.5 < GVW ≦ 8	—	7.24	8.39
	T6	8 < GVW ≦ 10	—	6.52	7.46
	T7	10 < GVW ≦ 12	—	6.00	7.44
	T8	12 < GVW ≦ 14	—	5.69	6.42
	T9	14 < GVW ≦ 16	—	4.97	5.89
	T10	16 < GVW ≦ 20	—	4.15	4.88
	T11	20 < GVW ≦	—	4.04	4.42
トラクタ	TT1	< GVW ≦ 20	—	3.09	3.11
	TT2	20 < GVW ≦	—	2.01	2.32
路線バス	BR1	6 < GVW ≦ 8	—	6.97	7.15
	BR2	8 < GVW ≦ 10	—	6.30	6.30
	BR3	10 < GVW ≦ 12	—	5.77	5.80
	BR4	12 < GVW ≦ 14	—	5.14	5.27
	BR5	14 < GVW ≦	—	4.23	4.52
一般バス	B1	3.5 < GVW ≦ 6	—	9.04	9.54
	B2	6 < GVW ≦ 8	—	6.52	7.73
	B3	8 < GVW ≦ 10	—	6.37	6.37
	B4	10 < GVW ≦ 12	—	5.70	6.06
	B5	12 < GVW ≦ 14	—	5.21	5.29
	B6	14 < GVW ≦ 16	—	4.06	5.28
	B7	16 < GVW	—	3.57	5.14

表3.2.3　車両種別毎の2002年度燃費実績値、2015年度燃費推定値の比較

貨物自動車

車両の種類	2002年度実績値[km/L]	2015年度推定値[km/L]	燃費改善率[%]
トラクタ以外	6.56	7.36	12.2
トラクタ	2.67	2.93	9.7
全体	6.32	7.09	12.2

乗用自動車

車両の種類	2002年度実績値[km/L]	2015年度推定値[km/L]	燃費改善率[%]
路線バス	4.51	5.01	11.1
一般バス	6.19	6.98	12.8
全体	5.62	6.30	12.1

注1)　燃費は2015年度燃費基準評価法にて算出。
注2)　2015年度推定値は、各車両区分の2015年度燃費基準値と車両区分毎の出荷台数比率が2002年度と同じと仮定して加重調和平均で求めた値。

表3.2.4　車両種別毎の2015年度、2025年度燃費基準値の比較

貨物自動車

車両の種類	2015年度基準値[km/L]	2025年度基準値[km/L]	基準値の強化率[%]
トラクタ以外	7.10	8.13	14.5
トラクタ	2.84	2.94	3.7
全体	6.72	7.63	13.4

乗用自動車

車両の種類	2015年度基準値[km/L]	2025年度基準値[km/L]	基準値の強化率[%]
路線バス	4.77	5.01	5.1
一般バス	6.07	7.18	18.3
全体	5.71	6.52	14.3

注1)　2015年度基準値、2025年度基準値はそれぞれの燃費基準評価法で算出し、車両区分毎の出荷台数比率が基準年である2014年度と同じと仮定して加重調和平均で求めた値。

①車両燃費の実測法

　実際の車両をシャシダイナモメータ台上で運転し、燃費を実測する方法

②エンジン単体燃費の実測法

　エンジン単体をエンジンテストベンチ上で、車種や用途に応じた使われ方でモード運転し、燃費を実測する方法

③シミュレーション法

　実測したエンジン燃費マップを用いて、エンジンを搭載する車両を想定した走行モード運転を再現し、燃費を算出する方法

　このうち①は、大型のシャシダイナモメータなど試験設備の整備や測定に膨大な費用・時間を要する上、エンジンやドライブトレーンの種類が多いことからすべて

の型式を評価することは現実的ではない。重量車の排出ガス試験のようにエンジン単体の燃費計測を行う②は、エンジンの燃費評価しかできないばかりか、エンジンの機種数、馬力・トルクやドライブトレーンの設定、搭載車両や用途に応じた多くのモード運転による試験が必要であるなど問題が多い。一方③は、新たな試験設備を追加する必要がなく、エンジン毎に燃費マップを作成するための試験が必要となるが、それほど多くの時間を要さない。また、燃費マップを作成すれば、複数の走行モードによる燃費も容易に求めることが可能である。更に、精度についても車両ベースの測定と比べて誤差は十分小さく、トランスミッションなどエンジン以外の燃費に関する要因の評価も可能である。以上のことから、燃費の評価はシミュレーション法が採用されている。

シミュレーション法による燃費評価の走行モードは、「都市内走行モード」と「都市間走行モード」を組み合わせたコンバインドモードが採用されている。都市内走行モードは、車両総重量3.5t超の重量車の排出ガス規制のモードである「JE05モード」が採用されている（図3.2.20）。都市間走行モードは、都市間を結ぶ高速道路の実態および走行実態調査結果等を踏まえて決められた、車速80km/hの走行モードが採用されている（図3.2.21）。重量車は様々な用途があり走行パターンが異なるので、車両区分毎に都市内走行モードと都市間走行モードの比率を実情に合わせて決め、燃費評価を行う。

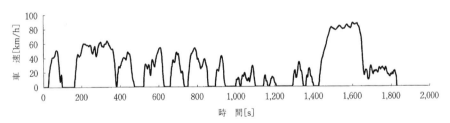

図3.2.20　都市内走行モード（JE05排出ガス規制モード）

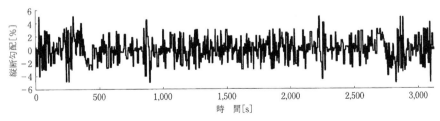

図3.2.21　都市間走行モード

表3.2.5に2015年度、2025年度燃費基準の燃費シミュレーション評価の概要を比較して示す。2015年度燃費基準では、計算条件の内、エンジンの定常燃費マップ、トランスミッションの段数、ギヤ比、ディファレンシャルギヤ比に実測値または実車の値が反映できるが、車両側の計算条件は一定値として計算する。すなわち、エンジンとドライブトレーンの改良だけがシミュレーションに反映できた。これに対し2025年度燃費基準では、エンジンとドライブトレーンに加え、タイヤの転がり抵抗と空力抵抗係数の改善をシミュレーションに反映できるようになった。更に、AMT（Automated Manual Transmission：機械式自動変速機）は、実車の変速スケジュールを反映できるようになるなど、車両全体として総合的な燃費改善が評価できるようになった。そのほか、2025年度燃費基準では、シミュレーション計算に使うエンジンの定常燃費マップの精度向上のため実測燃費測定点数が増やされたほか、車両の加減速が多い都市内走行時の燃費に対し過渡補正係数が導入された。また、全走行モードに占める都市間走行の比率は、2015年度基準ではトラック10〜30%、トラクタ10〜20%、路線バス0%、一般バス10〜35%とされていたが、2025年度基準ではトラック15〜55%、トラクタ45%、路線バス0%、一般バス15〜55%と、高速道路の使用頻度が増加した実状に合わせて増大された。

表3.2.5　2015年度、2025年度燃費基準の燃費シミュレーション評価の概要比較

項目			2015年度燃費基準	2025年度燃費基準
燃費の評価方法			シミュレーション法	← （変速アルゴリズム等を実状に合わせて変更）
走行モード			都市内モード＋都市間モード	都市間モード比率を実状に合わせて増大
計算条件	エンジン	定常燃費マップ	31点(5点×6回転＋アイドル)の実測値	51点(5点×10回転＋アイドル)の実測値
	トランスミッション	ギヤ段数・ギヤ比	実車の値を使用	
		変速 伝達効率　MT	変速スケジュールギヤ伝達効率共に決められた値	←
		変速 伝達効率　AMT	↑	実車の変速スケジュールを反映可能
		変速 伝達効率　AT	ギヤ伝達効率は決められた値 トルコン効率・変速は実車を反映可能	←
	ディファレンシャルギヤ	ギヤ比・伝達効率	ギヤ比は実車の値を反映して決定 伝達効率は決められた値	←
	車両	タイヤ　動的負荷半径	実車の値を反映して決定	←
		タイヤ　転がり抵抗係数	決められた値	タイヤ単体の値を反映して決定
		空気抵抗係数	決められた値	実測値を反映して決定
		標準車両諸元 (全長、全幅、車両重量など)	'02年実態に合わせ車両区分毎に定義	実状に合わせ車両区分毎に見直し
		積載率・乗車率	一律50%	実状に合わせ車両区分毎に見直し
その他		燃費の過渡補正	考慮せず	都市内モードに過渡補正を導入(3%)

MT：Manual Transmission　手動変速機、AMT：Automated Manual Transmission　機械式自動変速機、AT：Automatic Transmission　トルクコンバータ付自動変速機

(3) 海外の燃費規制(CO₂規制) の動向

　国内では2025年度燃費基準の導入が決まり、トラック・バスのメーカはこの基準達成に向け燃費改善技術の開発と製品化を進めることになった。米国では、2013年からEPA（環境保護庁）とNHTSA（運輸省道路交通安全局）が、それぞれ重量車のGHG（Greenhouse Gas：温室効果ガス）規制と燃費規制を導入し、規制値を段階的に強化した。EPAの規制は、エンジン単体から排出されるGHG（CO_2、CH_3、N_2O）と車両走行時CO_2排出量を、NHTSAの規制は、車両走行時の燃費を規制するものである。車両走行時のCO_2や燃費はシミュレーション法により算出される。2021年からはPhase Ⅱと呼ばれる規制強化が計画されている。Phase Ⅱでは、車両燃費シミュレーションプログラムや評価モードが変更され、規制値も段階的に強化される。欧州では、重量車のCO_2排出量を2019年対比で2025年から15%、2030年から30%削減するCO_2規制の導入が決まっている。CO_2排出量はシミュレーション法で評価される。中国でも燃費規制が導入されているが、燃費評価はテストコースまたはシャシダイナモ上で決められた走行条件等に従い実際に車両を走行させ実測した燃費を評価するもので、規制値の段階的な強化が計画されている。

3.2.5　省燃費運転、アイドリングストップ

(1) 省燃費運転

　車両およびエンジンの低燃費技術は前述の通りであるが、市場での車両の走行燃

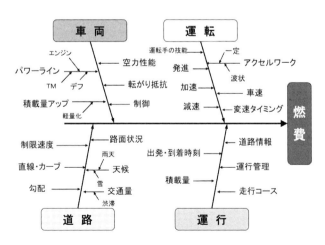

図3.2.22　車両走行燃費に影響する要因図

費は、図3.2.22の要因図に示すように、車両だけでなく道路、運行、運転の違いにより異なってくる。例えば、アクセルとブレーキを頻繁に踏んだり離したりして急加速、急減速を繰り返すような運転と、ゆっくりと加速し一定車速で走行する運転では走行燃費の差は大きく、10〜20％の差が発生する場合がある。また、天候や日々の道路状況の変化も大きな要因となる。ドライバーが常に省燃費運転に心がける事は難しく、また省燃費運転の指標がないと適切な省燃費運転を行うことが難しい。そこで、ドライバーに対して現在の運転が省燃費運転になっているかの注意喚起を行なったり、車両やエンジンの電子制御により自動的に省燃費運転ができるようにしたりするシステムを組み込むことにより、ドライバーの個人差によらず省燃費運転を可能にする工夫がされている。また、ドライブレコーダ、デジタルタコグラフ等を活用し、車両の速度情報、走行時のエンジン回転数や負荷頻度等を収集し、ドライバーへの注意喚起や運行管理者による燃料消費量の管理が行われている。これらにより運転のばらつきや燃費に悪い運転を低減することができる。

(2) アイドリングストップ

　アイドリング運転は走行に寄与しない運転であるが、エンジンに搭載している補機（エアコンのコンプレッサや発電機）を駆動し、キャビン内の空調やバッテリ充電等を行うのに必要な運転である。近年、信号停止時の短時間でもアイドリング運転の停止（アイドリングストップなどと呼ぶ）を行う車両が増えている。一般道（特に都市内走行）では信号停止の頻度が多いので、アイドリングストップによる燃費改善効果が大きい。走行条件によっても異なるが、大型都市内路線バスで約5％〜10％程度、小型宅配トラックで20％程度の燃費改善効果が期待できる。アイドリング運転停止の課題は、停止中の空調や充電のほか、頻繁にエンジンの始動・停止を繰り返すことによるエンジンの振動やスタータの耐久性などがある。これらのエンジンに搭載している補機をエンジンでなく他の動力、例えば電気等で効率よく駆動することができれば、休憩時間や積荷の積み下ろし待ち時間などを含め、比較的長時間でもアイドリング運転を停止することができる。これに使う電力をハイブリッドシステム（第6参照）によって回収したエネルギーで賄えば、燃費改善が更に進むことになる。

引用文献
1）『EDMC／エネルギー・経済統計要覧2018年版』

2) 国立環境研究所ホームページ

3) 『トラック輸送データ集 2010』全日本トラック協会、2010 年

4) 平成 27 年度、平成 28 年度、平成 29 年度エネルギー白書（資源エネルギー庁）をもとに作成

5) Hiroshi Horiuchi *et al.*, "The Hino E13C: A Heavy-Duty Diesel Engine Developed for Extremely Low Emissions and Superior Fuel Economy", *SAE Paper*, SAE, 2004-01-1312, 2004

6) Takayuki Suzuki *et al.*, "An Observation of Combustion Phenomenon on Heat Insulated Turbo-Charged and Inter-cooled D.I Diesel engines", *SAE Paper*, SAE, 861187, 1986

7) Makoto Tsujita *et al.*, "Advanced Fuel Economy in Hino New P11C Turbocharged and Charge-Cooled Heavy Duty Diesel Engine", *SAE Paper*, SAE, 930272, 1993

8) スカニア社、資料提供

9) Takatoshi Furukawa *et al.*, "A Study of the Rankine Cycle Generating System for Heavy Duty HV Trucks", *SAE Paper*, SAE, 2014-01-0678, 2014

10) https://www.energy.gov/eere/vehicles/annual-merit-review-presentations
（米国エネルギー省ホームページ、Merit Review Presentations）

11) https://www.energy.gov/sites/prod/files/2015/06/f23/ace057_koeberlein_2015_o.pdf
（米国エネルギー省ホームページ、Cummins Presentation）

12) https://www.energy.gov/sites/prod/files/2015/06/f23/ace058_singh_2015_o.pdf
（米国エネルギー省ホームページ、DDC Presentation）

13) https://www.energy.gov/sites/prod/files/2016/06/f32/ace059_zukouski_2016_o_web.pdf
（米国エネルギー省ホームページ、Navistar Presentation）

14) https://www.energy.gov/sites/prod/files/2016/06/f32/ace060_amar_2016_o_web.pdf
（米国エネルギー省ホームページ、Volvo Presentation）

参考文献

① 『長尾不二夫　内燃機関講義　第 3 次改著』上巻、養賢堂、1962 年

② Lucas Walter *et al.*, "Application and Integration of Waste Heat Recovery Systems"『自動車技術会春季大会講演会前刷集』自動車技術会、20145397、2014 年

③ 五味智紀「車両プラントモデルを用いた小型商用車用ランキンシステムの検討」『自動車技術会秋季大会講演会前刷集』自動車技術会、20145876、2014 年

④ 「総合資源エネルギー調査会省エネルギー基準部会重量車判断基準小委員会・重量車燃費基準検討会最終取りまとめ」国土交通省ホームページ、2005 年

⑤ 「総合資源エネルギー調査会省エネルギー・新エネルギー分科会　省エネルギー小委員会自動車判断基準ワーキンググループ・交通政策審議陸上交通分科会自動車部会自動車燃費基準小委員会合同会議 とりまとめ（重量車燃費基準等）」国土交通省ホームページ、2017 年

⑥ 水嶋教文ほか「重量車における燃料消費率試験法のさらなる高度化に向けて」『交通安全環境研究所フォーラム 2013』交通安全環境研究所、2013 年

⑦ 川野大輔ほか「重量車燃費試験法に関する国内外の動向」『平成 28 年度交通安全環境研究所講演会資料』交通安全環境研究所、2016 年

3.3 振動・騒音

　自動車における振動・騒音の問題は、従来は事後処理的な対応が多かったが、近年のCAE(Computer Aided Engineering)の発展により、設計段階での予測と発生防止が可能となってきている。ここでは、エンジンの性能を高めるうえでしばしば問題となる振動・騒音問題について、基礎的な理論と考え方を述べ、最新事例を挙げて概説する。しかし、コンピュータ解析技術および電子制御技術関係については日進月歩の状態であり、これらの最新技術については関連学会((社)自動車技術会、(社)日本機械学会等)における技術の動向に注目することを推奨する。

3.3.1 エンジン振動基礎と対策

(1) 振動の基礎

　自動車におけるエンジンおよび動力伝達系は回転に起因する振動がボディまたはシャシ側に伝わらないように、対策を講じる必要がある。このためエンジンおよび動力伝達系は、ラバーマウントにより防振支持される。ここでは防振の理論となる1自由度系の振動モデルについて概説する。

　図3.3.1に1自由度系の振動モデルを示す。このモデルの運動方程式は次式で表される。

$$m\ddot{x} + C\dot{x} + Kx = F_0 \sin \omega t \tag{3.3.1}$$

ここに、m：質量、C：粘性係数、K：ばね定数、$F_0 \sin \omega t$：外力。

　振動の伝達率 τ（｜伝達力／外力｜）は次のようになる。

$$\tau = \frac{\sqrt{1 + \left(2\dfrac{C}{C_c}\dfrac{\omega}{\omega_n}\right)^2}}{\sqrt{\left[1 - \left(\dfrac{\omega}{\omega_n}\right)^2\right]^2 + \left[2\dfrac{C}{C_c}\dfrac{\omega}{\omega_n}\right]^2}} \tag{3.3.2}$$

ここに、C_c：限界減衰係数、ω_n：固有振動数。横軸を振動数比（ω/ω_n）としたときの τ を図3.3.2に示す。図から振動数比を $\sqrt{2}$ 以上とすれば、振動伝達率は1以下となる。すなわち、防振は振動数比を $\sqrt{2}$ 以上に設定することであり、振動数比を3以上とすれば外力を伝達側にほとんど伝えない系となる。

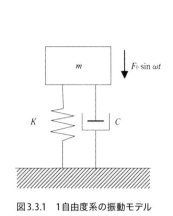

図3.3.1 1自由度系の振動モデル

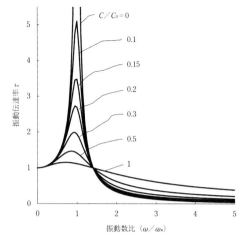

図3.3.2 1自由度系振動モデルの振動伝達率

(2) エンジンマウント設計の狙い

　エンジンマウントの機能は、エンジン振動がボディまたはシャシに伝達するのを防いでエンジンを支持することであり、その他の機能としてボディまたはシャシの振動を抑えるためエンジンをダイナミックダンパとして作用させることがある。エンジンマウントの設計検討には、自動車の振動・乗心地への影響、さらにマウントの寿命・干渉部位のチェック等を検討する必要がある。

　図3.3.3に示すようにディーゼルエンジンを搭載するトラックの場合、シリンダブロック前部とフライホイールハウジング部の左右4点支持が一般的であり、エンジンとマウントの振動系は、各慣性主軸を座標系としたX、Y、Zの各方向およびロール、ピッチ、ヨーの6自由度となる。エンジンマウントの設置位置は、トルクロール軸（エンジンのクランクシャフト軸回りにトルクがかかったとき、エンジンが剛体として回転しようとする回転軸）を基準とするのが理想であるが、通常クランクシャフト軸方向の慣性主軸（X軸）を代用してマウントのばね主軸を同軸に対し傾けて取り付けることが多い。エンジンマウントの設計は、この6自由度の固有振動数に対して防振することであり、基本的にはそれぞれの自由度に対して1自由度の振動系として取り扱うことができる。前述の慣性主軸に対して傾けることは各方向の振動が連成しないことを狙うことにある。エンジンマウントは、ラバー製の弾性体を鋼板または鋳物製のブラケットに加硫接着した構造が一般的である。

　近年では、CAEの発展によりエンジンマウントによる振動系のNVH（Noise,

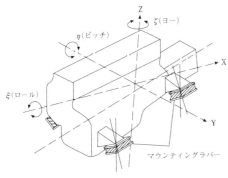

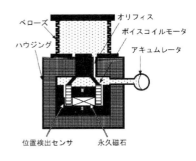

図3.3.3　パワーユニットにおける6自由度振動系　　　図3.3.4　油圧アクティブマウントの構造

Vibration and Harshness）性能だけでなく、背反する他の性能との関係に対して最適化する方法が取られている[1]。また、マウントもラバーを主体とした構造でなく、流体ダンパを組み合わせたもの、さらに電子制御技術と組合せアクティブに動特性を変化させるものも実用化されている。

　事例[2]：油圧アクティブマウントの構成は、図3.3.4に示すようにベローズ、ボイスコイルモータ、アキュムレータ、ボイスコイルモータの位置検出センサ、ハウジングなどから構成される。本構造の利点は耐荷重に対してコンパクトであり、静荷重を支えるための動力を必要としないことにある。ボイスコイルモータに対し適応制御を行うことにより、25～46dBの伝達力低減効果を得た。

3.3.2　エンジン騒音基礎と対策

(1) 騒音の基礎[3]

　騒音とは望ましくない音の総称であり、大音量の音、妨げになる音、不快な音、ない方がよい音などがある。通常公害の対象となるのは大音量の音であり、法的には騒音規制法が1968年に施行されている。自動車の騒音規制については後述する。

(a) 音速・波長・実効値

　音は空気等の媒質を介して伝搬する。すなわち、音は空気中を疎密波として伝搬し、このときの空気の圧力変動を音圧という。音圧は、0.00002～20Paであり、大気圧が約0.1MPaであるから非常に小さい。密部と密部あるいは疎部と疎部との距離を波長といい、疎密部の進んでいく速さを音速という。空気中の音速cは次式で表される。

$$c = \sqrt{\frac{\kappa P}{\rho_0}} \sqrt{1 + at} \cong c_0 \left(1 + \frac{1}{2} at\right) = 331.5 + 0.61t \tag{3.3.3}$$

ここに、κ：比熱比、P：気圧、ρ_0：0℃のときの密度、a：膨張係数、t：温度[℃]、c_0：0℃のときの音速。

波長 λ は次式で表される。

$$\lambda = cT = \frac{c}{f} \tag{3.3.4}$$

ここに、T：音圧の周期[s]、f：周波数[Hz]。

音圧の実効値 p_e は次式で表される。

$$p_e = \sqrt{\frac{1}{T} \int_0^T p^2 dt} \tag{3.3.5}$$

ここに、p：変化する音圧。

正弦音波の場合は

$$p_e = \frac{p_m}{\sqrt{2}} \tag{3.3.6}$$

ここに、p_m：正弦振動する音圧の最大振幅

(b) 音圧レベル

人間の感覚について、次の法則が成り立つとされている。

「識別が可能な感覚の変化 ΔL は、それが生ずる刺激の変化量 ΔI と、その時の刺激の全量 I との比に比例する」

これを式で表すと

$$\Delta L = C_1 \frac{\Delta I}{I} \tag{3.3.7}$$

両辺を積分すると

$$L = C_2 \log I \tag{3.3.8}$$

ここで、C_1、C_2 は比例定数である。

人間の感覚は刺激が大きくなると鈍くなるといえる。したがって、音の強さのレベル IL は次式で表され、単位はdB（デシベル）である。

$$IL = 10 \log_{10} \frac{I}{I_0} \tag{3.3.9}$$

ここに、I：任意の音の強さ、I_0：最小可聴音の強さ。

人間の耳は周波数により感度が異なるため、I_0は1000Hzでの最小可聴音の強さ 10^{-12} [W/m^2] を基準としている。音の強さは音圧の2乗に比例することから、音圧レベルSPLは次式で表される。

$$SPL = 20 \log_{10} \frac{p_e}{p_0} \qquad (3.3.10)$$

ここに、p_e：任意の音圧の実効値、p_0：最小可聴音の音圧0.00002[Pa]。

(c) 騒音の測定

騒音を測定する騒音計はJIS規格「電気音響－サウンドレベルメータ（騒音計）」で定められており、「第1部：仕様（JIS C 1509-1）」「第2部：型式評価試験（JIS C 1509-2）」がある。人間の耳の感度に合わせた周波数重み付け特性のA特性を用いた音圧レベルを騒音レベルという。周波数重み付け特性には、図3.3.5に示すようにA特性の他C特性と平たん特性（Z）とがある。自動車の騒音規制は騒音レベルで表示されているため、エンジンの騒音測定も騒音レベルを用いることが多い。単位の表記には一般的にdB(A)を用いる。

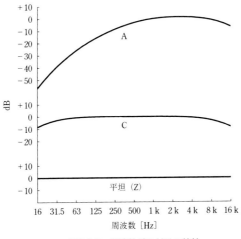

図3.3.5　周波数重み付けの特性

(2) エンジン騒音の低減方策概要

　ディーゼルエンジンの騒音低減方策を論ずるためにはディーゼルエンジンの騒音発生経路について知る必要がある。ディーゼルエンジンの騒音発生は図3.3.6に示す騒音発生経路に沿って説明することができる。すなわち、ディーゼルエンジンは加振力として燃焼による力と機械力によってエンジンの構造体であるシリンダブロックおよびシリンダヘッドが変形し振動する。次にシリンダブロック・ヘッドの振動はオイルパン、ヘッドカバー、吸・排気マニホールド等のシリンダブロック・ヘッドに締結されている部品に伝達する。シリンダブロック・ヘッドおよび締結部品の外表面振動は空気の振動すなわち音波に変換され、我々の耳に到達する。音波に変換する際、エンジンの部品間にはしばしばある周波数における定在波または音響共鳴（共に後述）が発生し、それらの周波数における音圧レベルが上昇することにより耳に到達する騒音レベルも増加する。

　ディーゼルエンジンは種類や形式、大きさおよび運転条件等の違いによって騒音放射特性が異なるため、その騒音放射特性を明らかにして低減方策を検討する必要がある。エンジンの騒音解析は前述の騒音発生経路を逆にたどるように推進する。エンジン騒音解析法は図3.3.6に示すようにまずは、音響変換部を主体にエンジン各部品の外表面からの騒音および部品間の定在波または音響共鳴がそれぞれ全体に対してどのくらいの騒音寄与度を持っているかを探る必要がある（Ⓐ音源探査解析）。次にそれらエンジン各部品の外表面はどのように振動しているか（Ⓑ振動モード解析）、さらにこの振動を引き起こすに燃焼による力および機械力はどのように影響しているか解析する必要がある（Ⓒ加振力影響解析）。

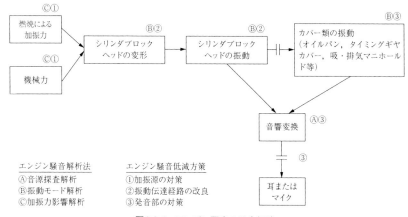

図3.3.6　エンジン騒音の発生経路

エンジンの騒音放射特性が明らかになれば、これに対応した低減方策が検討できる。加振力の影響が大きい場合は加振源の対策を、エンジン各部の振動が問題の場合は振動伝達経路の改良を、また発音部が問題の場合は発音部に対して対策を講ずれば良い。すなわち、ディーゼルエンジンの騒音発生経路に対して騒音低減方策は図3.3.6に示すように、以下に分類することができる。

①加振力の対策

　・燃焼による力の低減

　・機械力の低減

②振動伝達経路の改良

　（シリンダブロック、ヘッドの変形量減少および振動制御）

③発音部の対策

　・発音部の振動制御

　・定在波または音響共鳴の発生防止、

　・遮音

以下に、これらの対策の考え方を示し、事例を中心に概説する。

(3) 加振源の対策

　ディーゼルエンジンに作用する加振源は、燃焼による力と機械力に二分される。それぞれの力に関する騒音を燃焼騒音、機械騒音とすると、エンジン騒音は両者の和で表すことができ、dBの和の計算になる。エンジン騒音は両者に分離することが可能である[4) 5)]。すなわち、概念で表すと、

$$エンジン騒音 = 燃焼騒音 + 機械騒音$$

となる。この概念を計算式で表すと、

$$10^{\left(\frac{ENL}{10}\right)} = 10^{\left(\frac{CPL+CA-SA}{10}\right)} + 10^{\left(\frac{MNL}{10}\right)} \tag{3.3.11}$$

ここに、ENL：エンジン騒音の音響パワーレベル、CPL：筒内圧力レベル、CA：内燃焼室内壁面積レベル、SA：筒内圧力が燃焼室内壁に及ぼす音響パワーレベルから構造によって減衰する量（構造減衰）、MNL：機械騒音の音響パワーレベル、$CPL + CA - SA = CNL$：燃焼騒音の音響パワーレベル。

　エンジン騒音に対する両者の占める割合はエンジンの運転条件によって異なるため、それぞれの騒音レベルを知る必要がある。ここでENLとCPLは測定が可能であることから、MNLが変化しない運転条件（例えば、同一回転速度、同一負荷）にてCPLを変化させた条件（例えば、燃料噴射時期を変更）にてENLとCPLを測定

すれば、*MNL* と *CA – SA* を未知数とした連立方程式が立てられそれぞれを求めることができる。各騒音の加振力としてのレベルが大きい場合、加振力そのものを低減するか、あるいはエンジンに装着される部品等に対し加振力による共振を避けることが有効である。ここでは、燃焼による力の低減事例と機械力の低減としてクランクシャフトのねじり振動の低減とピストンスラップ音の低減事例について述べる。

(a) 燃焼による力の低減

　事例Ⅰ[6]：ディーゼルノック音はディーゼルエンジン特有の間歇的な高周波の音である。新エンジンの燃料噴射系には第2世代と呼ばれるコモンレールシステムを採用し、ノック音に対しても各走行シーンに合わせたパイロット噴射（主噴射の前に噴射される小噴射）の設定を細かく最適化し、燃焼騒音と動力性能やエミッションとの両立を図った。燃焼騒音の効果を図3.3.7に示す。

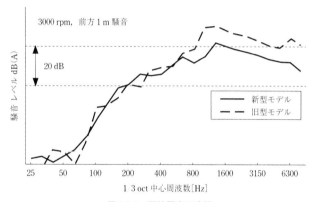

図3.3.7　燃焼騒音の改善

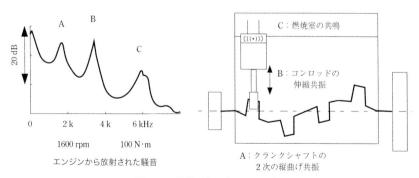

図3.3.8　燃焼騒音発生のメカニズム

事例Ⅱ[7]：直列4気筒2.2Lのディーゼルエンジンにおいて、燃焼に起因する3つの周波数の騒音ピークを調べた結果、1.7kHzのピークはクランク軸とシリンダブロックが一体となった2次の縦曲げ共振、3.3kHzのピークはコンロッドの伸縮共振、6kHzのピークは燃焼室の共鳴が原因であることがわかった。その概念図を図3.3.8に示す。本エンジンのチェーンカバーの1.7kHzの膜共振に対し、シリンダヘッドへの締結点を追加しエンジン本体の共振とずらすことにより、燃焼に起因する騒音を低減することが可能である。

（b）機械力の低減

・クランクシャフトのねじり振動低減

　クランクシャフトのねじり振動増大時にエンジン騒音レベルが増大することは従前より知られている[8)9)]。

　事例[10]：直列6気筒無過給ディーゼルエンジンのオリジナル仕様におけるクランク軸のねじり振動振幅とエンジン騒音レベルを図3.3.9の実線部に示す。2000rpm付近における回転6次（200Hz）のねじり振動はシリンダブロックに対し回転7次の加振力となる。シリンダブロックの固有振動数（233Hz）と共振状態となり、エンジン騒音に影響していた。トーショナルダンパを改良した結果、図3.3.9の破線で示すようにエンジン騒音は同回転域で最大2dB(A)低減した。

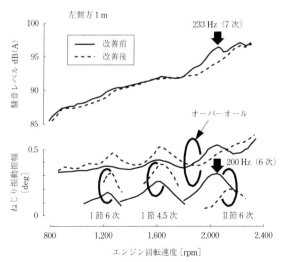

図3.3.9　クランク軸のねじり振動振幅とエンジン騒音レベル（全負荷時）

・ピストンスラップ音の低減

　ピストンスラップ音は上死点後ピストン〜ライナ間のすき間を燃焼圧力または圧縮圧力を受けてピストンが水平方向に移動し、ライナと衝突するときに発生する騒音である。通常、エンジンのアイドリング運転時または低回転速度の軽負荷時に問題になることが多い。ピストンはアルミ製、シリンダブロックとライナは鋳鉄製の場合、ピストン〜ライナ間のすき間は高回転速度の高負荷時に限界すき間が決められ、アイドリング運転時または低回転速度の軽負荷時ではすき間が広くなるためである。

　事例[11]：ターボインタークーラ付ディーゼルエンジンのアイドリング運転時、自然吸気式ディーゼルエンジンに比べてピストンスラップ音が問題となっていた。ピストン挙動の解析結果から、ピストンとライナ間のクリアランスおよびピストンピンをオフセットの騒音に対する影響を調べた結果、図3.3.10に示すように共に直線関係にあることがわかった。

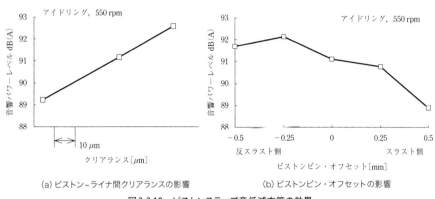

(a) ピストン〜ライナ間クリアランスの影響　　　(b) ピストンピン・オフセットの影響

図3.3.10　ピストンスラップ音低減方策の効果

(4) 振動伝達経路の改良

　燃焼による力および機械力を受けたシリンダブロック、ヘッドは変形する。この変形により誘発されたシリンダブロック、ヘッドの振動は、その表面より放射音となるばかりでなく、これに締結されているオイルパン、タイミングギヤカバー等に伝達され、これらの部品からの放射音となる。したがって、低騒音エンジンの実現にはシリンダブロックの構造設計が重要な鍵となる。この構造を設計段階で検討する道具として、有限要素法（FEM）、境界要素法（BEM）、実験モーダル解析法等が用いられ、さらにこれらを統合したCAEが実施されており構造の最適化を実現している。

事例Ⅰ[12]：ディーゼルエンジンの低騒音構造としてトンネル構造シリンダブロックにより振動・騒音低減が可能なことを試験的に確認した。トンネル構造シリンダブロックの断面を図3.3.11に示す。全負荷時の騒音測定結果、トンネル構造のシリンダブロックは従来の構造に比べて、左方向1mの騒音は最大2.5dB(A)低減した。

　事例Ⅱ[13]：CAEによる構造最適化は図3.3.12に示すハイブリッドモデル(FEモデル＋実験モーダルモデル)を用いて実施した。実動時のパワープラント振動を解析することより高剛性化、低フリクション化、軽量化に対し最適化を実現した。

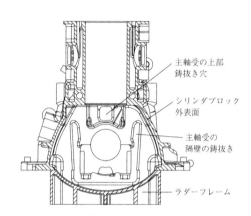

主軸受の上部
鋳抜き穴

シリンダブロック
外表面

主軸受の
隔壁の鋳抜き

ラダーフレーム

図3.3.11　トンネル構造シリンダブロックの断面

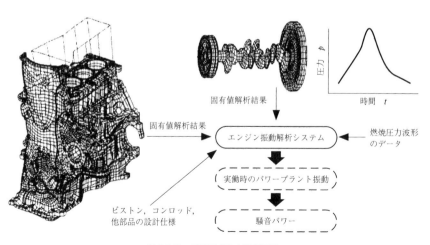

固有値解析結果

固有値解析結果

エンジン振動解析システム

燃焼圧力波形
のデータ

実働時のパワープラント振動

ピストン，コンロッド，
他部品の設計仕様

騒音パワー

圧力 p

時間　t

図3.3.12　計算モデルと計算手法

(5) 発音部の対策

ディーゼルエンジンの発音部の対策は、先に示した騒音発生経路に示すとおり次の3つの方策に分類できる。

　ⅰ) 発音部の振動制御

　ⅱ) 定在波または音響共鳴の発生防止

　ⅲ) 遮音

(a) 発音部の振動制御

ディーゼルエンジンのシリンダヘッドカバー等発音部の振動制御方法は、さらに次の3つに分けられる。

　①剛性向上：肉厚増加、リブ追加、締結方法の改善（制振ボルトの追加）等、形状変更による振動制御

　②制振材料の利用：制振材料への置換または制振材料の貼付等、ダンピングの高い材料を用いた振動制御

　③ラバー浮かし：防振ラバー等により、振動伝達を絶縁する振動制御

　主要な振動制御方法は、1982〜1986年に実施された自動車の騒音規制強化に対応するにあたり実用化されたものが多い。各振動制御方法の代表的な事例を図3.3.13、図3.3.14に示す。

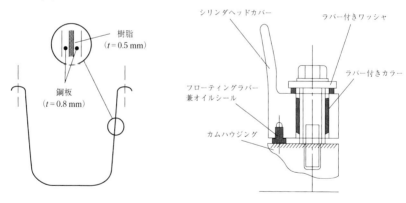

図3.3.13　オイルパンの振動制御（制振鋼板製）　　　図3.3.14　シリンダヘッドカバーの振動制御
（ラバー浮かし）

(b) 定在波または音響共鳴の発生防止

エンジン本体と装着部品で囲まれる空間で騒音レベルが増幅する現象はよく知られている[14]。燃料噴射ポンプとシリンダブロックとの間はそれぞれの面が平行に対向しており定在波が発生しやすい状況にあり、グラスウール、発泡ラバー等の吸音

材を部品間の空間に埋設する方策が一般的に実施されている。

　部品間に発生する音響共鳴とその防止事例[15]：7.4L直列6気筒直接噴射式ディーゼルエンジンの前方騒音における630Hz帯の騒音はトーショナルダンパとタイミングギヤカバー間の空間における音響共鳴が原因であった。この音響共鳴に対し空間の体積の縮小とオイルシール部に吸音材を追加することにより630Hz帯の騒音を3.5dB（A）低減した。構造を図3.3.15に示す。

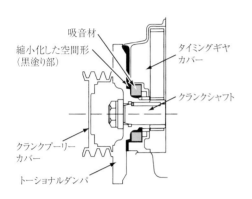

図3.3.15　定在波防止のため、
空間体積の縮小と吸音材の装着例

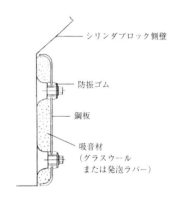

図3.3.16　近接遮音カバーの構造

（c）遮音

　エンジン各部位または部品を対象に近接遮音カバーを装着することはすでに多くの実施例がある。近接遮音カバーは、図3.3.16に示すように鋼板製のカバーを数個のラバーマウントにより防振支持し、カバーの内側（対象部品との間）からの漏れ音に対してグラスウールまたは発泡ラバー等の吸音材を充填した構造が主に用いられている。遮音カバーの効果を最大にするためには、次の2点に留意する必要がある。第1に、鋼板製の遮音カバーはラバーマウントにより充分振動絶縁されていること、第2に、遮音カバー内側からの音の漏れを緻密に防止する必要がある。この遮音カバーを拡大し、エンジン全体を囲い込むものはエンジンエンクロージャと呼ばれており、エンジン騒音を約20dB（A）低減できるとの報告がある[16) 17)]。

(6) 異音

　ディーゼルエンジンでは、騒音レベルが高いこととは別に異音が発生し、しばしば問題になることがある。異音とは自動車の所有者または使用者が音を聞いて不安（特に信頼性に関する）に思う音をいう。筆者らが経験したディーゼルエンジンにおける異音の事例を表3.3.1に示した。表中の記号A〜Gは潤滑系に関わる異音[18]、記号H、Iは燃焼に関わる異音および記号J〜Lは機械系に関わる異音であり、異音発生の要因、異音の発生状況、異音発生の原因（推定を含む）、主な対策および擬音語をまとめた。

表3.3.1　ディーゼルエンジンにおける異音の事例

異音発生の要因			異音の発生状況	異音発生の原因（推定を含む）	主な対策	擬音語
大項目	記号	中項目				
ポンプの脈動	A	吸込み負圧大	低温高速回転時、連続的に発生	吐出し側におけるキャビテーションの崩壊時の騒音	オイルポンプ各部寸度の見直し	ジャー
	B	吸込み脈動圧大	低速回転時、連続的に発生	オイルパンの共振音	共振部分の形状見直し	クー、ブー
	C	吐出脈動圧大	高速回転時、連続的に発生	シリンダブロックスカート部の共振音	仕様・構造等を見直し	ヒュー、キーン
	D	オイル通路の定在波	低温アイドル時、時間と共に発生し、その後消滅	油圧脈動と管路の定在波の共振に起因する騒音	セフティバルブの開閉時ヒステリシスの小さい構造に変更	ゴー、ブー
ポンプのギヤ噛合い	E	ギヤの歯形加工精度不良	減速時のある回転域で顕著に発生	オイルパンまたはシリンダブロックスカート部の共振音	ギヤの歯形加工精度の改善	クー、ウー、ヒューン
	F	閉じ込み圧力の急変によるギヤ噛合いの変化	アイドル時、連続的に発生	オイルパンまたはシリンダブロックスカート部の共振音	吸入ポートと吐出ポートの仕切り壁形状のチューニング	ジー、ブー
主軸受部油膜	G	クランクシャフト主軸受のキャビテーション	アイドル時、不連続に発生	油膜内のキャビテーション、軸心挙動等に起因	主軸受のロワーメタルに溝の設置	パチパチ
燃焼	H	異常燃焼I	アイドル時、ある気筒に発生しシリンダヘッド部より発生	当該気筒の燃料噴射量の過大	燃料噴射の不均量調整	カンカン
	I	異常燃焼II	アイドル時、ある気筒に発生しシリンダヘッド部より発生	当該気筒の燃料噴射パイプの穴径加工不良	当該燃料噴射パイプを正規品に交換	タンタン
タイミングギヤトレーン	J	タイミングギヤの歯形加工精度不良	アイドル時、ギヤの歯打ち音発生	ギヤの噛合い伝達誤差大	ギヤの歯形加工精度の向上	ガチャガチャ
ピストン	K	ピストンスラップ	アイドル時、ある気筒に発生、暖機後顕著に発生しシリンダブロック部より発生	当該気筒のピストン〜ライナ間クリアランスの過大	当該気筒のピストンを正規品に交換	カンカン
エアコンプレッサ	L	エアコンプレッサ作動時	アイドル時エアコンプレッサが作動すると間欠的に発生	エアコンプレッサ駆動ギヤトレーンのバックラッシ過大	ギヤトレーンの構成部品を正規品に交換	ガチャガチャ

(7) 自動車騒音規制

　自動車の車外および車内の騒音は、環境保護および乗務員の疲労軽減と快適性維持の観点から低減が求められている。特にディーゼルエンジンを搭載したトラック、バスは放射される騒音レベルが高いため、騒音低減への要求が大きい。

　自動車の騒音については、1968年の騒音規制公布に端を発し、1971年に道路車両運送法で許容限度の設定（規制値）が定められた。従来、騒音規制は加速走行騒音、定常走行騒音、近接排気騒音が規制され、道路における最大騒音を低減することを目的に加速騒音の規制値を中心に強化されてきた。わが国におけるトラック（GVW ≧12tの例）、バス（GVW≧5tの例）の騒音規制値の推移を図3.3.17に示す。2016年より施行された最新の騒音規制では、国連で策定されたR51-03と呼ばれる四輪車の加速走行騒音規制が導入された。新しい試験法は、一般的な市街地走行において発生しうる最も大きな騒音レベルを規制するという考え方に基づいて検討された手法で、2020年には規制値が強化されることになっている。更に、R51-03の導入により定常騒音、近接排気音の規制効果が確保されることから、従来の定常騒音規制、近接排気音規制は廃止された。一方、空気ブレーキを装着するトラックに対しては、ブレーキ作動時の騒音を低減するため圧縮空気騒音規制（規制値72dB）が導入された。

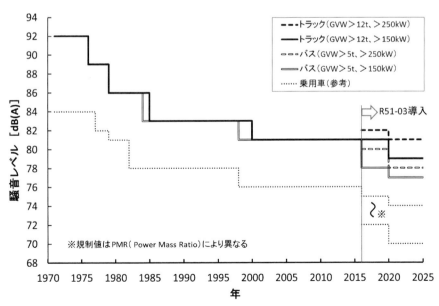

図3.3.17　国内トラック(GVW≧12tの例)、バス(GVW≧5tの例)の騒音規制値の推移

現在、大型トラックの加速騒音レベルは1971年に対して11dB（A）低減されており、1980年頃の乗用車と同レベルになっている。今後は、R51-03の導入に対応してエンジンや車両の騒音対策が進み、市街地走行時の騒音が一層低減されると期待される。

(8) 騒音規制の対応策の変遷

トラック・バスの車外騒音における各音源の寄与度はこれに搭載されているディーゼルエンジンの占める割合が大きく、過去4回実施された騒音規制の強化に適合するため、エンジンおよび車両での騒音対策が逐次的に適応されてきている。図3.3.18に大型トラック用V8エンジンの騒音規制に対する遮音カバー装着等の騒音対策例を示す。平成13年規制では、騒音パワーの大きいV8エンジンを騒音パワーの小さいL6エンジンに置換えており、排出ガス規制との整合を考慮したエンジンシリーズの見直しがなされている。

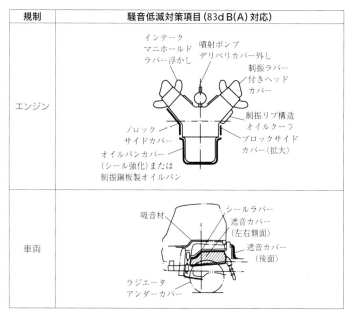

規制	騒音低減対策項目（83dB（A）対応）
エンジン	インテーク マニホールド ラバー浮かし　噴射ポンプ デリベリカバー外し 制振ラバー 付きヘッド カバー 制振リブ構造 オイルクーラ ブロック サイドカバー　ブロックサイド オイルパンカバー　カバー（拡大） （シール強化）または 制振鋼板製オイルパン
車両	吸音材　シールラバー 遮音カバー （左右側面） 遮音カバー （後面） ラジエータ アンダーカバー

図3.3.18　大型トラック用V8エンジンの遮音カバー等の騒音対策例

参考文献

1) 畑英幸、井山英男、三宅正浩、坂根宏志「応答曲線法によるエンジンマウント最適化システム」『自動車技術会 2001年学術講演会』20015016、自動車技術会、2001年

2) 富樫千晴、一柳健「油圧防振マウントに関する研究」『自動車技術会 2003年春季学術講演会』20035043、自動車技術会、2003年

3) 福田基一、奥田襄介『騒音対策と消音設計』共立出版、1979年

4) 村山正、小嶋直哉、吉川弘明「ディーゼルエンジンの燃焼騒音に関する研究（第1報、機関騒音における燃焼騒音の分離）」『日本機械学会論文集』第40巻、第336号、日本機械学会、1976年

5) 三浦康夫、中村俊悦、小嶋直哉「直4ディーゼルエンジンのアイドル時における騒音発生メカニズムの解析」『自動車技術会論文集』Vol.34、No.3、自動車技術会、2003年、pp.61–66

6) 小松正範、久保寺直仁、境俊也、平木信之、坂本裕紀、石本昇三、溝口健太郎「新型2.5L 4気筒ディーゼルエンジンの振動騒音性能開発」『自動車技術会 2005年秋季学術講演会』20055678、自動車技術会、2005年

7) 大塚雅也「ディーゼル燃焼騒音のエンジン構造での低減方法」『自動車技術会 2005年春季学術講演会』20055143、自動車技術会、2005年

8) 小管昭一郎「ねじり振動によるディーゼル機関の二次的振動の一例」『内燃機関』Vol.7、No.72、1968年

9) Kazuomi Ochiai, Mitsuo Nakano, "Relation Between Crankshaft Torsional Vibration and Engine Noise", Diesel Engine Noise Conference Proceeding P-80, *SAE Paper*, 790365, 1979, pp.185–192

10) 三浦康夫、宇佐美興次、岩井隆幸「大型商用車用ディーゼルエンジンの騒音低減方策について」『自動車技術』Vol.41、No.13、自動車技術会、1987年

11) 三浦康夫、小嶋直哉「ディーゼルエンジンにおけるピストンスラップの実験解析」『自動車技術会 2004年春季学術講演会』20045048、自動車技術会、2004年

12) 大谷義之、磯野邦隆、Franz K. Brandl、Wolfgang Schoeffmann「シリンダブロックの構造変更による小型ディーゼルエンジンの騒音低減」『自動車技術会 1998年学術講演会』9838462、自動車技術会、1998年

13) 日吉力、河田順二、橋本浩道「新型1.4L直噴ディーゼルエンジンの振動騒音開発」『自動車技術会 2002年学術講演会』20025085、自動車技術会、2002年

14) 森文明「エンジン騒音における定在波の影響とその対策」『いすゞ技報』No.68、いすゞ自動車、1982年

15) Yasuhiro Maetani, Takaaki Niikura, Shigeru Suzuki, Susumu Arai, Hideo Okamura, "Analysis and Reduction of Engine Front Noise Induced by the vibration of the Crankshaft System", *SAE Paper*, 931336, 1993

16) G. E. Thien, "The Use of Specially Designed Covers and Shields to Reduce Diesel Engine Noise", *SAE Paper*, 730244, 1973

17) 神埼高義、有野嗣男、三浦康夫「エンジンエンクロージャ技術について」『自動車技術』Vol.32、No.12、自動車技術会、1978年

18）三浦康夫、末本洋通「商用車用ディーゼルエンジンの潤滑系に発生する異音について」『自動車技術』Vol.57、No.4、自動車技術会、2003 年

19）大原康司、加藤直也、北川福郎、大塚雅也、河田順二「ディーゼルエンジン減速時異音の解析」『自動車技術会　2001 年学術講演会』20015111、自動車技術会、2001 年

20）加藤丈幸、伊藤天、青山隆之、野田卓「エンジン軸受出発生するキャビテーション音の解析とその防止方法について」『豊田自動織機技報』No.52、豊田自動織機、2006 年

21）自動車認証制度研究会編『新型自動車審査関係基準集』交文社、1998 年

22）坂本一朗ほか「自動車騒音に関する基準の国際調和」『交通安全環境研究所フォーラム 2012 講演概要』

23）坂本一朗ほか「自動車の騒音等の国際基準調和の概要について」『交通安全環境研究所フォーラム 2015 講演概要』

24）http://www.env.go.jp/council/07air-noise/y071-17a.html（環境省 HP）

25）http://www.env.go.jp/press/101287.html（環境省 HP、中央環境審議会「今後の自動車単体騒音低減対策のあり方について（第三次答申）」について）

第4章　ディーゼルエンジンの構造と機能

4.1　はじめに

　本章では、ディーゼルエンジンを構成する主要部品について、構造系、動弁系、運動系、吸気系、排気系、冷却系、潤滑系、燃料噴射系、その他補機に分けて、それぞれの構造と機能について記する。図4.1.1にディーゼルエンジンの主要構成部品の名称を示す。

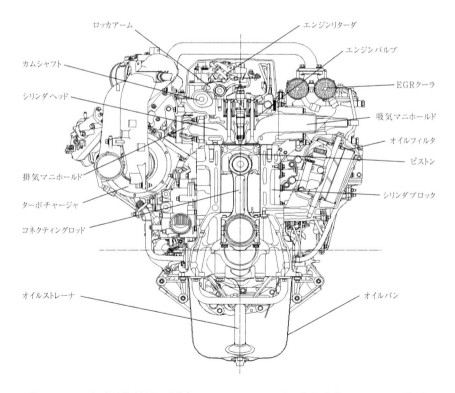

ロッカアーム
エンジンリターダ
カムシャフト
エンジンバルブ
シリンダヘッド
EGRクーラ
吸気マニホールド
オイルフィルタ
ピストン
排気マニホールド
ターボチャージャ
シリンダブロック
コネクティングロッド
オイルストレーナ
オイルパン

図4.1.1　エンジン主要構成部品の名称（オーバヘッドカムシャフト、直列6気筒、ドライライナ構造）

4.2　構造系

4.2.1　シリンダブロック

　近年、軽量化とコンパクト化のニーズからドライライナ構造が主流になってきているので、ここではドライライナ構造を主体に説明をする。

(1) 概要

　シリンダブロックは、シリンダヘッドとともにエンジンの外観を決める基本骨格部品であり、ピストン、コネクティングロッド、クランクシャフトを介して伝わる燃焼圧力を支える役割をもつ。その内部には、潤滑のための油通路、冷却のための冷却水通路が設けられる。また、その外側には、オイルフィルタ等の補機部品、吸気マニホールド等の吸気系部品、ターボチャージャや排気マニホールド等の排気系部品等が装着されている。シリンダブロックの構造が、エンジンの大きさ、原価、質量、音響特性等に与える影響はきわめて大きい。近年排出ガス規制と燃費面から、小排気量で高出力のエンジンが求められ、シリンダブロックは爆発圧力の高圧化、熱負荷の増大に耐えねばならない。そのために、構造や材料等によって強度と剛性面への配慮がなされている。一方、軽量化のニーズも高まり、これらをいかにバランスさせるかが重要なポイントになっている。

(2) シリンダブロック各部の機能

　シリンダブロックはクランクシャフト、シリンダライナ等の部品を内部で保持するとともに、エンジンの屋台骨およびパワーラインの一装置として多数の部品を支える機能がある。

　つぎに、シリンダブロックを構成する主要各部についてその役割を説明する。図4.2.1にシリンダブロックを構成する主要部品の名称を、図4.2.2にシリンダブロックを構成する主要各部の名称を示す。

(a) シリンダボア部

　シリンダボア部は、燃焼室の一部分を形成し、ピストンが側圧を受けながら摺動するため、高強度、耐熱性、耐磨耗性が求められる。大型ディーゼルエンジンには通常シリンダライナが装着されるが、軽負荷の小型エンジンでは、シリンダライナを装着せず、直接シリンダボア部にホーニング加工を行う場合が多い。

(b) ウォータジャケット部

　ウォータジャケット部は、燃焼熱によって高温となるシリンダボア（シリンダライナ）を冷却する部位である。適切なシリンダ温度になるように、高温部分にでき

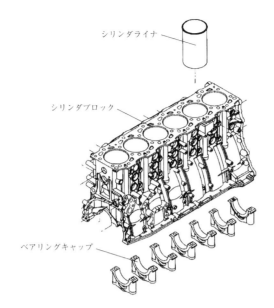

シリンダライナ

シリンダブロック

ベアリングキャップ

図4.2.1　シリンダブロックを構成する主要部品（ドライライナ、ディープスカート構造）

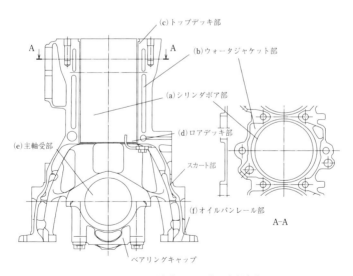

(c)トップデッキ部

A

A

(b)ウォータジャケット部

(a)シリンダボア部

(d)ロアデッキ部

(e)主軸受部

スカート部

(f)オイルパンレール部

A-A

ベアリングキャップ

図4.2.2　シリンダブロックの主要各部名称

る限りウォータジャケットを近づけ、十分な水量を適切な流速で流す配慮がされている。特に、ボア間は両側の気筒から熱を受けるので、十分な冷却がもっとも必要な部位である。

(c) トップデッキ部

トップデッキ部は、シリンダヘッドとのつなぎ部位で、デッキ上面はシリンダヘッドガスケットにより、シリンダ内の燃焼ガスならびに、冷却水、潤滑油通路をシールする機能をもつ。このためヘッドガスケットの面圧が均一になるようトップデッキ部には十分な剛性が必要である。

(d) ロアデッキ部

ロアデッキ部は、シリンダ部とクランクケース部をつなぐ部位であり、ブロック全体の剛性に重要な影響を及ぼすので、十分な剛性が必要である。

(e) 主軸受部

主軸受部は、クランクシャフトを介して爆発圧力の反力を支える部位であり、最も剛性が要求される部位でもある。十分な剛性がないと、クランクシャフトやシリンダブロックに過度な応力の発生や、ベアリングの当たり不良などの原因になる。

(f) オイルパンレール部

オイルパンレール部は、オイルパンを取り付ける部位であり、シリンダブロックの全体剛性に影響する。主軸受部で受けた爆発圧力の反力は、オイルパンレール部に伝わる。オイルパンレールの剛性が不十分な場合には、オイルパンに過度な力が作用してオイルパンが変形したり、スカート部に振動が伝達し、スカート部よりエンジン放射音が発生する原因になる。

(3) シリンダブロックの構造

シリンダブロックの構造は、基本構造として表4.2.1のように分類できる。

表4.2.1　シリンダブロックの構造の分類

シリンダブロック構造の分類	シリンダライナ構造の違いによる分類	ウエットライナブロック
		ドライライナブロック
		ライナレスブロック
	スカートの形状の違いによる分類	ディープスカート
		ディープスカート（スティフナ付き）
		ハーフスカート
		ハーフスカート（クランクケースまたはラダーフレーム付き）

（a）シリンダライナ構造による分類

　商用車等の大型ディーゼルエンジンではライナ付きが一般的に採用されており、図4.2.3に示すように、ライナを冷却水により直接冷却するウエットライナ方式と冷却水が直接ライナに接触しないドライライナ方式に分類される。

　ドライライナは構造上ウエットライナに対して、ボアピッチ（気筒間距離）を小さく抑えることができるため、軽量化、コンパクト化のニーズに対して有利である。例えば、ボアφ135mmの場合、ボアピッチは5〜10mm程の短縮が可能である。しかし、軽量化を行うために小排気量で高出力化を行うと、熱負荷が増大するので、とくにボア間の冷却には工夫が必要になる。ドライライナではボアを直接冷却しないために、ボア間の温度が高くなる傾向にあるので、ボア間に鋳物やドリル加工による冷却穴を設けるのが一般的である。

　また、ドライライナ方式を採用する場合には、ライナの肉厚が薄いので、ヘッドボルトの締め付けや、熱によるシリンダ内径の変形が大きいと、そのままライナを介してピストンと摺動することになるので、シリンダブロックの剛性、シリンダヘッドガスケットの構造、ヘッドボルトの配置と軸力などについて細心の注意が必要である。

　ライナを持たない、モノブロック構造もあるが、特殊材料を使っているライナ付きに比べ、寿命面で劣ることや、ライナを交換して再使用することができない等の欠点がある。しかし、軽負荷使用車や乗用車に使われるエンジンでは、ライナなしが一般的である。

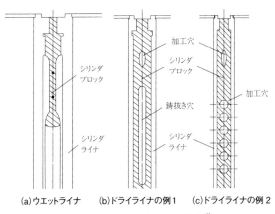

(a)ウエットライナ　　(b)ドライライナの例1　　(c)ドライライナの例2

図4.2.3　ライナ方式による分類[1]

（b）スカートの形状の違いによる分類

　図4.2.4にスカートの形状の違いによる分類を示す。スカートがクランクジャーナルセンターに対する位置によって、ディープスカートとハーフスカートに大別される。ディープスカート構造が一般的で、フライホイールハウジングやパワーラインとの結合剛性を高くでき、また、エンジンマウンティングや補機部品の取り付けが容易である利点がある。一方、ハーフスカート構造はブロックの軽量化はしやすいが、ジャーナルまわりの剛性やパワーラインとの結合剛性が低い。最近では、静粛性をねらいラダーフレーム構造を採用する例も増えている。図4.2.5に採用例を示す。

(a)ディープスカート　　　(b-1)ハーフスカート　　　(b-2)ハーフスカート
　　　　　　　　　　　　　　　　　　　　　　　　　　　　　＋ラダーフレーム

図4.2.4　スカート形状の違いによる分類

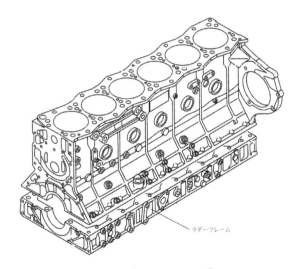

ラダーフレーム

図4.2.5　ラダーフレーム採用例[2]

(4) シリンダブロックの基本形状

　シリンダブロックの基本形状は、エンジン全体の大きさに大きな影響がある。シリンダブロックの大きさを決める一般的な要因を図4.2.6に示す。シリンダブロックの形状は、エンジンの基本諸元である、ボア、ストローク、シリンダ数を前提条件として、これらの条件から、シリンダブロックの基本諸元であるデッキハイト（クランクセンターよりブロック上面までの高さ）、ボアピッチ、クランクケース形状が決められている。

　近年、軽量化とコンパクト化のニーズに対応するために、ピストンリングの本数を減らしたり、コンプレッションハイト（ピストン頂面からピンセンターまでの距離）を短くしたり、全長を抑えるために、ドライライナ構造の採用などが行われている。しかし、そのためには、冷却やライナの強度など、克服しなければならない課題も多い。

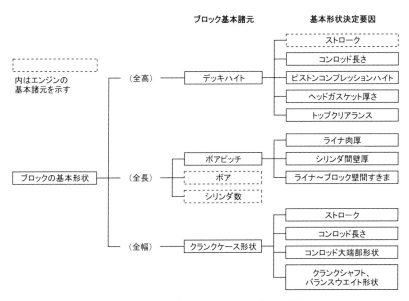

図4.2.6　シリンダブロックの大きさを決める要因

(5) シリンダブロックの材料

　シリンダブロックは、同じ構造系の部品であるシリンダヘッドに比べ、熱負荷はあまり厳しくない。したがってエンジンの熱負荷の大小にかかわらず、普通鋳鉄（FC25等）が多く使用される。普通鋳鉄は熱膨張係数が低く、かつヤング率が高いので、ディーゼルエンジン用シリンダブロック材料として最適といえる。

近年では、軽量化のニーズによる薄肉化や、排出ガス規制対応にともなう高爆発圧力に耐えうる材料として、ねずみ鋳鉄とダクタイル鋳鉄の中間の材料特性をもつ、CV（コンパクテッドバーミキュラ）鋳鉄が採用される例が増えてきている。CV鋳鉄の強度はダクタイル鋳鉄に近く、鋳造性・機械加工性はダクタイル鋳鉄よりも優れている。また、乗用車用ディーゼルではアルミ合金を採用している例もある。

(6) シリンダブロックの課題

(a) 強度・剛性

排出ガス規制への適合や、低燃費化にともない、年々爆発圧力は上昇の傾向にあり、それに耐える強度、剛性が求められる。シリンダブロックの剛性不足は、運動系部品の偏摩耗の原因となるだけでなく、油洩れ、水洩れ等の要因ともなる。さらには、エンジンの騒音にも多大の影響を及ぼす。

シリンダブロックに作用する外力は静的な荷重として、シリンダヘッドボルト締め付け力の反力、メインベアリングキャップボルト締め付け力の反力等があり、動的な荷重としては燃焼による爆発圧力、クランクシャフトの慣性力の不釣り合いによる内部偶力、ピストンのスラスト力、トルク反力等がある。これらの外力に対し、十分な強度と剛性が求められる。

加振力は、ピストン→コネクティングロッド→クランクシャフト→クランクメインジャーナル→スカートに伝達される。この加振力によるブロックの挙動は、おおむね図4.2.7のようになる。

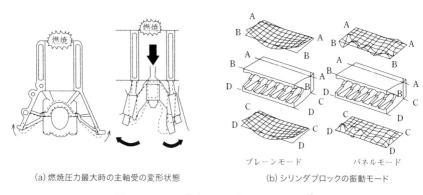

(a) 燃焼圧力最大時の主軸受の変形状態　　　(b) シリンダブロックの振動モード

図4.2.7　シリンダブロックの変形と振動モード [3]

剛性を増すために各部の肉厚を増すことは、質量の増加に比べて剛性の増加は小さいので構造上の工夫で剛性を確保することが求められる。おもな剛性向上策としては、シリンダブロックの振動モード等を考慮した適正なリブ配置や、各気筒の外

壁をシリンダ形状に沿って曲面化する等がある。また、とくに強度面では燃焼によ
る爆発圧力がかかるとベアリングキャップが変形し、ベアリングキャップのブロッ
ク取り付け面に高い応力が発生する場合がある。対策として、ベアリングキャップ
とスカートをプレートでつなぐスティフニングプレート構造やベアリングキャップ
を一体にしたベアリングビーム構造、前述のラダーフレーム構造を採用する例もあ
る。図4.2.8にスティフニングプレートを部分的に採用し、質量アップを最小限に
抑えて、ブロックのジャーナルインロー部の応力を半減した例を示す。

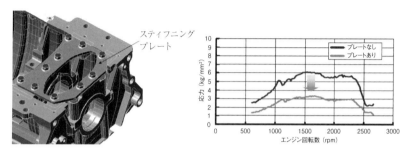

図4.2.8　スティフニングプレート採用の効果例(排気量9L)

(b) 低騒音化

　シリンダブロックの構造は、エンジンから発する騒音に大きく影響を与えるため、
ウォータジャケット構造や外壁のリブ構造を最適化して低騒音化が図られている。
　図4.2.9は、騒音低減を図るためにシリンダブロックを最適化した例を示す。そ
の特徴として、ウォータギャラリーをシリンダブロックの上部のみにもつハーフ
ジャケット構造から、シリンダブロックのロアデッキ部までウォータギャラリーを
設けたフルジャケット構造に変更し、さらに、側壁部のリブ形状の変更やジャーナ
ル隔壁部のジャーナル部とロアデッキをつなぐリブ形状を強化した例である。
　図4.2.10にシリンダブロック単体での外壁の振動レベルを比較した結果を示す。
振動レベルで約3dB(A)、騒音レベルで約1dB(A)の低騒音化が図られている。

(c) 冷却の最適化

　シリンダブロックの中には、ボア周りを冷却する水路やシリンダヘッドへの冷却
水の通路が設けられている。
　各気筒間の温度や、ライナ内周面の温度が均一になるように水穴の大きさ、位置、
水流方向が最適化されている。ライナ内周の温度ばらつきが大きいと熱によりライ
ナが歪むため、周方向の温度バラツキ幅を極力小さくなるような配慮がなされてい
る。水温の異常上昇などによりライナ内周の温度が高くなると、ピストンとライナ

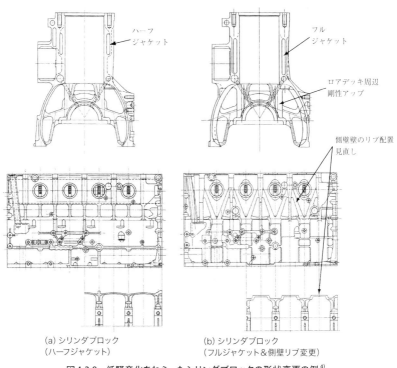

<table>
<tr><td>(a) シリンダブロック
（ハーフジャケット）</td><td>(b) シリンダブロック
（フルジャケット＆側壁リブ変更）</td></tr>
</table>

図4.2.9　低騒音化をねらったシリンダブロックの形状変更の例[4)]

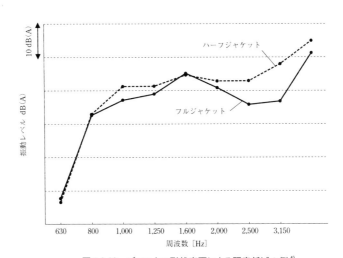

図4.2.10　ブロックの形状変更による騒音低減の例[4)]

の摺動部の摩耗や焼き付きが発生する場合がある。

(d) フライホイールハウジングとの結合部剛性

　エンジンを車両に搭載した場合、図4.2.11に示す駆動系の曲げ振動により、車室内のこもり音の原因になることがある。これは使用車速内に駆動系の曲げの共振現象によるもので、パワーラインの強度にも影響することがある。エンジン、トランスミッション、プロペラシャフト等を含め曲げ振動荷重に耐えるようにするためフライホイールハウジングとの結合部の剛性は重要である。

　結合剛性の向上策としては、フライホイールハウジングと結合するボルト本数のアップ、ボルト軸力のアップが基本である。さらに、フライホイールハウジングとシリンダブロックを別体の補強ステーを追加する場合もある。図4.2.12にハウジングステーを追加した例を示す。

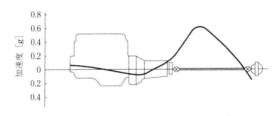

図4.2.11　駆動系曲げ振動モードの例[1]

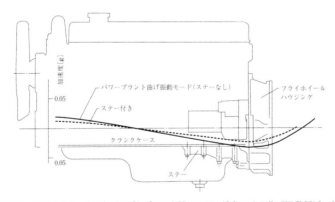

図4.2.12　フライホイールハウジングとブロック間にステー追加のよる曲げ振動低減の例[1]

(e) 鋳造法への配慮

　シリンダブロックは大物で複雑な構造のため、設計段階で鋳造上の配慮が必要である。例えば、鋳造時に湯が、ブロック全体に十分いきわたるように、肉厚をできるだけ均一にする、流れが急に狭くなった部分を作らない等の、設計的な配慮が必

要である。このことは、過大な残留応力の発生を抑制することにもつながる。また、中子はできるだけ使わないほうがよいが、使う場合には中子の強度を確保するために、できるだけ中子の断面積が小さくならないようにする等の配慮も原価低減の面からも必要である。水通路の小さいところには、砂が詰まりやすいのでプラグを設けて外から砂落としができるようにすることも必要である。

4.2.2 シリンダヘッド

(1) 概要

シリンダヘッドは、シリンダブロック同様に基本骨格部品である。近年、排出ガスの改善、燃費向上の観点から、エンジンをできるだけ小排気量で高出力化する傾向にあり、これを実現するためには爆発圧力、熱負荷の上昇に耐えうる構造が必要である。とくにシリンダヘッドは、高性能化に対応する4バルブ、オーバヘッドカムシャフト構造の採用により、カムシャフトの搭載等の要件が加わり複雑な構造になってきている。シリンダブロックと比べると、熱負荷が厳しく冷却に対し十分な配慮が必要である。

(2) シリンダヘッド各部の機能

図4.2.13にシリンダヘッドの構成部品を示す。シリンダヘッドの機能としては、ピストンおよびシリンダブロックのボア内側と燃焼室を構成するとともに、空気の取り入れ、燃焼ガスの排出を基本機能とし、さらに、ロッカアーム、カムシャフト

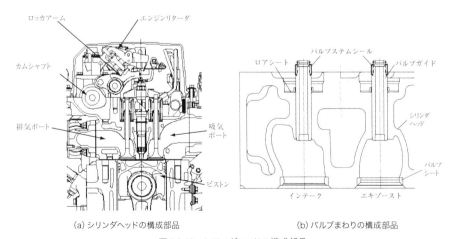

(a) シリンダヘッドの構成部品　　　　(b) バルブまわりの構成部品

図4.2.13　シリンダヘッドの構成部品

等を保持する役割もある。燃焼室まわりには、冷却のためのウォータジャケットも設けられている。

　また、シリンダヘッドは一体型と分割型に分類されるが、その特徴を表4.2.2に示す。

表4.2.2　シリンダヘッドの構造の比較

	一体型（4〜6シリンダ）	分割型（1〜3シリンダ）
エンジンの大きさと質量	軽量・コンパクト化で有利 （シリンダの中心間距離を短くできる）	不利 （シリンダヘッド間のヘッドボルトは、 2列になる分長く、重くなる）
エンジンの全体剛性	シリンダブロックと一体化され有利	分割されたシリンダヘッド間で、 剛性が不連続になり不利
エンジンの熱負荷、信頼性	熱変形によるヘッドガスケットの シール性等への影響があり不利	有利
組立、分解、サービス性	不利	質量が軽く、個別に点検、交換が可能
生産性、設備	不利	鋳造、加工設備の小型化 鋳物の寸法精度に有利

　つぎに、シリンダヘッドを構成する主要各部の役割を説明する。

（a）吸気・排気ポート部

　吸気ポートには、良好な燃焼を実現するために、シリンダ内に最適なスワールを発生させる役目がある。吸気・排気バルブとポート形状は性能、排ガスと密接な関係にあり、最適化が図られているが、バルブ配置は図4.2.14に示すように、クランクシャフト軸方向に対して捩った例が多い。

（b）ウォータジャケット部

　高温の排ガスが通る排気ポートと燃焼室を有するヘッド下面を冷却するのがウォータジャケットで、水量と流速を最適化して効率よく必要な部分を冷却してい

(a) 4弁の吸気、排気ポートの配置の例　　　　(b) 吸気、排気の流れの例

図4.2.14　吸気・排気ポート

る。近年では4弁化によりウォータジャケットは複雑になる傾向にある。コンパクト化によりウォータジャケットも制限を受けるために、細い水路になる場合には鋳造時の中子の強度が問題になることもある。

　また、ヘッド下面は燃焼により高温にさらされるために、特に積極的に冷却を行うことが求められる。そのためにいろいろな構造が採用されており、その例を図4.2.15に示す。

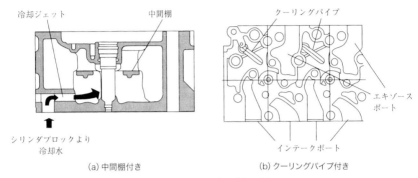

冷却ジェット　　　　　中間棚　　　　　　　　クーリングパイプ

エキゾーストポート

シリンダブロックより冷却水

インテークポート

(a) 中間棚付き　　　　　　　　　　(b) クーリングパイプ付き

図4.2.15　ヘッドの冷却の例

　シリンダヘッドに中間棚を設けることにより、シリンダブロックから流れてきた冷却水を、積極的にヘッド下面に導いた例と、4弁エンジンでは最も温度が高くなるエキゾーストポート間に、クーリングパイプを使用して積極的に冷却水を導く等の工夫をした例である。

(c) バルブシート部

　バルブシートは、バルブのフェース面と接し、燃焼室の気密保持の役割をもつ。また、特に排気のバルブシートはバルブのフェース面から放熱をさせる役割もあり、耐熱性、耐摩耗性の高い材料が使われている。バルブとシートの当たり幅は狭いほどシール面圧は高く、シール性はよいが、放熱面や摩耗面では不利となる。

　ディーゼル用として使用されるバルブシートの材料は、耐熱鋼や焼結合金が主である。ディーゼルエンジンのバルブシートには高い熱負荷が働き、運転時に大きな熱変形が発生し、運転後、冷えると脱落することもあり、焼結後に銅を含浸させたり、鍛造にて密度をあげるなども行われている。バルブシートのシリンダヘッドへの装着は、通常はバルブシートを液体窒素に入れ、収縮させてからシリンダヘッドに圧入するのが一般的である。

(d) バルブガイド部

　バルブガイドは、前掲図4.2.13(b)のように、バルブをガイドする役割をもつ、

耐摩耗性、潤滑性のよい材料が使用される。また、バルブガイドの上部にはステムシールを装着し、それによってバルブとガイドの摺動面の給油量を最適な状態にコントロールしている。

(3) シリンダヘッドの材料

シリンダヘッドはシリンダブロックに比べて熱負荷が厳しく、より高い耐熱性のある材料が使われている。近年は、ターボインタークーラ付きエンジンが主流になり、一般鋳鉄に対し、耐熱性の向上をねらった合金鋳鉄が主流である。モリブデンを添加すると耐熱性は向上するが、鋳造性が劣り引け巣が発生したり、切削性が悪くなったりするため、適切な添加量が決められている。一般的なモリブデンの添加量は0.1〜0.3％である。

(4) シリンダヘッドの高さ

シリンダヘッド高さは、軽量・コンパクト化の観点からは、低いことが望ましいが、一般的には運転時の爆発圧力に耐えうる剛性の確保、冷却に必要な水通路の確保、燃焼に影響を及ぼす、吸気・排気ポート内の最適な空気の流れの確保、バルブを保持できるバルブガイドの長さの確保等の要因によって決定される。

4.2.3　シリンダヘッドガスケット

(1) 概要

シリンダヘッドガスケットは、シリンダヘッドとシリンダブロック間に装着され、高圧なシリンダ内燃焼ガスをシールすると同時に、冷却水と潤滑油をシールする役割をもつ。特に近年ディーゼルエンジンにおいては、ターボインタークーラエンジンが主流になり、排出ガス低減や低燃費化により燃焼ガス圧力が高くなっていることや、シリンダヘッド、ブロック等の軽量化による剛性変化のために、よりいっそう厳しい環境下での良好なシール性能が要求される。

シリンダヘッドガスケットの構造は、とくに自動車用ディーゼルエンジンの普及、発展にともない、シール環境の厳しさに応じていくつかの構造的変遷を経て今日に至っている。主たる構成材は、石綿板や銅板に始まり、弾性材を金属芯材で補強した複合材の時代を経て、今日では耐熱性、耐食性および強度を兼ね備えたスチールラミネート構造（ステンレス板＋弾性被覆材構造）へと移行してきている。表4.2.3にディーゼルエンジンのヘッドガスケット構成材の変遷を示す。近年においては、シール機能以外に、シリンダヘッド締結時に発生するシリンダブロックのボア部真円度の変形を抑制する機能も求められている。

表4.2.3　ヘッドガスケットの構成材の変遷

構成材	石綿板	銅板	複合材	スチールラミネート
主に使用されていた年代	1960年代まで	1960年代まで	1980年代まで	現在
圧縮性	◎	○	○	基準
復元性	△	△	×	
耐圧縮性	×	×	△	
耐久性	×	×	△	
ガスシール	△	△	△	
安全性	×	同等	同等	
コスト	○	×	×	

◎：優れる　○：やや優れる　△：やや劣る　×：劣る

(2) シリンダヘッドガスケットの機能

　シリンダヘッドガスケットの機能は、高温高圧の燃焼ガスをシールするとともに、シリンダブロックとシリンダヘッド間の冷却水通路と潤滑油通路をシールすることである。特に、ターボインタークーラエンジンが主流になり、大型商用車用ディーゼルエンジンでは、爆発圧力は年々上昇の傾向にある。最新エンジンでは20MPaに達しており、シールに対する十分な面圧を確保する必要がある。さらに、エンジン寿命の向上（延長）に伴い、水、油シール用ゴムの劣化による洩れ防止に対して、シリンダヘッド内部の水の流れの改善等によるゴム部の温度低減が重要である。

(3) シリンダヘッドガスケットに必要な特性

　現在、主流のスチールラミネートガスケットについて必要な主な特性を以下に示す。

(a) 圧縮性

　シリンダヘッド下面やシリンダブロック上面は、加工面のうねりやライナフランジ部の段差（通常、ボアグロメット部の面圧を高めるために、ライナフランジ部とシリンダブロック上面には約50～100ミクロン程度の段差が設けられている。）に対応できる圧縮性が必要になる。ガスケットの圧縮特性は重要で、ガスケットの板厚や固さ、形状により適切な圧縮特性を選択する必要がある。

(b) 復元性

　エンジン運転中のシリンダ内の圧力の変動により、ヘッドガスケットに掛かる荷重が変化する。また、運転時の熱膨張によりシリンダヘッドの変形が発生する。それらに対して、ヘッドガスケットは追従できることが必要である。圧縮性と同様に、ガスケットの板厚や固さ、形状の最適化が必要である。

(c) 耐熱性

　高温の燃焼ガスをシールするためには耐熱性が要求されるため、通常はステンレ

ス鋼板が使用される。ミクロシールを要求される部位には、耐熱性のあるフッ素系、シリコン系等の合成ゴムをベースとした20〜50ミクロン程度のコーティング材が用いられている。

(d) 耐久性

高温、高応力の状態で使用していると、シール面圧が徐々に低下するクリープ現象が起こるため、耐クリープ性が要求される。

(e) ヘッドガスケット厚さ

ヘッドガスケットの厚さは、締め付け後1mm程度が一般的である。厚い方が、追従性はよいが、運転後のへたり量が大きく、ヘッドボルトの軸力の低下によるガス洩れの要因になるため、耐久性を考えると薄い方が良いといえる。

(4) シリンダヘッドガスケットに対する設計的な配慮

シリンダヘッドガスケット性能は、エンジンの基本設計に大きく影響されるため、シリンダヘッドガスケットには下記の項目が盛り込まれている。

(a) 適正なヘッドボルト締結力

燃焼ガスシールには、十分なヘッドボルトの締結力が必要である。一般的に、ヘッドボルトの締結力の過不足の基準とするガスケット係数は、1気筒当たりのガスケット締結力を1気筒当たりの最大燃焼ガス荷重で割った値である。シリンダ径、シリンダヘッド、ブロックの材質、構造等にともないガスケット係数には差があるものの、基本的にはガスケット係数が大きくなるにしたがって、シールに対する安全性は高まる。しかし、過大な締結力はシリンダライナやシリンダヘッドの変形を増大させるので、注意が必要である。図4.2.16に、自動車用ディーゼルエンジン用

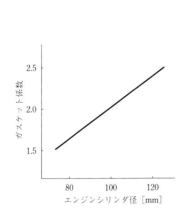

図4.2.16　一般的なガスケット係数の例

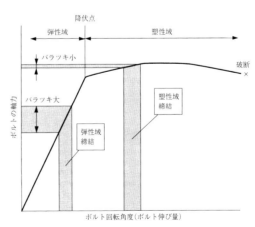

図4.2.17　塑性域角度法締め付け

シリンダヘッドガスケットの一般的なガスケット係数の例を示す。

限られたスペースの中でヘッドボルト締結力を増すために、引っ張り強度が130kg/mm²以上の高強度ボルトを使用する場合もある。

(b) ヘッドボルト締付力のばらつき低減

ヘッドボルトの締結力のばらつきを低減するために、図4.2.17に示す塑性域角度法締め付けを採用している場合が多い。従来の締め付けは、トルクレンチによるトルク法が一般的であったが、トルク法は座面やネジ部の摩擦係数の影響を受けやすく、ボルトの軸力のバラツキも大きい。しかし、塑性領域でボルトの回転角度を管理して締め付けることにより、軸力のバラツキが小さくなり、確実なボルトの締め付けが可能となる。

(c) シリンダボアに対するヘッドボルト配置

ヘッドボルトの締付力をボアまわりのシール部位に均等に荷重を伝えるためには、ヘッドボルトを適正に配置する必要がある。ボルト本数は多いほうが有利であるが、スペース上の制約もあり一般的には1気筒当たり6本を均等に配置する例が多い。

(d) ヘッドガスケットの面圧分布

図4.2.18に直列4気筒エンジンのヘッドガスケットの面圧分布の例を示す。各部の面圧のレベルは、そのエンジンの爆発圧力等によって異なり、一般的にはボアグロメット部が最も高く、水穴、油穴はその30％程度であるが、水、油洩れに対する面圧はエンジンのシリンダブロック、シリンダヘッド剛性等により必要な面圧は変わる。

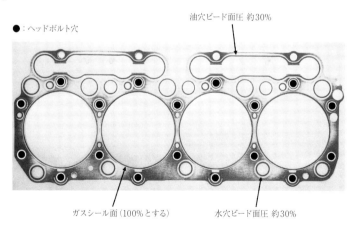

油穴ビード面圧 約30％

●：ヘッドボルト穴

ガスシール面（100％とする）　　水穴ビード面圧 約30％

図4.2.18　直列4気筒エンジンのヘッドガスケット面圧分布の例

4.2.4 シリンダライナ

(1) 概要

　シリンダライナは、ブロックに装着されてピストンリングと摺動するため、高温、高圧で耐摩耗性と耐スカッフ性を要求される部品である。また、もともと燃焼ガスにさらされるが、近年では排出ガス低減のためにEGRガスを積極的に混入させている場合もあり、耐腐食性への要求も厳しくなっている。シリンダライナは、ウエットライナとドライライナに分類される。小型ディーゼルエンジンはドライライナ、大型ディーゼルエンジンはウエットライナが主流であったが、近年では、とくに大型エンジンでもドライライナが増えてきている。大型エンジン用のシリンダライナはルーズフィットタイプが主流であるが、乗用車用のアルミシリンダブロックでは、運転時に、熱膨張の差により、シリンダブロックとシリンダライナとの隙間ができるのを防ぐために、プレスフィットタイプを採用している。表4.2.4にウエットライナとドライライナの比較を示す。

表4.2.4　ウエットライナとドライライナの比較

	ウエットライナ方式	ドライライナ方式
構造	シリンダライナ／シリンダブロック	シリンダライナ／シリンダブロック
ライナ肉厚	通常ボア内径の6～8%	ウエットライナに対して極めて薄く1.5～3mm
エンジンの大きさ	シリンダ間に隔壁を設ける必要がある等の理由により、エンジン全長は長くなる	隔壁がなく、エンジンをコンパクトにまとめることができ、軽量化できる
信頼性	ライナとブロック間をシールする必要があり、通常ラバーリングにてシールするが、その耐久性確保が重要	ブロックとの隙間の管理が重要で、隙間が不適切な場合にはライナに過度な荷重がかかる

(2) シリンダライナの材料

　シリンダライナの材料は海外のエンジンでは、リンを添加した特殊鋳鉄が多く使われているが日本では、ボロン鋳鉄が主流である。ボロン鋳鉄は片状黒鉛とパーライト基地にHV1200から1400の高硬度のボロン炭化物を析出させ、図4.2.19に示すように、第1摺動面と第2摺動面を形成することにより、耐摩耗性と耐スカッフ性にすぐれた材料である。

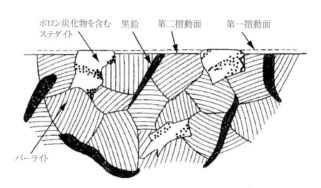

図4.2.19　ボロン鋳鉄の摺動面ミクロ組織[5]

(3) シリンダライナの表面処理

　ディーゼルエンジンのドライライナの表面処理としては、スカッフの防止をねらい、リン酸マンガン系の皮膜処理を行うことが多い。シリンダ内面のホーニング加工による残留応力を腐食により除去し、さらにその上に析出したリン酸マンガンが固体潤滑剤として耐摩耗性を向上させたものである。

(4) シリンダライナの表面加工

　シリンダライナ内面は、非常に重要で摺動特性に影響し、フリクション、摩耗、スカッフ、オイル消費等に関連する。内面の仕上げはホーニング加工が一般的である。ホーニング加工は図4.2.20に示すプラトーホーニングを行う。1段目のホーニングを荒い砥石で行い、2回目に細かいホーニングを行い、1回目の大きな山を2回目の細かい砥石で平らに仕上げたものである。これを行うことにより、初期なじみ後の摺動面を形成することができる。さらに、プラトーホーニング後の表面性状についても、山のピッチ、平らな面の比率、溝の深さ等の最適化が必要である。

　燃費向上を目的にシリンダライナのストローク中央部に微小なくぼみ（ディンプ

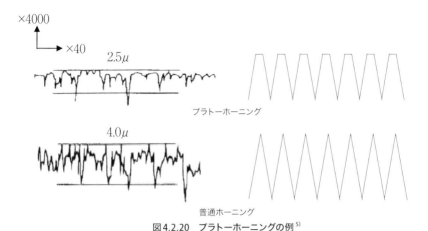

図 4.2.20　プラトーホーニングの例[5]

ル）加工を施した例を図4.2.21に示す。

　ピストンリング、ライナー部の摩擦損失はエンジン全体の半分程度と大きい。ディンプル加工により ピストンリングとの間の流体潤滑域における摺動面積を減らし摩擦力を低減出来る。ディンプルの径、形状、配列、深さおよび処理範囲は、オイル消費、ブローバイ、摩耗などへの影響を考慮し総合的に決定する。これにより0.5〜3%程度の燃費低減が期待できる。

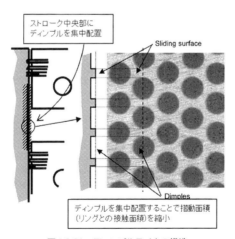

図 4.2.21　ディンプルライナの構造

引用文献

1) 斎藤孟監修『ディーゼルエンジン』自動車工学全書 5、山海堂、1980 年
2) いすゞ自動車『大型車整備マニュアル』1B-119、2005 年
3) 石濱正男「振動騒音の発生メカニズムと対策」『エンジンテクノロジー』Vol.4、No.1、山海堂、2002 年、pp.84–89
4) 武藤啓「日野中型トラック用 J07C-TI エンジンの開発」『エンジンテクノロジー』Vol.5、No.1、山海堂、2003 年、pp.48–53
5) 川村治「シリンダライナの材質と表面処理」『内燃機関』Vol.26、No.327、山海堂、1987 年、pp.38–44

参考文献

1) 峯田宏之ほか「高出力ディーゼルエンジン用 CV 黒鉛鋳鉄シリンダブロック生産技術開発」『鋳造工学』第 79 巻、第 1 号、日本鋳造工学会、2007 年
2) 梶田正宏ほか「CV 鋳鉄のディーゼルエンジン部品への応用」『自動車技術』Vol.53、No.12、自動車技術会、1999 年
3) 峯田宏之ほか「CV 黒鉛鋳鉄シリンダブロックの鋳造工法開発」『豊田自動織機技報』No.55、豊田自動織機、2008 年
4) 宇田川恒和「内燃機関シリンダヘッドガスケット」『エンジンテクノロジー』Vol.2、No.3、山海堂、2000 年、pp.82–89
5) 黒田良一ほか「産業用ディーゼルエンジンのシリンダヘッド」『エンジンテクノロジー』Vol.5、No.3、山海堂、2003 年、pp.104–109
6) 新啓一郎「ピストンリングおよびシリンダライナのトライボロジー技術 50 年を振り返る」『トライボロジスト』Vol.50、No.9、日本トライボロジー学会、2005 年、pp.644–649
7) 藤井徳明ほか「乗用車用ガスケットエンジンのシリンダヘッド」『エンジンテクノロジー』Vol.3、No.3、山海堂、2001 年、pp.88–93
8) 柳沢隆ほか「内燃機関シリンダブロック」『エンジンテクノロジー』Vol.2. No.2、山海堂、2000 年、pp.82–87
9) 山口健一ほか「シリンダヘッドガスケット」『エンジンテクノロジー』Vol.5、No.4、山海堂、2003 年、pp.102–106
10) 堀内裕史ほか「商用車用新中型ディーゼルエンジンについて」『自動車技術』VOL.70、NO.9、自動車技術会 2016 年
11) 渡辺満ほか「ピストンリング・ボア間の摩擦力低減を狙ったシリンダボア用ディンプル状テクスチャ処理によるエンジンの燃費向上」『自動車技術会春秋季大会講演会前刷集』20135625、自動車技術会、2013 年

4.3 運動系

　ピストンの往復運動をクランクの回転運動に変換する機構と、その周辺を構成する部品を総称して運動系部品と称する。ピストン、ピストンピン、ピストンリング、コンロッド、クランクシャフト、フライホィール、トーショナルダンパ、ベアリング（メタル）などから構成される。また、クランクシャフトの回転とバルブ開閉タイミングを同期するタイミングギヤトレーンも運動系の一部である。

4.3.1　ピストン、ピストンリング

　ピストンは、上部に形成される燃焼室と燃焼ガスをシールするとともに、クランクケース側からのオイル上がりを防止するピストンリングを装着するピストンリング溝、ランド、コンロッドとピストンを結合するピストンピン穴、クランク機構では避けることのできないスラスト力を支えるピストンスカートから構成される（図4.3.1）。

　ピストンにはエンジン回転数の2乗に比例した加速度が作用し、場合によっては1000Gを超える場合がある。そのため、ピストンには軽量であることが求められる。また、燃焼室から流入する熱によりピストン自体の温度が過度に上昇することを防止するため、熱伝導率が高いことも求められる。そのため、材料にはシリコンの添加により熱膨張を抑えたアルミニウム合金が使用される場合が多い。しかしながら、最近の商用車用ディーゼルエンジンにおいては、ターボチャージャによる高過給化が進むとともに最高燃焼圧力が上昇し、20MPaを超える場合も出てきた。このよう

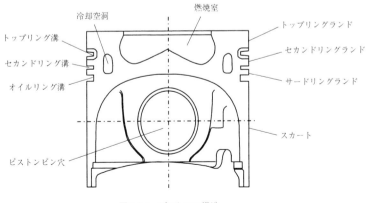

図4.3.1　ピストンの構造

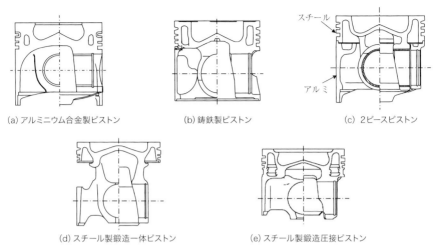

(a) アルミニウム合金製ピストン　　　(b) 鋳鉄製ピストン　　　(c) 2ピースピストン

(d) スチール製鍛造一体ピストン　　(e) スチール製鍛造圧接ピストン

図4.3.2　ピストンの種類

な高い筒内圧になるとアルミニウム合金では成立が困難な場合があり、鋳鉄製や鋼
の鍛造製などの鉄系ピストンも使用されるようになっている。図4.3.2に種々のピ
ストンの構造を示す。

　小型ディーゼルエンジンでは比較的高回転で使用されるため、軽量化のニーズが
高く、アルミニウムピストンが好まれるが、商用大中型エンジンでは、低回転化が
進み、ピストン自体の重量増加の背反が少なくなったことも、鉄系ピストンが増え
てきた一因である。また、鉄系ピストンの中でも、鋳鉄ピストンはコンプレッショ
ンハイト（図4.3.1参照）を低く抑えることができる。大型エンジン用のボア径D＝
130mmクラスの例では、ボア径に対するコンプレッションハイトの比率が、アル
ミピストンの0.65D～0.7Dに対し、鋳鉄ピストンでは0.52D～0.55Dである。これ
により、同じストローク長さでも、ブロック高さを低くすることができるため、エ
ンジン全体のコンパクト化や、重量低減に活用している例もある。

　2ピースピストンは一時注目されたが、最高燃焼圧力の上昇にともない、アルミ
ニウム製スカートの強度および剛性では不十分となり、最近ではあまり使われてい
ない。これを改良し、スカート部も含め、スチール材としたスチール製鍛造一体型
ピストンは、削り出し工法の制約により、コンプレッションハイトを低くすること
ができず、前述のD＝130クラスの例で、0.6Dである。また、ピストン頭部とスカー
ト部を別体で鍛造および削り加工し、摩擦圧接により一体化したのち、仕上げ加工
を行うことでコンプレッションハイトを低減したタイプのピストンも使われ始めている。

ピストンの冷却については、特別なことをしなくてもベアリングからのリークオイルやピストンリング、スカートからの放熱で十分な時代もあったが、高出力化が進んだ今日では、アルミニウムピストンにおいてもシリンダブロックに装着された固定のオイルジェットノズルから、直接ピストンの裏面に向けオイルを噴射し冷却するのが一般的となった。負荷の厳しいものは燃焼室の周囲に塩中子による冷却空洞も設置され、その中にオイルが吹き込まれる。さらに冷却効率を上げるために、中空耐摩環付きピストンなども実用化されている。この場合ほとんどの熱は冷却空洞から放熱され、ピストンリングやスカートからの放熱はほとんどないに等しいものになる。鉄系のピストンは、アルミニウム合金ピストンに比べて熱伝導が劣るため冷却空洞は必須である。鉄系ピストンはその高強度から薄肉化が可能で、熱伝導の悪さほど最高温度が悪化することはない。冷却オイルの量はピストン温度と密接な関係があり、十分な量を噴射することが重要である（図4.3.3）。

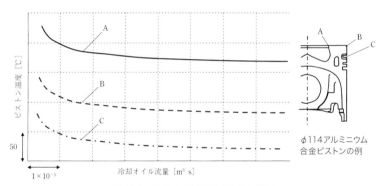

φ114アルミニウム
合金ピストンの例

図4.3.3　冷却オイル流量とピストン温度

　ピストンスカートは前述のとおりスラスト力を支える機能をもつもので、適切な幅および高さを確保しつつ、外周面をバレル形状とすることで、接触面圧を均一化し、焼付きの防止や、摩耗量低減を図っている。また最近では、耐焼付き性の向上や、フリクション低減を狙い、スカート部にグラファイトや2硫化モリブデンなどの固体潤滑剤を含む樹脂コーティングを施したピストンの採用例も増えている。

　ピン穴部はピストンが受けた爆発荷重をピストンピン、コンロッドへと伝達する部分であり、高い応力が発生する。ピン穴内側に向けて径を拡大することで（ピン穴テーパ）、応力集中を低減させて亀裂発生を防止する方法も一般的に用いられるが、さらに燃焼圧力の高いエンジンの場合、アルミ青銅製（JIS ALBC3など）のブッシュをピン穴に圧入し、耐荷重能力を向上させたピストンも使用されている。

ピストンリングは、2本の圧縮リングと1本のオイル掻きリングで構成されるものがほとんどである。ディーゼルエンジンの代表的なリング構成を表4.3.1に示す。もっとも燃焼室よりに設置されるトップリングは、主として燃焼ガスをシールする機能を持ち、ディーゼルエンジンの場合、膠着防止のためキーストン断面をもつものも多い。キーストン角度は6°と15°が標準である。材料は球状黒鉛鋳鉄やステンレス鋼が用いられるが、外周の摺動面には耐摩耗性を確保するため、硬質クロムめっきや窒化処理、さらに窒化クロムをイオンプレーティングで蒸着したものも採用されている。外周摺動面の断面はバレル形状が採用され、表面処理とあいまって燃焼室圧力が背圧となり、作用した場合も十分な耐焼き付き性が確保されるものとなっている。アルミニウム合金ピストンの場合、トップリング溝上下面の摩耗が厳しいためニレジスト鋳鉄を鋳ぐるむ方法が採用される。

表4.3.1　ピストンリングの構成例

	仕様1	仕様2	仕様3
トップリング 面圧0.1〜0.2 [MPa]	キーストン	レクタンギュラ	レクタンギュラ
セカンドリング 面圧0.1〜0.2 [MPa]	レクタンギュラテーパ	レクタンギュラテーパ	レクタンギュラテーパ
オイル掻きリング 面圧1.0〜2.5 [MPa]	2ピース	2ピース	3ピース

　トップリングとオイル掻きリングの間に設置されるセカンドリングは、ガスシール機能とオイルシール機能の双方を分担するが、これらのバランスをうまくとる必要がある。ブローバイガス量とオイル上がり量を両立させるうえで重要な項目となる。バランスは主として、合口隙間やセカンドリングランドの径などで調整される。強度や耐摩耗性などの要求はトップリングに比べて小さく、1ランク下の材料、表面処理が採用される。外周摺動面形状は、オイル掻き作用の期待できるテーパ形状が採用される。
　オイル掻きリングは、シリンダボアに追従しオイルを掻き落す必要があるため、その追従性を確保するため厚さ（半径）方向寸法を抑えて剛性を低減し、コイルエ

キスパンダーで内側から張力をかけた2ピースタイプのものがディーゼルエンジンでは使用される場合が多い。

各ピストンリングのシール機能の指標となる外周摺動面の面圧を表4.3.1に記した。最近の低燃費化要求から、フリクション低減が求められているが、リング当り幅（上下方向寸法）を薄幅化し、張力低減しながら、面圧は確保する設計が盛り込まれる傾向にある。

4.3.2　コンロッド

コンロッドは、ピストンの受ける爆発荷重をクランク軸の回転運動に伝える部品で、連接棒とも称される。高強度と軽量が要求されるため、炭素鋼や合金鋼の鍛造品が使用される。また、幹部は曲げに対する剛性を確保する目的でⅠ型断面が採用されている。

ピストン側を小端部、クランク側を大端部と呼び、それぞれに軸受が装着され、ピストンピン、クランクピンと揺動または摺動する。小端部と大端部の中心間距離と、クランク半径（＝ストロークの2分の1）の比率であるコンロッド比は、大きい方がピストンスラスト力低減に有効であるが、コンロッドの重量増やエンジン自体が高くなるなどの背反がある。一般的には2.8〜4程度が使用される。

小端の形状は、従来は平行形状が主流であったが、最高燃焼圧力の上昇にともない、コンロッドとピストン双方の荷重を受ける面積を増やした、テーパ形状が一般的となっている。さらにステップ形状としたものも、使われ始めている（図4.3.4）。

【小端形状】　　　　　　　　　　【大端分割構造】

  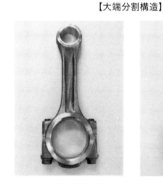 

（a）テーパ形状　　（b）ステップ形状　　（a）水平割コンロッド　　（b）斜め割コンロッド

図4.3.4　コンロッド小端形状と大端分割構造

大端はコンロッドをクランクピンに装着するため、2分割構造となっている。一般的には、コンロッドの軸に直角な面で分割する水平割が基本であるが、ディーゼルで特に最高燃焼圧力が高いものについては、大端軸受の面圧を抑えるため、45度や60度の面で分割する斜め割のものも存在する（図4.3.4（b））。

　分割したロッドとキャップはコンロッドボルトで結合される。以前は、コンロッドボルトの軸部に設けられたインローとロッド、キャップのリーマ穴で位置ずれの防止を図ったものが多かったが、最近は軸受の信頼性を向上させる目的で、ノックピン合わせや、ロッドとキャップを水平面で破断させ、その破断面を位置ずれ防止に使用する破壊割り構造（Fracture split）も開発されている（図4.3.5）。

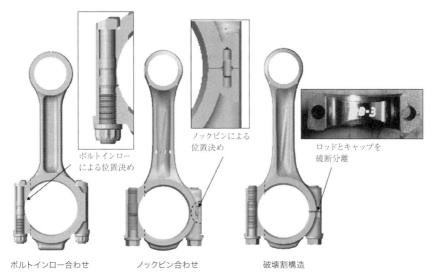

図4.3.5　コンロッドおよびキャップの位置合わせ方式

4.3.3　クランクシャフト

　ピストンの往復運動をコンロッドを介して回転運動に換えるのが、クランクシャフトの役割である。クランクシャフトは燃焼圧力の高いディーゼルエンジンの場合、強度と剛性を考慮し鋼製鍛造成形が一般的に用いられ、鋳鉄製は少ない。高い爆発荷重の作用するターボ付きエンジンにおいては、全て鍛造品が使用される。

　図4.3.6にクランクシャフトの構造と各部の名称を示すが、クランクシャフトは、クランクピン、アーム、クランクジャーナルおよびウエイト部より構成される。ピンおよびジャーナル部は軸受と摺動するため、高周波焼き入れなどにより硬化され

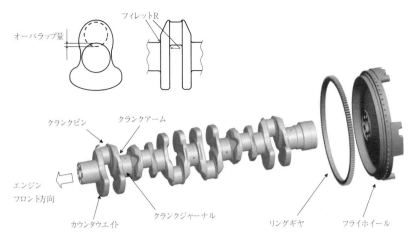

図4.3.6　クランクシャフトの構造と各部の名称（直列6気筒エンジンの例）

るとともに、軸と軸受双方の耐摩耗性を確保するために、Ra0.1程度に研磨、ラッピング加工が施されている。クランクピン径とジャーナル径は、軸受面圧や、ねじり振動抑制のためのねじり剛性、フィレット部の応力低減のためのオーバーラップ量（ピンとジャーナルの重なり合い）を確保しつつ、幾何学的な制約や、クランク自体の質量などを考慮して、寸法を決めている。爆発荷重が作用すると、クランクピン部、ジャーナル部のフィレットには応力集中により大きな応力が発生し、この部分の強度確保として、当該部に圧縮応力を付与し疲労限度応力を引き上げるロール加工や、窒化処理、高周波焼き入れ処理が行われる。図4.3.7にそれぞれの処理の疲労強度向上効果を示す。

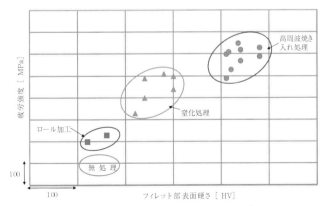

図4.3.7　クランク疲労強度向上効果[1]

クランクシャフトは、コンロッドの大端部やクランクピン部などを含めた回転部質量に作用する遠心力を軽減するためのカウンターウエイト、往復運動部と回転運動部の質量により回転一次の不平衡慣性力や偶力が発生する場合、これらを釣り合わせるためのバランスウエイトが装着されている。一体鍛造成形が普通であるが、特に大きなウエイトが必要な場合、別ピースのウエイトをボルト締めする構造が採用される場合もある。回転一次の不平衡慣性力や偶力が発生しない直列4気筒や6気筒エンジンの場合はカウンターウエイト、直列3気筒・5気筒、V型6気筒・8気筒の場合など回転一次の偶力が発生する場合はバランスウエイト、というように呼び方を使い分ける場合もある。カウンターウエイトは、単に軸受荷重やシリンダブロックへの負荷を低減するのが目的であるから、100％釣り合わせる必要はない。バランスウエイトの場合は、これが釣り合わないとエンジン振動となって現れるため100％の釣り合わせが必要である。直列6気筒、V型8気筒のウエイト配置例を図4.3.8に示す。

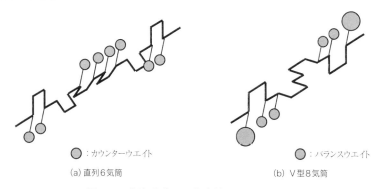

○：カウンターウエイト　　　　○：バランスウエイト

(a) 直列6気筒　　　　　(b) V型8気筒

図4.3.8　直列6気筒、V型8気筒のウエイト配置例

クランクシャフトの先端にはクランクプーリ、後端にはフライホイールがボルトで締結されるが、それぞれの駆動トルクに比べて無視できないねじり振動トルク（4.3.4項参照）が作用するため十分な余裕を持った設計が必要である。例えば、車両用のエンジンの場合は、ミスシフトによるオーバーランでフライホイール取付けボルトが緩むと、ボルトが折損して、自力走行ができなくなってしまう。そのような状況を防ぐため、オーバーラン回転で発生するねじり振動トルクに対し、それを上回る摩擦トルクが得られるような、取付けボルトの軸力、本数、取付けピッチ直径を設定する。

4.3.4　トーショナルダンパ

　クランクシャフトには爆発荷重により、変動トルクが各クランクスローに作用する。これらは多くの次数に分解できるが、その周波数がクランクシャフトのねじり固有振動数と一致すると、ねじり振動の共振が発生して騒音が大きくなる。厳しい場合は、先端・後端締結部やタイミングギヤ、クランクシャフトの機能や寿命に影響を与える場合もあり、振動のコントロールが必要である。

　この共振を抑えるために、クランクシャフト先端部に装着されるのがトーショナルダンパで、ディーゼルエンジンにおいては必須である。ダンパの構造は慣性リングと呼ばれる錘とゴムを使用したばね、またはシリコンオイルを減衰流体としたものがほとんどである。種類としては、ラバーダンパ、ビスカスダンパ、これらを複合させたビスカスラバーダンパがある。それぞれの構造を図4.3.9、効果を図4.3.10に示す。ラバーダンパはクランクシャフトへの取付けプレートと、慣性リングの間をゴムでつないだもので、比較的構造が簡単で安価であるが、全負荷運転時のねじり振動抑制効果は、他の2種類より小さい。ビスカスダンパは取付けプレート側に構成されるハウジングの中に、慣性リングが配置され、隙間にシリコンオイルを充填している。全負荷運転時のねじり振動抑制効果が最も大きいが、無負荷運転時に高回転側でのねじり振動が他の2種類より大きい特徴をもつため、回転の高いエンジンへの適用には注意が必要である。また、重量も大きいため、クランク先端部に作用する曲げ荷重が大きくなるので、締結部だけでなく、クランク本体の強度にも注意が必要である。ビスカスラバーダンパはラバーダンパにシリコンオイルによる減衰機構を追加した構造をもち、能力的には前2種類の中間となる。全負荷及び無負荷高回転時のねじり振動を両立させることが可能だが、構造が複雑なため、比較

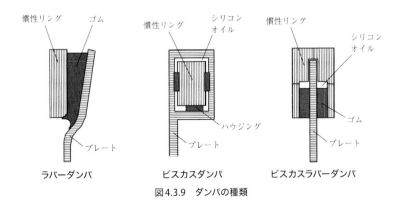

ラバーダンパ　　　　　　ビスカスダンパ　　　　ビスカスラバーダンパ

図4.3.9　ダンパの種類

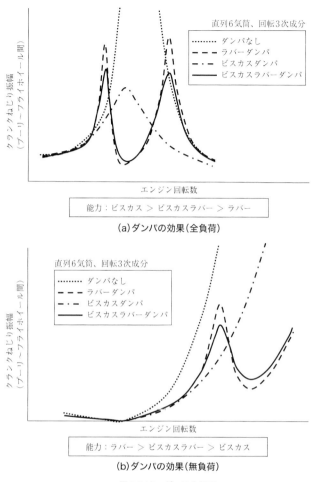

図4.3.10　ダンパの効果

　的高価である。欧米の大型商用車にはビスカスダンパが多く使われているが、日本
では比較的少ない。これは、欧米では多段トランスミッションと低回転型エンジン
の組み合せが主であるのに対し、日本ではエンジンの回転数領域を広くし、トラン
スミッションの変速頻度を少なくすることが好まれたため、前述のように回転の高
いエンジンには不向きなビスカスダンパでは成立しないためである。

4.3.5 軸受[2]

　クランクピン軸受（コンロッドベアリング）、主軸受（メインベアリング）には半割りの平軸受が用いられる。平軸受は、軸の回転と偏心によりくさび油膜、軸の径方向の動きにより絞り油膜を発生し、軸を軸受から浮かせている。しかしながら、起動時や負荷変動時などに軸と軸受が金属接触する場合もあるので、軸と金属凝着しにくい（焼き付きにくい）材料、すなわち、銅、鉛、錫、アルミなどが使用される。ベアリングは図4.3.11に示すように、裏金（バックメタル）と合金（ライニング）と必要に応じて最表面のめっきで構成される。主に小型系の軽負荷のエンジンにおいては、アルミニウム合金をライニングに使用したものもあるが、高負荷エンジンや、長期信頼性が要求される商用の大中型エンジンにおいては、銅や青銅と鉛を組み合せたライニングに鉛系のめっきを施したものが主流である。軸受に必要な特性は、耐焼き付き性、耐摩耗性、耐疲労性である。なお、最近の環境への配慮から、鉛フリーの平軸受の開発も進んできている。

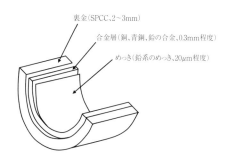

裏金（SPCC、2〜3mm）

合金層（銅、青銅、鉛の合金、0.3mm程度）

めっき（鉛系のめっき、20μm程度）

図4.3.11　軸受の構造（大型エンジンの主軸受とクランクピン軸受の例）[2]

　中・大型エンジンで使われている軸受の一般的な肉厚（裏金・合金・めっきの合計）は2〜3mmで、SPCC材の裏金に、0.3mm程度の合金層をのせ、焼結工法で拡散結合させたバイメタルを用いる。めっき層はごく薄く、20μm程度である。軸と軸受との直径すきま（オイルクリアランス）は、軸の直径dに対し、0.05〜0.08％程度が一般的である。また、軸受には給油のための油穴や内周面の油溝を設ける場合がある。例えば主軸受の上側（アッパメタル）には、幅方向の中央部に180度にわたる油溝が設けられることが多い。油穴や油溝は軸受の有効面積を減少させるため、主荷重を受けるコンロッド軸受上側や、主軸受下側への設置は注意が必要である。

4.3.6 フライホイール

　フライホイールは、クランクシャフトの後端にボルト締結されている合金鋳鉄製の円板である（前掲、図4.3.6）。フライホイールの外周には、エンジン始動用スタータのギヤと噛み合うリングギヤが取り付けられており、始動時には、スタータによりエンジンが起動される。また、近年では、コモンレール式燃料噴射システムの対応のため、フライホイール外周にエンジン回転センサ用のパルサー穴を設けている。

　フライホイールの機能は、クランクシャフトからクラッチへ動力を伝達すること、エンジンの回転力の平均化及び回転変動を低減することである。4サイクルのエンジンでは、クランクシャフトが2回転する間の、1回の燃焼行程で回転力を得ているが、この燃焼行程で発生する回転力は、そのエネルギーをフライホイールに吸収し、燃焼行程以外で、回転力が減少したときには、フライホイールの慣性エネルギーにより、回転力を維持する。これにより、クランクシャフトの回転変動が小さく、円滑な回転状態を持続させることができる。また、フライホイールの慣性エネルギーの大きさを決める因子の1つは、慣性モーメントであるが、これを大きくとると、回転変動は小さくなるが、エンジンの応答性が悪くなるので、両者のバランスが配慮され設計されている。商用大中型エンジンの場合、フライホイールの慣性モーメントは排気量[L]に対し0.1〜0.14L [kg·m²] 程度が一般的である。

4.3.7 タイミングギヤトレーン

　タイミングギヤトレーンは、エンジンの前面あるいは後面に取り付けられ、クランクギヤ、アイドルギヤ、カムシャフトギヤ、噴射ポンプギヤ、オイルポンプギヤなどで構成される、一連のギヤ（歯車）の総称である。

　このギヤトレーンの機能は、クランクシャフトの回転を、ギヤの伝達を使い、バルブ開閉タイミングと同期するよう、カムシャフトギヤを回転させるものである。乗用車では、タイミングチェーンやタイミングベルトを使うのが一般的であるが、商用の大中型ディーゼルエンジンでは、寿命などの耐久性面や伝達の信頼性面（位相ズレが小さい）から、タイミングギヤトレーンを使用するのが一般的となっている。近年、タイミングチェーンの信頼性向上にともない、一部の商用小型ディーゼルではチェーンを使用している例もある。

　また、タイミングギヤトレーンは、従来はエンジン前方に配置されるものが多かったが、商用の大中型ディーゼルエンジンでは、後述のような利点から後面に配置す

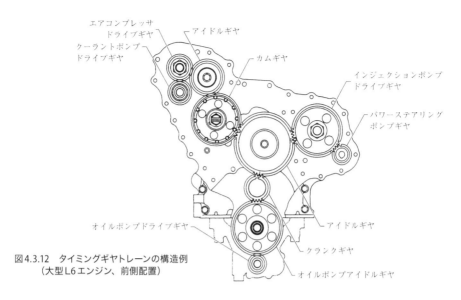

エアコンプレッサ
ドライブギヤ

クーラントポンプ
ドライブギヤ

アイドルギヤ

カムギヤ

インジェクションポンプ
ドライブギヤ

パワーステアリング
ポンプギヤ

オイルポンプドライブギヤ

アイドルギヤ

クランクギヤ

オイルポンプアイドルギヤ

図4.3.12　タイミングギヤトレーンの構造例
　　　　　（大型L6エンジン、前側配置）

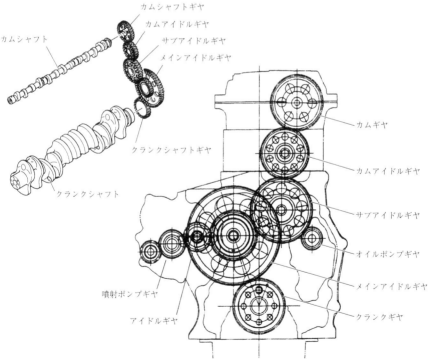

カムシャフトギヤ

カムアイドルギヤ

サブアイドルギヤ

メインアイドルギヤ

カムシャフト

クランクシャフトギヤ

クランクシャフト

カムギヤ

カムアイドルギヤ

サブアイドルギヤ

オイルポンプギヤ

メインアイドルギヤ

クランクギヤ

噴射ポンプギヤ

アイドルギヤ

図4.3.13　タイミングギヤトレーンの構造例（中型エンジン、後側配置）

るものが主流となっている。エンジン前面のギヤトレーンの例を図4.3.12、後面の例を図4.3.13に示す。ギヤトレーンの振動や騒音の加振源となる、クランクの回転変位（ねじり振動）は、慣性モーメントの大きいフライホイールに近いエンジン後ろ側の方が前側よりも小さいため、エンジン後方にギヤトレーンをした方が、振動や騒音面で有利となる。また、前側では、ギヤカバーが必要となるが、後方に配置することで、フライホイールハウジングと一体化することにより、全長短縮と軽量化が図ることができる。

引用文献

1)　住友金属工業、資料提供
2)　大同メタル工業：自動車エンジン用すべり軸受技術データブック

4.4　動弁系

　動弁系とは、クランクシャフトの回転、すなわちピストンの動きに同期させ、吸気・排気のバルブを開閉する機構を総称するものである。一般的には、クランクシャフトからタイミングギヤまたはタイミングチェーンやベルトなどで駆動されるカムシャフトと、そのカム山に追従し回転変位をリフトに変換するカムフォロア、プッシュロッド、ロッカアーム、バルブ、バルブを閉じる側に力を作用させるバルブスプリングなどで構成される（図4.4.1）。

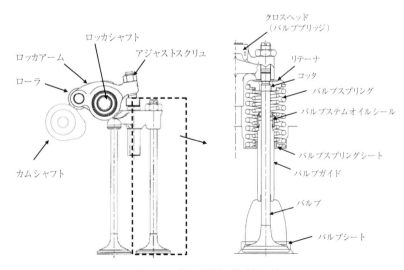

図4.4.1　動弁系部品の構成（OHC）

動弁系は、エンジンの進化とともにサイドバルブ（SV）からオーバーヘッドバルブ（OHV）、オーバーヘッドカムシャフト（OHC）、ダブルオーバーヘッドカムシャフト（DOHC）へと移行してきている（図4.4.2）。SVからOHVに移ったのは熱効率改善、圧縮比増大が主目的であり、圧縮着火に高圧縮比が必要なディーゼルエンジンにおいては最初からOHVが採用された。その後の移行については、乗用車用ガソリンエンジンと商用車用ディーゼルエンジンでは状況が一部異なる。乗用車のバルブシステムが高回転化に対応することを主眼としていることに対し、商用車用ディーゼルにおいては主に軽量化、コンパクト化を狙いとしているものが多い。これは、OHVに必要なプッシュロッドハウジング部が、OHC化することによりシリンダブロック、シリンダヘッドから除去できるためである。

　DOHCについても、バルブの直押しが可能となるため高回転化・高出力化が容易である、可変動弁機構との相性が良い、などの理由で乗用車用ガソリンエンジンでは主流となっている。その一方で、商用車用ディーゼルではDOHCよりもOHCの方が部品点数が少なく、コスト・質量面で有利であることや、幾何学的にもOHCの方がコンパクトに収まることから、OHCの方が現在も主流である。

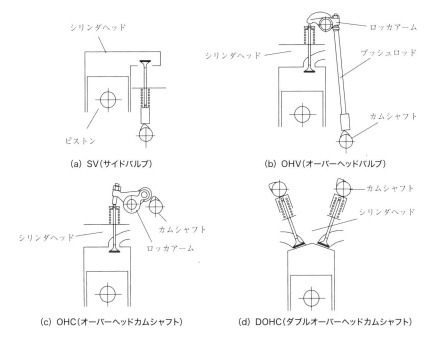

(a) SV（サイドバルブ）　　　　　　(b) OHV（オーバーヘッドバルブ）

(c) OHC（オーバーヘッドカムシャフト）　　(d) DOHC（ダブルオーバーヘッドカムシャフト）

図4.4.2　動弁系構造の種類

動弁系に求められる機能は、カム山（カムプロファイル）に正確にバルブを追従させることである。これは、図4.4.3に示すバネマスモデルで、カムフォロア部に入力した変位を先端のバルブにいかに正確に伝達するかということで、剛性が高く軽量であることが必要なことは言うまでもない。これらが不足すると、バルブのリフトがカムリフトに従わなくなるジャンプや、これにより誘発されるバウンスの発生により、バルブ系に重大な障害を発生させることがある（図4.4.4）。また、接触各部においては大きな局部面圧を受けながら摺動するため、潤滑面、材料、熱処理、表面処理などに十分な工夫が必要である。

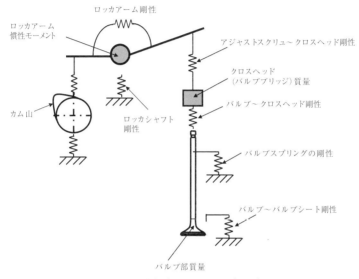

図4.4.3　動弁系バネマスモデル（OHC）

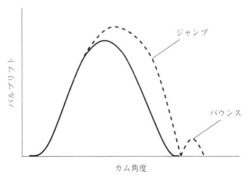

図4.4.4　ジャンプとバウンス

ディーゼルエンジンの動弁系は、高出力化と1970年代から始まった排出ガス浄化対策とともに変化してきた。1980年代以前は、１シリンダ当たり２バルブの自然吸気式、1990年代は４バルブの自然吸気式、2000年代に入ると４バルブのインタークーラ付きターボ過給方式のエンジンが主流となり、現在に至っている。

　高出力と排出ガスの低減を両立させるためには、より多くの空気を吸入するのが効果的である。自然吸気式の場合、適正なバルブタイミングの採用、バルブ径の拡大、高リフト化、４バルブ化と進んできた。これが現在のインタークーラ付きターボ過給エンジンにおいては、20MPa前後にも達する高い最高燃焼圧力に対応するため、バルブ径も大きいだけではなくバルブ強度、摩耗なども考慮した適正な径の設計へと変化してきている。

4.4.1　バルブ

　各シリンダには、吸気・排気のバルブが各１個（２バルブ式）または各２個（４バルブ式）装着される。ディーゼルエンジンにおいては、ガソリンエンジンに多少遅れて1990年代以降に４バルブ式が普及し、現在ではほとんどが排出ガスの低減、出力面、燃費面で有利なこの方式となっている。

　吸気バルブにおいては、吸気ポートから流入する空気をいかに少ない抵抗で燃焼室に流すかという機能、排気バルブにおいては、燃焼室側から排気ポートへ燃焼ガスを流出させるという機能のほか、燃焼室側から受ける燃焼圧力に耐えるとともに、これによる変形や着座時の変形を抑えてシート部の摩耗を抑えることも重要である。これらに加えて、とくに排気バルブは高温の排気ガスにさらされ、部分的に700℃を超える温度にもなるため、高温時の材料の強度低下分も含めて形状を決める必要がある。各部の名称は図4.4.5に示すとおりであるが、吸気バルブのフェース角度は、シート部の摩耗と、吸入効率から決められ、一般的に30°である。また、排気バルブのフェース角度は強度面から決められ、45°が一般的であるが、とくにシート部の摩耗が厳しいエンジンでは吸気バルブと同様の30°を選択した排気バルブもある。

　バルブの傘径は４バルブ式の場合、ボア径Dに対し、吸気バルブが0.3〜0.35D、排気バルブが0.28〜0.33D、また軸部径は0.06〜0.08Dが一般的である。

　吸気バルブには、マルテンサイト系合金鋼、排気バルブにはオーステナイト系合金鋼が使用されるのが一般的である。また、負荷の厳しいエンジンの排気バルブにおいては、ニッケル系やコバルト系の合金に加え、シーティング面に耐摩耗性の高いステライト合金やトリバロイ合金などの盛金を施すものもある（図4.4.5）。

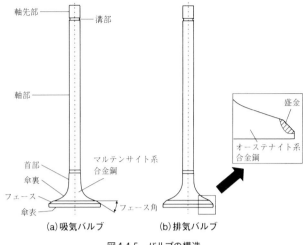

図4.4.5　バルブの構造

4.4.2　バルブスプリング

　バルブスプリングは、基本的にはバルブのリフトを戻すために装着されるものであるが、リフトさせるのに必要なエネルギーはスプリングで蓄えられ、これをバルブが閉じるときにカムに戻す、ロスの少ない機構である。バルブスプリングはコンパクトで大きな変位に耐える必要があり、高い剪断応力が作用するため、強度の高いシリコンクロム鋼が一般的に採用される。また、いっそうの強度向上のため、窒化処理なども採用される場合もある。

　バルブスプリングのプリロードが小さいと、バルブは容易にジャンプやバウンスを発生するため、エンジンの許容回転数に見合ったプリロードを確保することが重要である。また、高回転エンジンの場合、バルブスプリングが共振するサージングにも注意が必要である。サージングを起こすと、変動応力が急増しバルブスプリングの折損（疲労破壊）に至る場合もある。共振を避けるため、スプリングの線間ピッチを大きい部分（疎巻部）と小さい部分（密巻部）の組合せとしたタイプのバルブスプリングも用いられている。さらに、商用車用ディーゼルエンジンの場合は、これに加えて排気ブレーキを考慮する必要がある。排気ブレーキは、スロットルロスがなく回転数の低いディーゼルエンジンのエンジンブレーキ力を確保する目的で装着されるものであるが、車両総重量に対してエンジン排気量が小さい商用車では必須のアイテムとなる場合が多い。

排気ブレーキは、バタフライバルブやスライド式バルブを排気マニホールドの下流側に設置し、それを閉じることにより背圧を上げてエンジンブレーキ力を増大させる機構で、図4.4.6のPV線図のような効果がある。大型トラックでは車両総重量（G.V.W.）25トンのトラックに対し、エンジンは排気量13Lクラスのターボインタークーラ付ディーゼルエンジンを搭載するのが一般的で、この場合車両重量当たりのエンジン排気量は0.5L／トン程度であり、普通乗用車に軽自動車のエンジンを積んでいる勘定にしかならない。

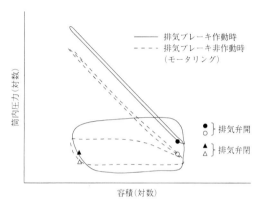

図4.4.6　排気ブレーキの作動原理

　また、エンジンブレーキの消費馬力のイメージで比較すれば、ガソリンエンジンの最高回転数が6000rpmとすれば大型エンジンのそれは2000rpm程度であり、同一のブレーキトルクを発生したとしても馬力的には約1／3である。さらに、ディーゼルエンジンの場合は、負荷制御をガソリンエンジンと異なりスロットルバルブによる吸気絞りではなく、空気を十分に吸入したうえで燃料噴射量の調整で行っているため、吸気行程中の負圧によるマイナス仕事も期待できない。これはディーゼルエンジンの部分負荷の燃費が良い一因ともなっているが、それが災いしてエンジンブレーキが効きにくいことにつながっている。

　これらを総合すると、アクセルペダルを放しただけではエンジンブレーキがほとんど期待できない。このため、前掲図4.4.6に示したとおり、排気ブレーキバルブにより排気マニホールドの内圧を300～400kPa程度まで上昇させ、排気行程のマイナス仕事を増大させることにより、ガソリン乗用車に近いエンジンブレーキ性能の確保が必要となる。このとき、排気マニホールドの平衡圧力を決定するのは、排気側のバルブスプリングのセット荷重である。概算では、マニホールド内圧に排気

バルブ面積を乗じた荷重がスプリングのセット荷重を超えると、排気バルブが開き、それ以上マニホールド内圧は上がらなくなる。実際には、マニホールド内圧は動圧であるため、平均圧力より低いところでバルブは開くことになるが、いずれにしても高いバルブスプリングのセット荷重が要求されるためバルブスプリングの設計や、バルブスプリングセット荷重の影響をまともに受ける低回転域のカム、フォロア間の潤滑は苦労する部分である。

4.4.3　ロッカアーム

　ロッカアームは、SVではカムリフトとバルブリフトの方向が同じであったため不要であったが、OHVの場合は上向きのカムリフト変位を下向きのバルブリフトに変換する必要があるため装着されることとなった。現在では、もうひとつの機能であるバルブリフトとカムリフトの比率であるロッカ比により、直打式よりも、大きなバルブリフトを得ることが可能なため、OHCやDOHCの動弁系においても使用されるケースが多い（表4.4.1）。近年のエンジンにおいて、直打式フォロアはバルブリフトの問題に加えて、摩擦の少ないローラフォロア化が困難なため減少の傾向にあり、ロッカアームやレバーを使用する例も多い。

表4.4.1　直打式とロッカ式によるバルブリフトの違い

構造	直打式	ロッカ式
カムリフト(比率)	1	1
バルブリフト(比率)	1	a/b(ロッカ比)

4.4.4 カムシャフト

　カムシャフトは、カム山の回転によりフォロアをリフトさせる機能を持つ。カム山とフォロアの間の潤滑を含む接触は、滑りタイプ、ローラを使用した転がりタイプの、いずれを用いても条件は厳しくなる。カム山回りのEHL（Elastohydrodynamic Lubrication：弾性流体潤滑）油膜厚さ、接触応力の計算結果の一例を図4.4.7に示す。$1\mu\mathrm{m}$以下の油膜厚さ、1GPaを超える接触圧力が一般的である。

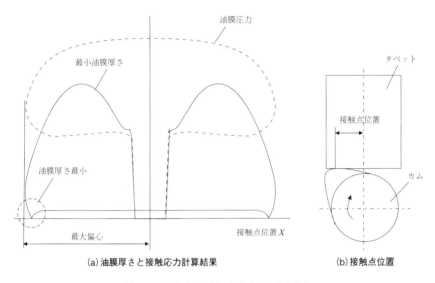

（a）油膜厚さと接触応力計算結果　　　　　　　　（b）接触点位置

図4.4.7　EHL油膜厚さ、接触応力の計算結果

　したがって、カム山部においては、高強度と高い耐摩耗性が得られる材料と表面処理の組み合わせが用いられる。一体型カムでは、一部の軽負荷のものにおいてチル鋳鉄が用いられるものもあるが、通常は炭素鋼や合金鋼のカム山部に高周波焼き入れをしたものが使用される。近年は、カム山部のみに高強度材料を使用した組み立て式カムも使用される。この場合、カム山のみ浸炭焼き入れをしたピースを軸に圧入したものや、特殊焼結合金を鋼製軸に拡散接合したものなどがある。

カム山でもうひとつ重要なのは、カムプロファイルである。カムプロファイルにより動弁系の振動と挙動は大きく影響され、回転限界が決定付けられる。SVのころは、三円弧カムと称されるベース円とノーズ円を円弧で結んだものが用いられたが、その後、動弁系剛性の低いOHVの採用や、高回転・高バルブリフト化に対応するため、さまざまなカムプロファイルが考案された。表4.4.2に概要を示すが、三円弧カムのあとはバルブリフトを定義して、それと動弁系の幾何学からカムリフトを作り込む方式に変更されている。

表4.4.2　カムプロフィル作成手法の種類

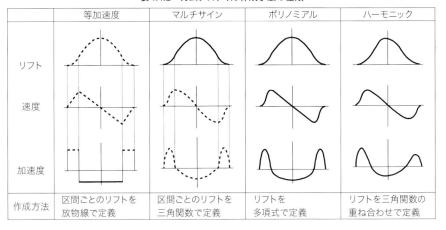

	等加速度	マルチサイン	ポリノミアル	ハーモニック
リフト				
速度				
加速度				
作成方法	区間ごとのリフトを放物線で定義	区間ごとのリフトを三角関数で定義	リフトを多項式で定義	リフトを三角関数の重ね合わせで定義

　等加速度カムは、理論的には最小の加速度で最大のリフトが得られるため、カムに加わる荷重は低く抑えられる理屈ではあるが、加速度が不連続でバルブ挙動には不利であった。その後、加速度の不連続を改善するためマルチサインカム、さらに加速度の1階上の微分項ジャークまで連続にしたポリノミアル（多項式）カム、それに動弁系のたわみを考慮したポリダインカムなどが考案された。しかし、いずれもバルブの運動力学との関連は薄く、近年はバルブの加速度を低次のsin・cosカーブの合成で表現した、ハーモニックカムや特殊な関数で表現したものなどに移行し、より限界の高いものとなっている。

4.5 吸気系

4.5.1 吸気系

　吸気系構成部品の配置は、エンジンの出力や燃費の向上を図るうえで非常に重要である。ターボインタークーラ付きエンジン搭載車の吸気系基本レイアウトを、図4.5.1に示す。外気は、エアインテークダクトに設置された吸気口から吸い込まれ、ダクト内で雨水などを分離、除去した後、エアクリーナに導かれる。外気中に含まれるダストはエアクリーナ内で濾過され、清浄な空気となってエンジンに供給される。

　ターボインタークーラ付きエンジンでは、ターボチャージャにより過給されて高温高圧となった空気はインタークーラで冷却した後、吸気マニホールドを通り燃焼室に給気される。近年では、排出ガス低減のため、EGRシステムや空気量を測定、調整するエアフローセンサや吸気スロットルなども装着される。また、大気汚染の防止のため、燃焼室から流出するブローバイガス(未燃焼ガス)を大気放出せずに、吸気負圧を利用し再燃焼させるクローズドベンチレータなども装着される。

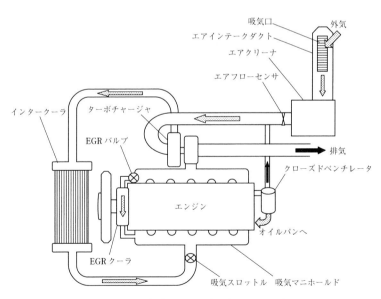

図4.5.1　吸気系レイアウト(大型トラックの例)

4.5.2 エアインテークダクト

　外気の温度により近く、より清浄な空気を取り入れるため、中・大型のキャブオーバートラックでは一般的にキャビン後方に煙突状に設置するシュノーケルタイプのインテークダクトが用いられる（図4.5.2(a)）。また、小型トラックではエンジンルーム内に設置し、車両前方のフロントグリル部から外気を取り入れるタイプが多い。

　エアインテークダクトには、吸気抵抗を上昇させることなく雨や雪などの異物の侵入を防止、除去する機能が要求され、吸気口の配置や開口面積が重要となる。インテークダクト内には雨水などを分離、排出する構造を取り入れている（図4.5.2(b)）。また、エンジン運転の際に生じる吸気脈動による吸気騒音を低減するために、消音器を内蔵するものもある。

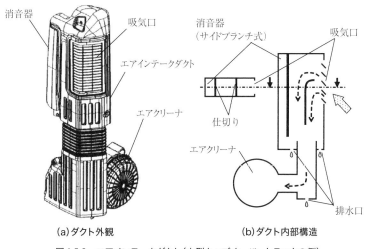

(a)ダクト外観　　　　　　　(b)ダクト内部構造

図4.5.2　エアインテークダクト（大型キャブオーバートラックの例）

4.5.3 エアクリーナ

　道路上に浮遊するダストには、自然界に塵として存在するロードダストと、車両の排出ガス中に含まれるカーボンダストなどがある。ロードダストの主成分は二酸化珪素（SiO_2）、酸化アルミニウム（Al_2O_3）、酸化鉄（Fe_2O_3）などである。近年では、道路の舗装率が向上したことにより、高速道路や市街地走行ではカーボンダストがそのほとんどを占めるようになってきている。

エアクリーナは、吸入空気中に含まれるこれらのダストをエレメントによって分離、濾過し清浄な空気をエンジンに供給する機能を有する。エアクリーナの構造を図4.5.3に示す。エアクリーナケースの容積は、拡張型消音器として吸気騒音を低減する機能も有する。また、ケースにはエアクリーナ内で分離した水やダストを、吸気脈動の圧力変動を利用し自動排出することができるダストアンローダバルブなども取り付けられている。

　エアクリーナのダスト捕捉性能は、エンジンの信頼性・耐久性面において非常に重要である。このため、用途に応じてエアクリーナ方式を選定する必要がある（表4.5.1）。エアクリーナのエレメントには乾式濾紙が一般的に用いられるが、カーボンダストの捕捉を主体としたウェットタイプのエレメントも用いられる。これは、乾式濾紙にオイルを含浸させたものでビスカスタイプとも呼ばれている。

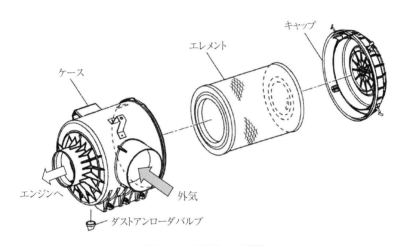

図4.5.3　エアクリーナの構造

表4.5.1　エアクリーナ方式

方式	濾過材	清浄効率※	捕捉対象	道路環境	用途
乾式 ドライ	濾紙	約99〜99.9%	ロードダスト主体 (0.1〜10μm)	未舗装路主体 (多塵環境)	建築系 ダンプ・ミキサー
	濾紙 (表層：ナノ・ ファイバー)	約99〜99.9%	カーボンダスト主体 (0.2〜1.2μm)	舗装路主体 (市街地・高速道)	カーゴ系トラック トラクタ、バス
湿式 ウエット	濾紙 (オイル含浸)	約95〜99%	カーボンダスト主体 (0.2〜1.2μm)	舗装路主体 (市街地・高速道)	カーゴ系トラック トラクタ、バス

※ JIS D 1612　自動車用エアクリーナ試験方法による 初期〜フルライフの効率

ウェットエレメントは、含浸したオイルにダストを付着させ捕捉する。捕捉したダストは湿潤、積層しながらカステラ状のケーキ層を形成し、濾過体として機能する。このため、乾式濾紙に対して目詰まりしにくく、吸気抵抗の上昇が緩やかなため、長期間使用することができる（図4.5.4）。

　しかし、近年、排出ガス規制強化に伴ない、エアフローセンサ（4.5.6項参照）を装着した車両では、濾紙に含浸した微量のオイル分がエレメント下流に配置したエアフローセンサの検出精度に悪影響を及ぼすことがあるため、濾紙表面に極細繊維層（ナノ・ファイバー）を併用することで、ウエットエレメント同等のカーボンダスト捕捉性能とロバスト性向上を図ったオイルフリータイプのドライエレメントが用いられている。

　エアクリーナ性能の代表特性値としては通気抵抗、エレメント清浄効率や、ダスト保持量（DHC；Dust Holding Capacity）などがあげられる。一般的に、ダスト保持量はエレメント寿命の目安として用いられる。

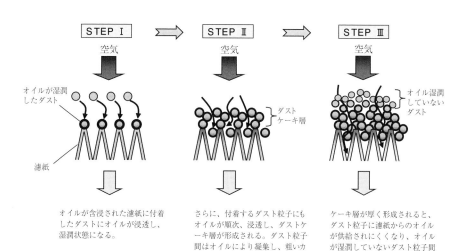

図4.5.4　ウェットエレメントのダスト捕捉メカニズム

4.5.4 インタークーラ

　ターボチャージャで過給された吸入空気は、高温高圧となる。このままではシリンダ内への給気充填効率が低下し、エンジンの出力低下や排出ガスの悪化をまねいたり、燃焼室の熱負荷が増加し耐久性に悪影響を与える。

　このため、吸入空気温度を下げるためにインタークーラが用いられる。インタークーラの冷却方式には空冷式と水冷式があり、車両ではラジエータ前方に配置し、クーリングファンで冷却する空冷式が一般的に用いられる。水冷式はコンパクトでエンジン搭載が可能であるが、エンジンの冷却水を用いる場合は空冷式に対して冷却効率が劣るため、海水を冷却に利用する船舶用エンジンなどに用いられる。

　インタークーラ性能は過給側空気温度と冷却側外気温度から温度効率として表される（式4.5.1）。空冷式インタークーラでは一般的にアルミ材が用いられる。冷却効率向上と生産性向上に配慮し、チューブやフィンの形状にいろいろと工夫が施されている（図4.5.5）。

式4.5.1　インタークーラ温度効率

$$温度効率 = \frac{Tg - Tg'}{Tg - Ta} \times 100 \%$$

Tg　インタークーラ入口温度（℃）
Tg'　インタークーラ出口温度（℃）
Ta　外気温度（℃）

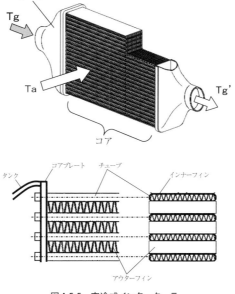

図4.5.5　空冷式インタークーラ

4.5.5 吸気マニホールド

　吸気マニホールドの形状は、吸入空気を各燃焼室に分配するうえで重要である。吸気マニホールド内には吸気弁の開閉により吸気脈動が発生するが、吸入空気の慣性や共鳴を積極的に利用するため慣性過給を用いる場合もある（30ページ、図2.2.15参照）。

　慣性過給とは、吸気管の径と長さの選定により吸気管内に生じる圧力波を吸気弁が閉じる直前に同調させ、給気充填効率を向上させる手法である。

　近年では、コモンレール式燃料噴射装置や可変ノズル付きターボチャージャなどの採用により、エンジンの低回転領域から高過給が可能となってきたことにより慣性過給が採用されない傾向にある。また、排出ガス低減のため、EGRが用いられるようになってきており、各シリンダにEGRガスを均等に分配することが要求されてきている。

4.5.6 エアフローセンサ

　エアフローセンサは、エンジンに供給する空気の流量を測定し、エンジンの燃焼を最適にコントロールするために使用され、現在は熱線式が主流となっている（図4.5.6）。エアフローセンサは、エアクリーナ下流の比較的空気流れが安定した部分に搭載される（図4.5.7）。曲がりパイプ部近傍に搭載する場合には、整流格子などを用いて空気流れの安定化を図る必要がある。また、センサ特性が汚れ等により経時変化するため定期的に点検する必要がある。

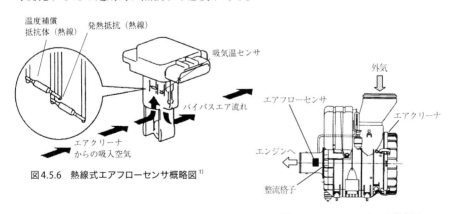

図4.5.6　熱線式エアフローセンサ概略図[1]

図4.5.7　エアフローセンサ搭載例

4.5.7　吸気スロットル

　吸気スロットルは、インテークマニホールド手前に配置し（図4.5.8）、スロットル開度をエンジンの状態や冷却水温度および大気圧に応じて調節し、排出ガスの低減に必要な最適空気量を燃焼室に供給する機能を有する（図4.5.9）。また、空気量を調節することによりDPFなどの後処理装置に必要な排気温度の昇温も行うことができる。

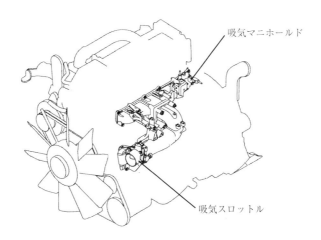

吸気マニホールド

吸気スロットル

図4.5.8　吸気スロットル搭載事例（日野自動車、J07Eエンジン）

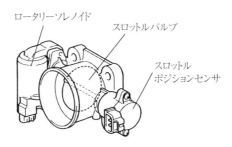

ロータリーソレノイド

スロットルバルブ

スロットルポジションセンサ

図4.5.9　吸気スロットル詳細

4.5.8　クローズドベンチレータ

　排出ガス規制強化に伴い平成15・16年（新短期）排出ガス規制では「ブローバイガス規制」が新たに導入され従来、大気放出していたブローバイガスを吸気系に再循環させるクローズドベンチレータ等の還元装置の搭載が義務付けられた。

　クローズドベンチレータの機能はエンジン燃焼室から流出したブローバイガス中に含まれるオイルや未燃焼ガスのミスト成分を旋回流によって遠心分離するとともに濾網で衝突分離・液化させたのちオイルパンに戻すことにある。オイルミストの分離効率向上を図るため、本体内部にエレメントを装着するものが一般的である（図4.5.10）。

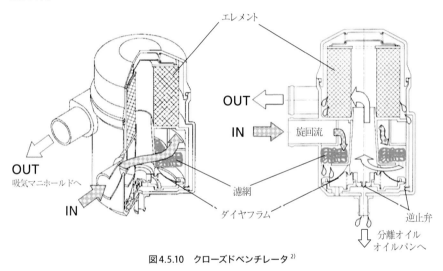

図4.5.10　クローズドベンチレータ[2]

引用文献
1）　デンソーサービス技報、Vol. 455、01-8、2001
2）　東京濾器クローズドベンチレータの紹介資料

4.6 排気系

　排気系は主に、エンジン本体からの排出ガスをまとめるエキゾーストマニホールド、排気エネルギーを回収し吸入空気量を増大させるターボチャージャ、排出ガスの一部を吸気に還流させるためのEGRバルブとそのEGRガスを冷却するためのEGRクーラ、排気管の途中にバルブを設けてブレーキ力を発生させるエキゾーストブレーキ、および排気音を消音させるマフラ等で構成される。

　近年、これらの排気系部品は、排出ガス規制対応や過給エンジンの進展に伴い、大きく変化してきている。また、2段過給の場合は、2個のターボを搭載することによる荷重や熱膨張等の影響に十分配慮してエキゾーストマニホールドを設計する必要がある。（図2.2.25、図2.2.28参照）

4.6.1 エキゾーストマニホールド

　エキゾーストマニホールドは、シリンダヘッドの各排気ポートからの排気を集合させ、排気管またはターボチャージャへ導く部品である。要求される機能として、エンジンの排気効率を高めるため、極力曲がりを少なくするとともに、内面粗さを小さくして、排気圧力損失を少なくする必要がある。また、各排気ポートからの排気圧力波の干渉防止を目的に、着火順序を考慮して、各排気ポートをグループ化したり、集合部までの長さと断面を最適化する必要がある。さらに、ターボチャージャ搭載エンジンは、排気脈動エネルギーを効果的にターボチャージャに伝えるため、自然吸気エンジンに対してマニホールド内径が一般的には小さく、断面積で10〜30％程度小さい（例：排気量13Lクラスで内径$\phi 55 \rightarrow \phi 46$）。

　エキゾーストマニホールドに対するもう一つの要求機能として、信頼性と耐久性があげられる。エキゾーストマニホールド内は、自然吸気エンジンで700℃前後、

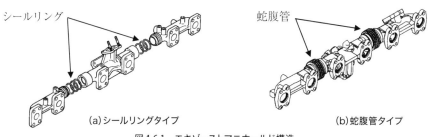

シールリング　　　　　　　　　　　　　　　　　蛇腹管

(a)シールリングタイプ　　　　　　　　　　　(b)蛇腹管タイプ

図4.6.1　エキゾーストマニホールド構造

過給エンジンで650℃前後の高温ガスが流れるため、ダクタイル鋳鉄などの高強度鋳鉄が使用されるのが一般的である。ただし、鋳鉄は熱膨張が大きく熱応力も高くなることから、シールリングを介した分割構造としたり（図4.6.1(a)）、シリンダヘッドの取り付けボルト穴を大きくし、かつ、高カラーを使用することで、伸びを吸収できる構造などが採用されている。

　近年、熱膨張対応に加えて、排気管からのガス洩れをより確実に防止するため、ステンレス製蛇腹管をマニホールドに溶接する例が増えている。（図4.6.1(b)）

4.6.2　ターボチャージャ

　ディーゼルエンジンで一般的に使用される過給機構としては、排気タービン駆動式過給機（ターボチャージャ）が多く、ウエストゲート式ターボチャージャや可変容量式ターボチャージャなどがある（その他の過給機構については、2.2.4項を参照）。これは排気エネルギーを、排気タービンを利用して回収し、同軸のインペラによって吸入空気を圧縮させてエンジンに供給し、シリンダ内の吸入空気量を増大させるものである。従来は、シリンダ内への空気を制御する目的で、過給圧が設定値以上にならないようにウエストゲートを装着する方式が主流であったが、近年は可変容量式が多くなってきている。

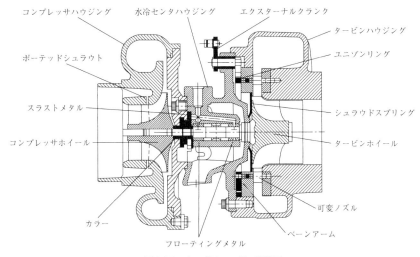

図4.6.2　ターボチャージャ構造図

図4.6.2にターボチャージャの構造図を示す。ターボチャージャは、主に排出ガスの通路および排気エネルギーを回収するためのタービンホイールを有するタービン部分と、圧縮空気をエンジンに送り込むコンプレッサハウジングおよびタービンホイールと同軸上のコンプレッサインペラを有する部分、タービンホイールとコンプレッサインペラを継ぐシャフトを支持するセンターハウジング部分、および過給圧を制御する部分に大別される。

　コンプレッサインペラの材料は、アルミ精密鋳造製が主流であり、圧縮熱と高回転によるクリープ現象と回転変動による疲労が加わることから年々改良されているが、鍛造削り出しによる疲労強度アップも図られている。なお、タービンホイールは、耐熱合金であるインコネルが一般的である。

　また、タービンは10万回転以上の高速回転をするため、タービンホイールとコンプレッサインペラを継ぐシャフト部の潤滑油とベアリングを保護する目的で、センターハウジングを冷却する例もある。

　本冷却により、走行後直ちにエンジンを停止させた場合でも冷却水が自然循環するため、シャフト部が高温となるヒート・ソーク・バック現象を防止することができ、また、アイドリングストップも可能となった。

　可変容量式ターボチャージャの外観図を図4.6.3に示す。可変容量ターボチャージャは、排気タービンの外周部に複数のノズルを配し可動式とすることで、排気タービン入り口面積を可変とする方式であり、排気エネルギーが必要な時にノズルを絞り、排気速度を高めてタービンホイールの回転を上げ、吸気圧力を上げることがで

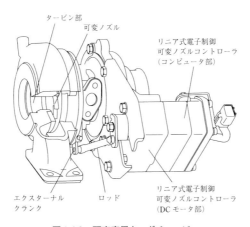

タービン部
可変ノズル
リニア式電子制御
可変ノズルコントローラ
（コンピュータ部）

エクスターナル
クランク
ロッド
リニア式電子制御
可変ノズルコントローラ
（DCモータ部）

図4.6.3　可変容量ターボチャージャ

きる。なお、過給圧を制御する方式としては、正圧多段方式、DCモータ駆動方式等がある。

可変容量式ターボの作動原理は、図4.6.4に示すように、排気タービンの外周部に設置したユニゾンリングを、アクチュエータに接続させたモータロッドで回転

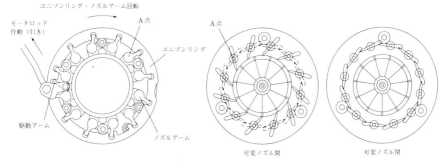

図4.6.4　可変容量の作動原理

せることで、ノズルアームに接続されたノズルが開閉する。

4.6.3　EGRバルブ

排出ガスの一部を吸気に戻し燃焼室へ導いて燃焼を緩慢にし、燃焼温度を下げることで、排気中の窒素酸化物（NOx）を低減させる方法をEGR（Exhaust Gas Recirculation）といい、このEGR量を制御するためにEGRバルブを使用する。図4.6.5（b）にEGRシステムを示す。

EGRバルブの構造には、ダブルポペット弁式（図4.6.5（a））、バタフライバルブ式（図4.6.6）等があり、バルブの駆動方式として、駆動力小で少流量だが動作速度が速いリニアソレノイド式と、駆動力大で大流量に向くDCモータ式がある。

EGRバルブの作動原理は、エンジンの回転数と負荷に対し、エンジンECUからの信号により無段階にバルブを開閉させ、必要排出ガス量を吸気に還元させる。

EGRガス温度が高い場合、高温酸化による腐食とバルブの耐久性を考慮した材料・表面処理等を選ぶとともに、熱影響を受けにくい位置にアクチェータを設置する等の考慮が必要である。また、図4.6.5（b）に示すように、EGRクーラの後方にEGRバルブを設置する場合は、腐食性の強い水分が凝縮してハウジングを腐食させたり、カーボンデポジットが付着してバルブおよび通路に堆積し、通路を閉塞し

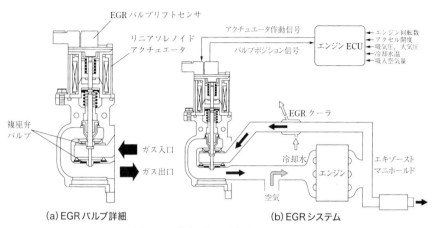

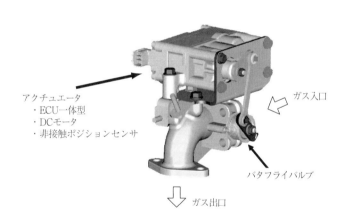

図4.6.5　ダブルポペット弁式EGRバルブ

（a）EGRバルブ詳細　　　（b）EGRシステム

図4.6.6　バタフライバルブ式EGRバルブ

たりすることがあるため、特にバルブ・シート材料をステンレス製にしている。

4.6.4 EGRクーラ

EGRガス温度を下げ、さらなるNOx低減を図るために、エンジン冷却水を使って
EGRガスを冷却する装置がEGRクーラである。方式としては、主に多管式（図4.6.7

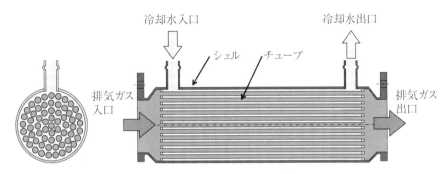

図4.6.7(a)　多管式EGRクーラ断面図

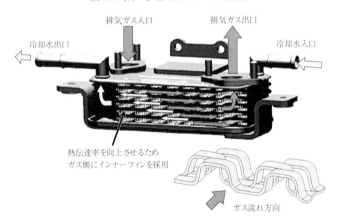

図4.6.7(b)　プレート式EGRクーラ断面図

表4.6.1　EGRクーラ構造と性能比較

	温度効率	性能劣化	圧力損失	コスト	コメント
多管式	△	○	○	○	・煤付着による性能劣化に有利 ・圧損が小さく大量EGRに有利
プレート式	○	△	△	△	・煤付着による性能劣化が問題 ・圧損が大きく大量EGRに不利

○：優れる　△：劣る

(a))とプレート式があり(図4.6.7(b))、目標とするEGRガスの温度低減量によって、チューブサイズと長さおよび冷却流量が決定される。

EGRクーラにより冷却された排出ガスの温度が一定温度以下になると、チューブ内に腐食性の強い水分が凝縮して析出する場合があるため、チューブの材質には耐腐食性の高い極低炭素系ステンレス材等を採用して、信頼性を確保する必要がある。

多管式とプレート式の性能を比較(表4.6.1)すると、多管式はインナーフィンを装着しているプレート式に対し、初期の温度効率は劣るが、性能劣化・圧力損失が少なく、大量EGRに向くため、採用例が多い。

4.6.5 エキゾーストブレーキ、エンジンリターダ

乗用車では、通常減速時や降坂時にフットブレーキやエンジンブレーキを使用するが、商用車の場合車両重量当たりのエンジン排気量が小さいため、補助ブレーキとして中軽量車ではエキゾーストブレーキを、重量車ではエンジンリターダを使用してブレーキ力を補っている。

(1) エキゾーストブレーキ

排気管の途中にバルブを設け、このバルブを閉じることにより排気工程の排気圧

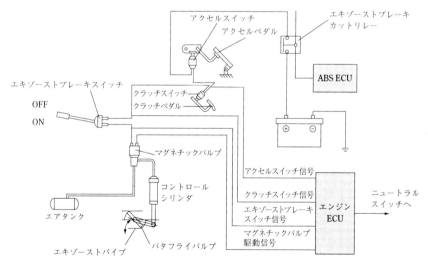

図4.6.8 エキゾーストブレーキのシステム図

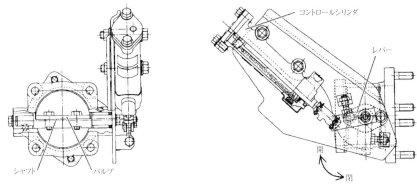

図4.6.9　バタフライバルブ式エキゾーストブレーキ

力を増加させて、発生する負の仕事をブレーキ力として利用するのが、エキゾーストブレーキである（図4.6.8）（詳細については、4.4.2項参照）。

　方式としては、バタフライバルブ式（図4.6.9）、スライドバルブ式等があり、制御方式は、主に負圧または正圧を使う。

　エキゾーストブレーキの作動原理は、減速時に制動力を得たい場合にエキゾーストブレーキレバーを操作するとスイッチが入り、エア回路中の電磁弁が開いてコントロールシリンダが作動し、排気管中のバタフライバルブが閉じる。ただし、作動中にアクセルペダルまたはクラッチペダルを踏むと、エンジンECUに信号が送られ解除される。

　また、ABS（アンチロック・ブレーキ・システム）が作動中も、エキゾーストブレーキカットリレーが作動して解除される。

(2) エンジンリターダ

　エンジンリターダは、圧縮工程の終了間際で排気バルブを開け、シリンダ内の圧縮された空気を逃がすことでブレーキ力を得る、圧縮解放型のエンジンリターダである（図4.6.10）。

　燃費向上策である、エンジンの小排気量化・低回転化いわゆるダウンサイジングをした場合は、エンジンブレーキ力がさらに小さくなるため、本エンジンリターダは有効な改善策となる。

　エンジンリターダの作動は、図4.6.11に示す通りエンジンECUからの指示により電磁弁が開き、エンジンからの油圧がコントロールバルブとその内部にあるチェックバルブ（逆止弁）を押し上げて、マスターピストンとスレーブピストン間のオイル通路Aにエンジンオイルを供給する。

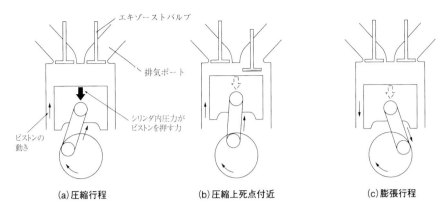

（a）圧縮行程　　　　　　　　（b）圧縮上死点付近　　　　　　　（c）膨張行程

図4.6.10　エンジンリターダ作動原理

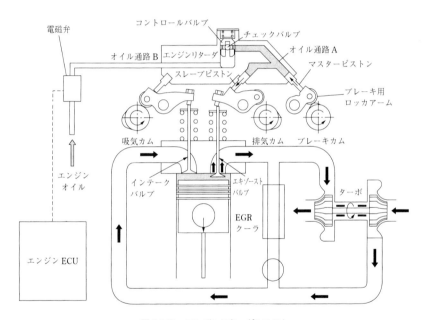

図4.6.11　エンジンリターダシステム

　オイル通路Aに油が充填されると、内部スプリングがチェックバルブのみを押し下げて通路を塞ぎ、油圧が保持される。

　通常マスターピストンは内部スプリングにより押し上げられているが、エンジンオイルの供給油圧によりブレーキ用ロッカアームがブレーキカムに接触するまで押し下げられる。吸気圧縮上死点付近になると、マスターピストンはブレーキカムに

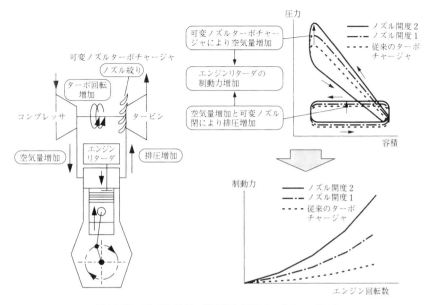

図4.6.12　エンジンリターダと可変ノズルターボチャージャの
組み合わせによるブレーキ力向上の原理

よりブレーキ用ロッカアームを介して押し上げられ、オイル通路Aの油圧はエンジ
ン油圧（オイル通路B）より高くなりチェックバルブの通路閉塞を助長させる。マ
スターピストンが押し上げられるとスレーブピストンは押し下げられ、エキゾース
トバルブが開く。

　圧縮上死点付近でエキゾーストバルブを開いて圧縮空気を逃がすと、ピストンを
押し下げる力が発生しなくなるため、ピストン下降工程でもブレーキ力が発生、圧
縮工程で得たブレーキ力を損失することなく増幅できる。

　エンジンリターダと可変ノズルターボチャージャを組み合わせた場合のブレーキ
力向上の原理を図4.6.12に示す。

　エンジンリターダを作動させた時に可変ノズルターボチャージャのノズルを絞る
と、排出ガスの流速が速くなりターボチャージャの回転が増加する。これによりシ
リンダ内へより多くの空気を送り込むことができ、圧縮工程でのブレーキ力が増加
する。かつ、シリンダ外に排出された空気は、ノズルが絞られているため排気圧力
が増加して、排気工程でのブレーキ力も増すことになる。

従って、エンジンリターダ単独使用よりも可変ノズルターボチャージャを組み合わせることで、より強力な制動力を発揮することが可能となる。

4.7 冷却系

4.7.1 冷却系の役割とシステム

(1) エンジン冷却水温の最適化

　近年のエンジン高出力化にともない、エンジン冷却水温の適正化はますます重要となってきている。高水温条件下では、エンジン内で燃焼によって生じる熱が燃焼室まわりの各構成部品を加熱し、使用材料の材料強度低下にともなう故障や寿命低下をまねく。また、エンジンの各摺動部分に供給される潤滑油の油膜低下による潤滑機能不良や、潤滑油の変質による異常摩耗・焼き付きといった致命的な故障の原因となることもある。

　しかしながら、一方で水温を低くしすぎると燃焼ガス中の亜硫酸ガスが凝縮し燃焼室周辺の腐食や摩耗を促進したり、潤滑油の粘度上昇により機関摩擦損失が増大して熱効率低下をまねくため、エンジン冷却水温度の適正化を図ることが冷却水システムとして重要となる。冷却水温は、通常80〜85℃が適当である。

(2) 冷却系回路

　冷却系は、冷却回路内に必要な水量を循環させるウォータポンプ、ある冷却水温設定値で水路を切り替え水温コントロールを行うサーモスタット、冷却系統圧を決めるラジエータキャップ、気水分離を行うリザーバ、冷却水の冷却を担うラジエータやクーリングファン等で構成されている。また、冷却回路内にはオイルクーラ、水冷ターボチャージャ等の潤滑油温度の冷却やエアコンプレッサ、EGRクーラ等の吸入エア・排出ガス温度の冷却を行う回路も含まれている。一方、冬季にはその一部をヒータ回路として暖房に利用する。図4.7.1に代表的な冷却系統図を示す。

　冷却水温と外気温度の差を気水温度差といい、通常車両のどのような使用条件でも気水温度差が60〜70℃以上にならないような冷却能力を備えることが望ましい。

　気水温度差の定義は、時式で表される。

$$T = t_1 - t_a \qquad (4.7.1)$$

　ここで、T：気水温度差（℃）、t_1：エンジン冷却水出口水温（車両の最も厳しい使用条件にて）、t_a：外気温度である。

　図4.7.2に冷却水温の考え方の一例を示す。気水温度差が60℃の場合、外気温度

を35℃とすると最高水温基準は95℃となる。水温計のレッドゾーンはエンジンの焼き付き等の重大故障を回避するため余裕を取って定められ、車両によっては冷却系のオーバーヒートを予見させるオーバーヒート警報を備えたものもある。

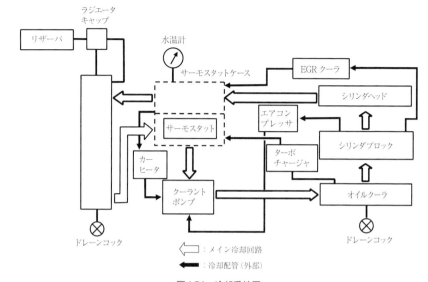

図4.7.1　冷却系統図
（入口制御、水冷EGRクーラ、エアコンプレッサ及びターボチャージャ装着の場合）

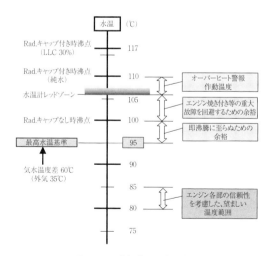

図4.7.2　冷却水温の考え方

4.7.2 ウォータポンプ

(1) 冷却水量

　ディーゼルエンジンの冷却水損失はおよそ20〜30％が一般的で、この熱量によるエンジン出入口の冷却水温度差は5〜10℃程度になるように冷却水の流量が決められている。図4.7.3に示すようにエンジン出力と冷却水流量の関係は比例関係にあり、おおむね馬力あたりの流量は0.7〜1.7L/min前後である。近年では、排出ガス規制対応で水冷式EGRクーラが採用されており、エンジン本体に加えてEGRクーラ冷却のための冷却水量の確保が必要となる。

(2) ウォータポンプ構造および各構成部品（メカニカルシール、ベアリング、ベーン）

　ウォータポンプには通常渦巻ポンプを使用し、これをエンジン前端部に搭載してVベルトを介してクランク軸により駆動される。軸受には単独ベアリングからグリス封入タイプのシャフトベアリングが多用されており、同軸駆動の冷却ファンやベルト荷重条件に応じてベアリング容量が選択されている。

　ベーンの翼形状はクローズドタイプとオープンタイプがあるが、オープンタイプが一般的で翼形状、翼高さ、ベーン径、ケースとのクリアランス等により吐出性能が決まる。また、材質には鋳鉄製、鉄板製の他、樹脂製のものもある。ウォータポンプ回転部とエンジン冷却水とのシールには、液膜シールのメカニカルシールが採用されている。その構造は図4.7.4に示すとおり摺動部にはアルミナ系のメーティ

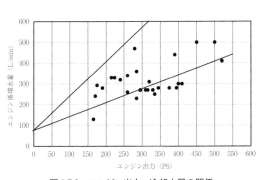

図4.7.3　エンジン出力-冷却水量の関係

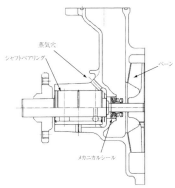

図4.7.4　ウォータポンプ構造図

ングリングとモールドカーボンの組み合わせが多く使われている。

　摺動部は数ミクロンの液膜シールが形成されているが、そこに冷却水の劣化にともなうリン酸塩の堆積物やエンジン鋳物部品の鋳砂が介在すると、摺動材が摩耗し冷却水の洩れを引き起こすことがあり、冷却水の清浄管理が重要となる。液膜シール部は摺動による発熱により冷却水の蒸発が起こるため、ウォータポンプの軸受部とメカニカルシールとの間に蒸気穴を設けるのが一般的で、ベアリングの耐久性にも効果がある。性能面での配慮としては、ウォータポンプの吸入口からベーンの入口に至る管路の管路抵抗および圧力損失はポンプ性能・効率に大きな影響を与え、ベーン入口の圧力低下が起こるとキャビテーションの発生を招き、この状態での運転頻度が多いとベーンおよびケースの壊食・破損に至ることもあるので注意が必要である。管路抵抗低減には、流れの剥離が起きぬよう急激な断面積変化を避け、管路断面積を大きく取って流速を下げる必要がある。また、ベーン入口部へ向けての予旋回を与えることも広く知られている。

4.7.3　クーリングファンおよびファンドライブ

(1) 適正水温管理のための風量コントロール

　冷却水に伝達された熱はラジエータを介して、また過給機で圧縮された吸入空気の熱はインタークーラを介して大気に放熱される。これらラジエータおよびインタークーラを冷却するための冷却用空気を流す役目をするのが、クーリングファンである。

　クーリングファンの搭載位置は車両の搭載条件にあわせ、クランク軸前端に取り付けエンジンと等速で回す場合と、ウォータポンプと同軸や独立ファンドライブユニットにベルトを介して増速して回す場合がある。近年の排出ガス規制強化にともなう排出ガス機能部品の大型化により通風抵抗や背面抵抗が増加しており、ファン性能に対してますますファン効率の向上が求められている。

(2) ファン形状の進化

　図4.7.5に示すようにクーリングファンの羽根形状には、一般に広く用いられているオープンブレードファンと低騒音化を狙ったリングファンがある。また、オープンブレードファンの中にもブレード間のピッチノイズを防止するため、ブレードを不等ピッチファンにするものもある。近年では、ファンのボス周りの乱流をなくしファン効率向上と低騒音を狙ったガイドベーンのついたファンも用いられている(図4.7.6)。

　ファンの羽根枚数は高風量要求にともない8～11枚と多枚数化する傾向にあり、

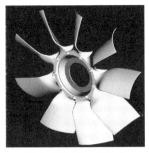

(a)オープンブレードファン

(b)リングファン

図4.7.5　ファン翼形状

ガイドベーン

図4.7.6　ファン低騒音事例

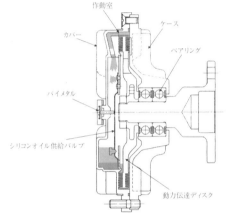

作動室

ケース

カバー

ベアリング

バイメタル

シリコンオイル供給バルブ

動力伝達ディスク

図4.7.7　ファンドライブ構造図

その材料はグラスファイバーを添加したポリプロピレンやポリアミド（ナイロン）の樹脂製ファンが広く用いられている。

(3) ファンドライブの作動特性と求められる要件

　クーリングファンの駆動にはシリコンオイルを封入した粘性カップリングのファンドライブを用いるのが主流である（図4.7.7）。ファンドライブの前面には空気感温のバイメタルを備え、エンジン水温が上昇しラジエータで放熱されるとバイメタルが感知し内部のバルブを開きシリコンオイルを作動室へ送り込んでその粘性でクーリングファンを駆動する。一方、低温時にはバルブは閉じられ遠心力で回収されたシリコンオイルは貯蔵室に戻り、クーリングファンを空転（スリップ）させる。これにより、クーリングファン駆動による消費馬力、騒音を低減することができる。

　ファンドライブの感温特性（ON、OFF特性）には、バイメタルの感温に対しバル

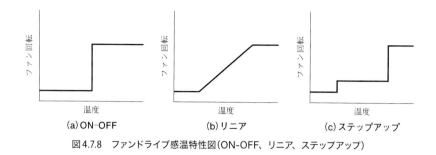

図4.7.8　ファンドライブ感温特性図(ON-OFF、リニア、ステップアップ)

ブの開閉の作動をさせる構造により、シンプルな「ON−OFFタイプ」、温度変化に対しファンのスリップ率を比例的に変化させる「リニアタイプ」、段階的に変化させる「ステップアップタイプ」がある(図4.7.8)。

　クーリングファンに対する高風量要求に対応して、ファンドライブの作動オイルであるシリコンオイルの粘度は高くなる傾向にあるため、ファンドライブの作動特性に悪影響を及ぼしている。感温特性では適正なリニア特性が得にくくなりON−OFF特性のようになり、ヒステリシスも大きくなるためファンドライブ前面温度が低下したにもかかわらずファンが回り続ける場合もある。また、急加速や減速時のエンジン回転の急激な変化に対し、ファンドライブの応答性が遅れファンの連れ回りが起こり、走行燃費への影響が懸念されるため、部品メーカーではバルブ構造やシリコンオイルの貯蔵チャンバ構造等の工夫による作動オイルの供給・回収性能の向上を図っている。

(4) ファンドライブ構造の進化

　高出力・高トルク化、低燃費、静粛性、快適性(アイドル時エアコン性能向上)等の商品性や排気ガス規制、騒音規制等の規制対応に対し、ラジエータからの風温にのみ依存するバイメタル制御方式のファンドライブでは、制御性(リニア特性)の悪化や応答性(つれ回り)の悪化が起こり、燃費や騒音に悪影響がある。

　近年では図4.7.9や図4.7.10に示すように、エンジンECUから水温・燃料噴射量・インタークーラのチャージエア温度・エアコンのコンディション等々の入力信号を受け、ソレノイドに負荷することにより電磁力でファンドライブのバルブの開閉を行い、トルク伝達のシリコンオイル流量をコントロールしてファン回転を制御する、電子制御ファンドライブを採用するようになってきた。また、スピードセンサを内蔵し、ファンの指示回転数に対する実際の実回転数を検知し、その回転差をフィー

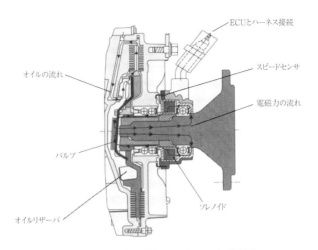

図4.7.9　電子制御ファンドライブの構造例

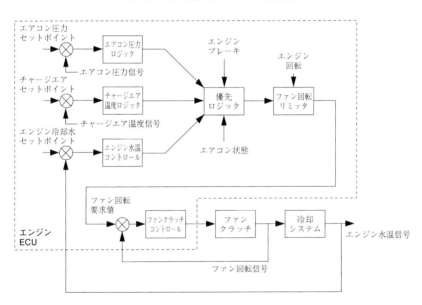

図4.7.10　電子制御のロジック図

ドバックしてコントロール性を向上させているものもある。

4.7.4 サーモスタット

(1) 基本構造と作動特性

サーモスタットは冷却回路内にあって、冷却水温度を検知してバルブの開度を変化させエンジン側とラジエータ側との冷却水循環路の冷却水量を変えることで、冷却水温を適温に制御する働きを持つ。温度検知には小型化が可能なワックス式サーモスタット（図4.7.11）が広く用いられており、ワックスの固体から液体に相変化する際の急激な体積膨張を応用し、その膨張力でスリーブを介してピストンが押し出され、ストッパーを支点にメインスプリングのセット荷重に抗してメインバルブを開弁させている。

冷間時ヘッドから出た冷却水は、サーモスタットを経てバイパス通路を通りウォータポンプで吐出されエンジン内を循環する。冷却水温上昇にともないメインバルブとバイパスバルブはワックスを封入したペレットと一体で作動し、メインバルブの開弁リフトに応じて冷却水はラジエータに流れる。さらに水温が上昇すると、サーモスタットのバイパスバルブがバイパス通路を閉じ全流がラジエータを流れ、

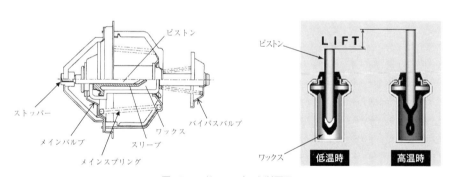

図4.7.11　サーモスタット断面図

ファンクラッチの作動によりクーリングファンで水温をコントロールする。

(2) 入口制御と出口制御

冷却水の制御方式には、入口制御と出口制御があり、その制御方式により図4.7.12のようにサーモスタットの搭載レイアウトが異なる。表4.7.1に制御方式によるメリット・デメリットを示すが、一般的にサーモスタットの水温制御性や耐久性を考慮すると入口制御が有利となる。一方、エア抜き性やキャビテーションへの配慮および冷却系レイアウトの複雑化でコスト面では不利な面もあり、冷却系の全体バラ

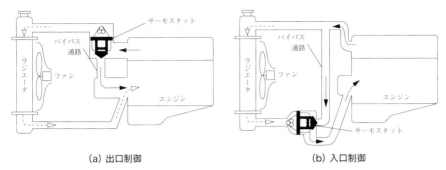

(a) 出口制御　　　　　　　　　(b) 入口制御

図4.7.12　制御方式によるエンジンレイアウトの差異

表4.7.1　入口制御方式の長所・短所

長所	短所
①エンジン暖機性の向上 　入口制御は、エンジン入口の温度を一定にしようとサーモスタットを作動するため、エンジン出口の温度を制御しようとする出口制御よりエンジンの断機を早くすることができる。 ②オーバーシュート対策 　入口制御ではサーモスタットが流れ方向に開弁するため高差圧時の作動遅れがなく、また冷水に最も近い位置で温度制御するため、オーバーシュートが無く安定した温度が得られる。 　出口制御では、サーモスタットの弁面積に直接ポンプ吐出圧を受けるため開弁負荷が大きく、サーモスタットの作動遅れ→冷却水のハンチング、オーバーシュートを起こす可能性がある。 ③ヒータ作動時の水温変化の低減 　入口制御ではヒータ回路をサーモスタットに戻すことにより作動遅れが少なく、水温変化を低減することができる。	①注水性に関する配慮 　レイアウトの都合上、一般的にサーモスタットはエンジンの下方に横置きとなる場合が多く、注水性に関する配慮が必要となる。 ②キャビテーションに対する配慮 　出口制御に比べ、入口制御ではサーモスタットがウォータポンプ直線にセットされている形となるため、ウォータポンプの吸い込み抵抗が大きくなりやすいのでキャビテーションの発生の恐れがあり、弁口径をサイズアップすることも必要。

ンスから制御方式を選定する必要がある。

　現状では、乗用車や小・中型商用車で入口制御が主流、大型商用車では出口制御が主流となっている。

4.8　潤滑系

　エンジン内部ではピストン、クランクシャフト、コンロッド、カムシャフト等の摺動部品が、軸受またはその他の金属部品と摩擦しながら、回転または往復運動を繰り返している。それらの部品は自らの摩擦等による発熱とエンジンの燃焼による発熱の伝熱を受け、非常に高温になるためエンジンオイルを供給することで摩擦の低減および冷却を行い、それら摺動部品の摩耗および焼き付きを防止している。そのエンジンオイルを供給するシステム（油路回路、潤滑装置など）を潤滑系と総称する。

　摩擦部分（摺動部品本体）やエンジンオイルのみにいかに注意を払っても、潤滑系（潤滑回路および潤滑系を構成する部品）の設計が不十分であればエンジンは十分な運転性能や耐久性能を発揮することはできず、ときには致命的な不具合を起こす原因ともなる。また、近年エンジン本体は排出ガス規制をはじめとする環境保全対応等により大きく変化してきており、そのエンジン本体の変化に適応する潤滑系の設計が必要となる。

　エンジン本体および取り巻く環境の主な変化点としては下記があげられる。
- ・ターボインタークーラ追加による熱効率向上
- ・V型から高出力L型エンジンへの置換による軽量・小型化
- ・EGR採用による排出ガス規制対応
- ・低粘度オイルの採用による燃費向上
- ・オイルロングドレン化による環境保全
- ・排出ガス規制対応のため、自動車の触媒やDPFに悪影響を及ぼすオイル中のASH分の低減（低ASH化）
- ・排出ガス規制対応のため、自動車の触媒やDPFに悪影響を及ぼす軽油中の硫黄分の低減（低硫黄化）

4.8.1 潤滑系の役割

　潤滑系はあらゆる運転条件下で、各摺動部分や冷却を必要とする部分に適正な温度の油量および油圧を供給する役割を担っている。エンジンオイルを各摺動部分や冷却を必要とする部分へ供給することで摩擦低減作用、冷却作用、緩衝作用、清浄作用、気密作用、防錆作用等の機能を果たす。

①摩擦低減作用

　摺動部品の摺動面間に油膜を形成させ潤滑することで、摩耗（Wear）低減および摩擦損失（Friction）低減を行う。

②冷却作用

　摺動部の潤滑による摩擦等の発熱量の低減と、摺動部の摩擦およびエンジンの燃焼による発熱に対する冷却を行う。

③緩衝作用

　エンジンの燃焼による衝撃圧力をエンジンオイル全体に分散、吸収して局部的な圧力増大を軽減するのと同時に、金属同士の接触により発生する打音に起因するエンジン騒音低減も行う。

④清浄作用

　エンジンオイルはエンジン内を循環し、摩擦部分（摺動部品本体）で生成される金属摩耗粉やエンジンの燃焼により生成される煤等を洗い流し、オイルパンに運ぶ。

⑤気密作用

　ピストンとシリンダライナ間にエンジンオイルを介在させることで燃焼室内の気密性を向上させ、ブローバイガスの増加を抑制する。

⑥防錆作用

　エンジンオイルは金属部品表面を保護して錆発生を防止する。

4.8.2 潤滑系回路

　適正な温度の油量および油圧を供給するための潤滑系回路について、代表的な
ディーゼルエンジンの一例を図4.8.1に示す。エンジンオイルはオイルポンプでオ
イルパンからオイルストレーナにより吸い上げられ、オイルクーラおよびオイル
フィルタを経由し、メインオイルホールを通り、クランクメタル、コンロッドメタ
ル、コンロッドブッシュ、動弁系、サブオイルホールおよびその他補機へ供給され

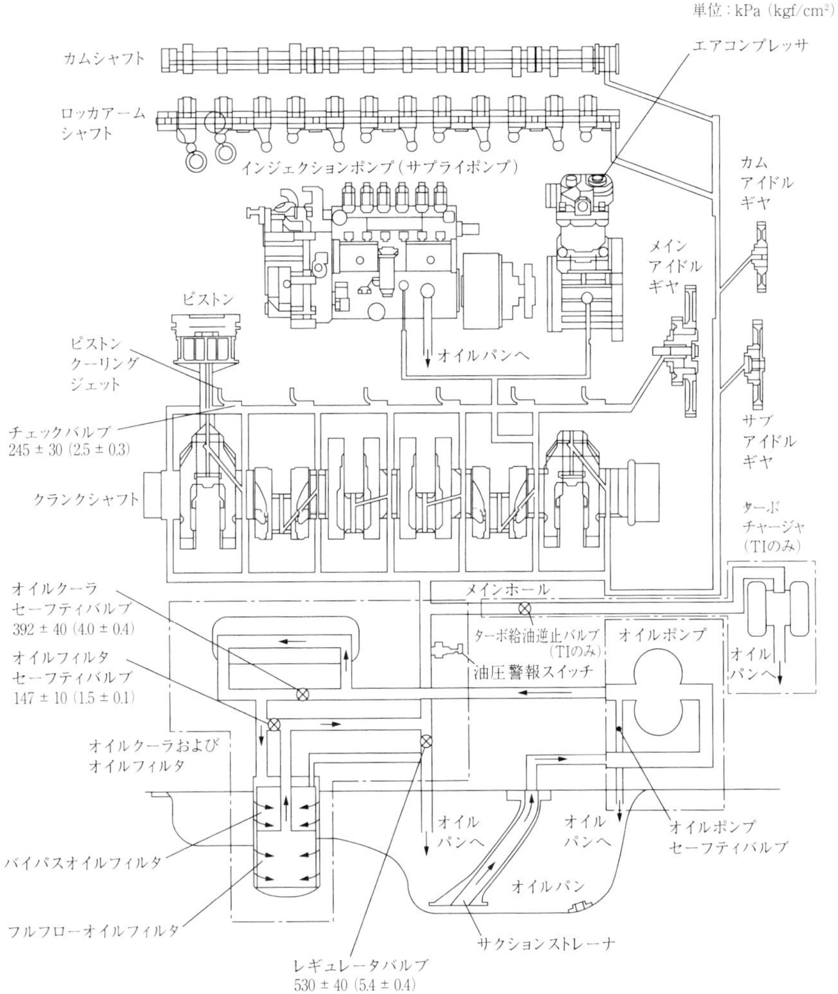

単位：kPa（kgf/cm²）

カムシャフト

ロッカアーム
シャフト

インジェクションポンプ（サブライポンプ）

エアコンプレッサ

カム
アイドル
ギヤ

メイン
アイドル
ギヤ

ピストン

ピストン
クーリング
ジェット

オイルパンへ

サブ
アイドル
ギヤ

チェックバルブ
245 ± 30 (2.5 ± 0.3)

クランクシャフト

ターボ
チャージャ
（TIのみ）

メインホール

オイルクーラ
セーフティバルブ
392 ± 40 (4.0 ± 0.4)

ターボ給油逆止バルブ
（TIのみ）
油圧 警報スイッチ

オイルポンプ

オイル
パンへ

オイルフィルタ
セーフティバルブ
147 ± 10 (1.5 ± 0.1)

オイルクーラおよび
オイルフィルタ

オイル
パンへ

オイル
パンへ

オイルポンプ
セーフティバルブ

バイパスオイルフィルタ

オイルパン

フルフローオイルフィルタ

サクションストレーナ

レギュレータバルブ
530 ± 40 (5.4 ± 0.4)

図4.8.1　潤滑系回路（直6、ターボインタークーラ付エンジンの例）

る。さらに、サブオイルホールを通過したエンジンオイルはクーリングジェットを通りピストン冷却に使われ、再びオイルパンに戻る。各潤滑部品の必要油量を確保するのはもちろんのこと、一部の潤滑部品の摩耗が進行しオイル洩れが増大しても潤滑部品相互間で油圧に対して影響を受けない潤滑回路にしなければならない。また、オイルパン中の油量はサクションストレーナが急な坂道走行などの傾斜運転や、急旋回走行時のオイルの片寄りにより空気の吸い込みがないように十分な量を確保することが重要である。

4.8.3 オイルポンプ

オイルポンプは大きく分類すると内接タイプと外接タイプに別れ、内接タイプはさらにインボリュートギヤタイプ、多数歯トロコイドロータタイプおよびトロコイドロータタイプに分類される。外接タイプとしてはインボリュートギヤタイプが挙げられ、それぞれタイプ別の特徴を表4.8.1に示す。

外接タイプのオイルポンプは性能および耐久性に優れ、内接タイプのオイルポンプは質量およびコストに優れる特長を持っている。エンジン寿命が長い大型ディーゼルエンジンには、性能および耐久性に優れる外接タイプのオイルポンプが一般的に採用されている。また、乗用車に搭載されるエンジン用には、耐久性よりも質量およびコストに優れる、内接タイプのオイルポンプが一般的に採用されている。こ

表4.8.1　オイルポンプの特徴 [1]

ポンプタイプ		構造	効率	消費馬力	耐久性	部品数	質量	コスト
外接タイプ	インボリュートギヤタイプ		◎	◎	◎	○	○	○
内接タイプ	インボリュートギヤタイプ		△	△	◎	◎	◎	◎
内接タイプ	多数歯トロコイドロータタイプ		△	△	○	○	○	◎
内接タイプ	トロコイドロータタイプ		○	○	○	○	○	○

（◎：良い　○：普通　△：やや劣る）

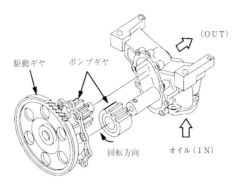

駆動ギヤ　ポンプギヤ

（OUT）

回転方向　　オイル（IN）

図4.8.2　外接タイプのオイルポンプ構造

　のように、これらオイルポンプの選定には、エンジン全体の構造上の制約や要求性能およびエンジン目標寿命等が考慮されなければならない。

　また、図4.8.2に代表的な外接タイプのオイルポンプの構造を示す。本オイルポンプは駆動ギヤにギヤトレーンからの駆動力を受け、吸い込み口から流入したオイルが2つの内ギヤの歯溝に充満し、ギヤの回転によって、歯溝に充満したオイルがギヤ外周に沿って吐出口に運ばれ、ギヤの噛み合いによって歯溝から押し出される構造を持っている。

　オイルポンプの容量（吐出量）は、各潤滑部へ供給する適正な油量に加えてエンジン経年使用による各部のクリアランス増大時の油洩れ増加分の補充を考慮し、必要油量の約1.2倍の余裕を持つように設計される。また、ターボインタークーラ化による熱負荷アップにともない、ピストンクーリング油量の増加などオイルポンプ容量は大きくなる傾向にある。図4.8.3および図4.8.4にディーゼルエンジンのオイルポンプ容量とエンジン出力およびエンジン排気量の関係を示す。オイルポンプ容量はエンジン出力および排気量が大きいほど大きくなっており、その目安は0.3～0.6[L／min]／[PS]、0.01～0.02[L／min]／[cc]である。目安のバラツキが大きい理由としては、低コストを考慮し出力または排気量違いのエンジンでオイルポンプを共通使用しているためである。

　また、各部への給油量について一例を示す。図4.8.5から、オイルポンプで圧送されるエンジンオイルの約41％がピストン冷却に使用され、メタル等の摺動部品へ約21％、ターボチャージャやエアコンプレッサ等の補機部品へ約15％、その残り23％がレギュレート量（エンジン経年使用による各部クリアランス増大時の補充用）として確保されていることがわかる。

　また、低温始動時等のエンジンオイル粘度が高い場合については油圧が必要以上

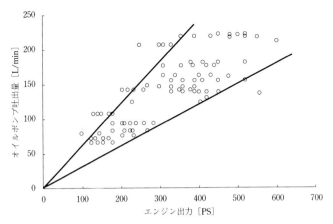

図4.8.3　エンジン出力とオイルポンプ吐出量

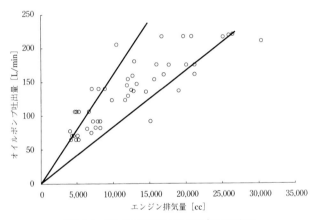

図4.8.4　エンジン排気量とオイルポンプ吐出量

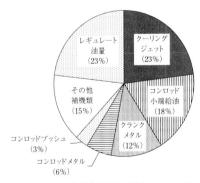

図4.8.5　エンジンの各部給油量の例（直6、ターボインタークーラ付）

に上昇し、各潤滑部品の油洩れや破損等を招く恐れがあるためオイルポンプには
セーフティバルブが設けられており、あらゆる運転条件においても適正な油圧を確
保するため、各部品の耐圧強度を考慮し、セーフティバルブの開弁圧を設定する必
要がある。ディーゼルエンジンのオイルポンプセーフティバルブの開弁圧力は、一
般に約1MPaである。

4.8.4　オイルクーラ

　オイルクーラはエンジンオイルの冷却装置で、水冷式の多板式と多管式に別かれる。

　多板式については、長円型、円型等の種類があり（図4.8.6）、プレート2枚で構
成する平板状容積の中にフィンを設けて、この中をオイルが流れ、プレートの外側
を冷却水が流れることで熱交換を行いエンジンオイルを冷却する。そのプレートの
大きさは様々あり、必要な交換熱量によって大きさとそのプレートの積み重ね段数
を決定する。長円型は主にディーゼルエンジン全般で使用されており、エンジンの
シリンダブロックに内蔵されるタイプが多くを占める。また、円型は主に乗用車の
小型ディーゼルエンジンに使用されており、オイルフィルタと一体化されモジュー
ル化されている場合もある。

　一方、多管式は細管内を冷却水が流れ、その外側をエンジンオイルが流れること
で熱交換を行いエンジンオイルを冷却する。このタイプは熱交換効率が悪いため、
現在、使用しているエンジンはほとんどない。

　オイルクーラの容量はエンジンオイルの温度を通常走行時80～90℃になるよう
に、エンジンオイル流量および温度、冷却水流量および温度から交換熱量を算出し

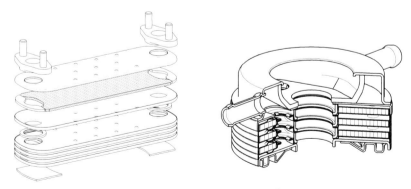

図4.8.6　オイルクーラ種類と構造[2]

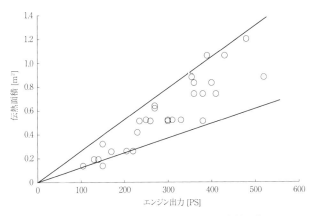

図4.8.7　エンジン出力とオイルクーラ伝熱面積

決定する。また、ターボインタークーラ化による熱負荷アップにともない、必要とされる交換熱量は増加傾向にある。図4.8.7にエンジン出力とオイルクーラ交換熱量の関係を示す。

　エンジン出力が大きいほど交換熱量は大きくなっており、その目安は15～25[cm²]／[PS]である。

　また、低温始動時等のエンジンオイル粘度が高い場合については油圧が必要以上に上昇し、オイルクーラの油洩れや破損等を招く恐れがあるためオイルクーラにはセーフティバルブが設けられており、あらゆる運転条件においても適正な油圧を確保することができるようになっている。ディーゼルエンジンのオイルクーラセーフティバルブの開弁圧力は一般に約0.4MPaである。

4.8.5　オイルフィルタ

　オイルフィルタはエンジンの燃焼により生成されるカーボン、部品の摩耗による金属粉および吸気系より進入する粉塵等で汚れたエンジンオイルを濾過し清浄化する。オイルフィルタには、フルフロタイプ、バイパスタイプおよびフルフロとバイパスを組み合わせたコンバインドタイプがあり、さらにエレメントのみのカートリッジタイプおよびケース一体型のスピンオンタイプがある。

　一般的にフルフロタイプはバイパスタイプに比べ、濾紙の目が粗く約25μmのコンタミを90％以上濾過する（JIS D1611-12）。また、オイルポンプで吐出されるエンジンオイルの約90％以上が通過し、そのエンジンオイルはエンジン各部へ供

給される。一方で、バイパスタイプの濾紙の目は細かく、約4μmのコンタミをほぼ100％濾過する（JIS D1611-12）。通過するエンジンオイルはオイルポンプで吐出される数パーセントが通過し、そのエンジンオイルはそのままオイルパンへ戻る。オイルフィルタの容量（濾過面積）はエンジンオイルの劣化およびエレメントの目詰まりを考慮し決定される。一方で、オイルロングドレン化のためオイルは高分散化が進み、オイルフィルタにて捕捉することが難しい粒径までコンタミが分散されるためバイパスフィルタの使用例が増加している。また、EGRの採用によりオイル劣化が促進されフィルタの容量（濾過面積）は増加傾向にある。図4.8.8はエンジン排気量とエレメント濾過面積（フルフロ）の関係を示す。

　エンジン排気量が大きいほど濾過面積は大きくなっている。濾過面積を確保するためには濾紙の折り方がいろいろあり、搭載スペースとの関係より最適な折り方を選定しなければならない。一方でバイパスフィルタの濾過面積はエンジン排気量との間に傾向性がない。図4.8.9は濾紙の代表的な折り方を示す。一般的には菊花型が多く使われている。

　一方で、エレメントの交換インターバルは年度を追うごとにロングインターバル化が進んでいる。また、エンジンオイルの交換インターバルも長期化が進んでいる。これは、市場要求もあるが、燃料中の硫黄分低減によるオイル劣化抑制が影響している。図4.8.10は大型ディーゼルエンジンの年度ごとの交換インターバルの変遷を示す。

　また、低温始動時等のエンジンオイル粘度が高い場合については、油圧が必要以上に上昇し、オイルフィルタの油洩れや破損等を招く恐れがあるため、オイルフィ

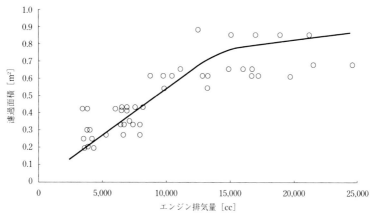

図4.8.8　エンジン排気量と濾過面積（フルフロ）

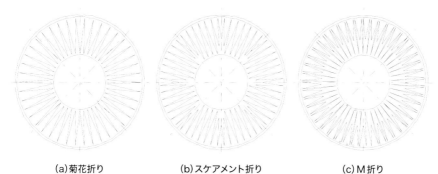

(a)菊花折り   (b)スケアメント折り   (c)M折り

図4.8.9　オイルフィルタ濾紙の折り方(東京濾器㈱よりの提供資料)

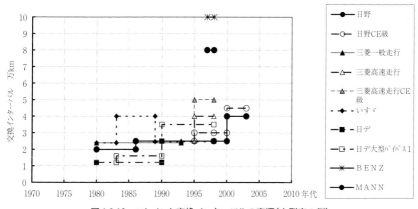

図4.8.10　エレメント交換インターバルの変遷(大型車の例)

ルタにはセーフティバルブが設けられており、あらゆる運転条件においても適正な油圧を確保することができるようになっている。ディーゼルエンジンのオイルフィルタセーフティバルブの開弁圧力は一般に約0.15MPaである。

引用文献

1)　(株)TBK、提供資料
2)　東京濾器(株)、提供資料

4.9 燃料噴射装置

4.9.1 燃料噴射システムの高度化要求

　3.1.2項でも述べたとおり、日本の排出ガス規制は1995年頃まではNOx排出量低減を主眼に強化されてきた。そのNOx低減策としては、噴射時期遅延が一般的であったが、反面、燃焼終了時期が遅れることにより黒煙が増加する問題があった。この改善策として列形噴射ポンプで高圧噴射化対応が行われ、1970年初頭には60MPaであったものが、1990年代後半では120MPa程度まで上昇した。その後PM規制の導入・強化が行われ、他の排出ガス対策改善デバイスを付加すると共にさらなる高圧噴射化が行われた（図4.9.1）。

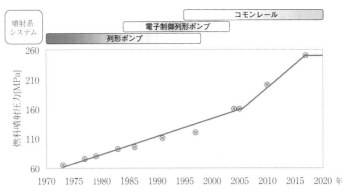

図4.9.1　燃焼噴射圧トレンド（国内大型エンジンの例）

　また、高圧噴射と精度のよいマルチ噴射（微小噴射量の特性、噴射インターバル、噴射回数）により排出ガス改善が期待できることから、燃料噴射システムに対する要求は高度化してきている。

(1) 高圧噴射

　列形ポンプは、発生しうる最高噴射圧がエンジン回転数に依存するため、エンジン低回転域では十分な噴射圧力が得られない欠点がある。

　これを改良したコモンレールシステム（詳細は後述）は、図4.9.2のように最高圧250MPaで低速域でも150MPaほどの高圧化が可能で、エンジン回転領域のほぼ全域で列形ポンプに対して高圧化が図れる。今後、さらなる排出ガス規制強化にともない、要求圧力として250MPaの圧力が実用化されている。また、高圧化に対して、インジェクタ内に増圧機構（図4.9.3）をもったシステムが欧州などで使用される例もある。

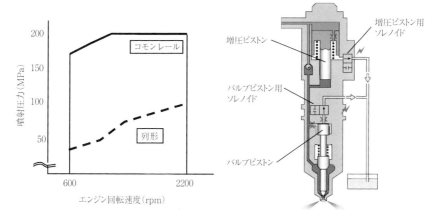

図4.9.2 噴射圧力特性

図4.9.3　増圧インジェクタ[2]

(2) マルチ噴射(噴射率制御)

　噴射率はノズルの噴孔から時々刻々噴射される燃料の量的推移で、ディーゼルエンジンの燃焼にとって非常に重要な項目であり、高圧噴射と合わせて最適化することが、特にNOx、騒音の低減に有効である。一般に、高圧化は噴射率の増加をともなうため、噴射から燃焼開始までの着火遅れ期間中に噴射される燃料の量が増加し、NOxの増加や騒音の悪化をともなう。この対策として、噴射時期遅延によりこれを低減することが一般に行われるが、燃費の悪化をともなう。

　したがって、初期の噴射率を低く抑えて予混合燃焼を緩和させることが必要であり、これを具体化したのがパイロット噴射である。図4.9.4に示すとおりパイロット噴射は着火前に微小噴射量(約3mm³/st·cyl)を先立ち噴射するもので燃焼騒音の低減や排出ガス性能の改善ができる。また、メイン噴射直後に少量の燃料を噴射するアフタ噴射(約25mm³/st·cyl)でも性能改善が図られることから、マルチ噴射技術(微小噴射量の特性、噴射インターバル、噴射回数)はもっとも重要な特性である。噴射インターバルは最小0.5msec程度を使用する例がある。さらに、プレ噴

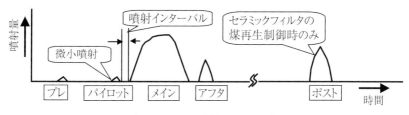

図4.9.4　マルチ噴射のパターンの例

射は予混合燃焼の実現に、また、ポスト噴射はメイン噴射後15msec、噴射量は約45mm³/st·cyl程度を使用する例があり、セラミックフィルタに補足した煤の再生制御に有効である。

　各噴射量、インターバルについてはエンジンの排気量、排気ガス規制により最適値に設定する。

　一方、単発噴射中でも噴射率を可変にできる2電磁弁仕様が実用化されており噴射率の最適化による燃焼改善効果も期待できる。

4.9.2　噴射システムの種類

　ディーゼルエンジンの燃料噴射装置は、前述のように最適噴射タイミングで最適噴射量を高圧で燃焼室内に噴射する機能を有し、エンジン性能に大きな影響をもっている。燃料噴射装置の種類として列形ポンプ（大型車用）、分配形ポンプ（乗用車、小型車用）、コモンレールシステム、ユニットインジェクタなどがある。また、ポンプの潤滑方式によりオイル潤滑、燃料潤滑などの方式があり使用条件によって選択される。燃料噴射システムは、燃料タンクから燃料を吸い上げ、必要な噴射量を燃焼室内に噴射し残った燃料をタンクに戻す構成が一般的であり、それぞれの燃料噴射システムの特徴は次のとおりである。

(1) 列形ポンプシステム

　1927年にボッシュ社（ドイツ）で製作され、日本では1941年に製作されたのが最

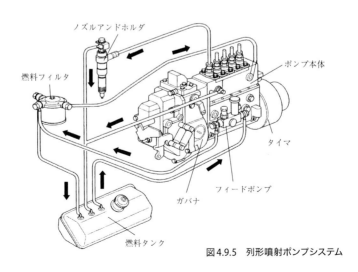

ノズルアンドホルダ

燃料フィルタ

ポンプ本体

タイマ

フィードポンプ

ガバナ

燃料タンク

図4.9.5　列形噴射ポンプシステム

初で、歴史は古いが、近年は排出ガス規制強化にともない、噴射タイミングおよび噴射率のコントロールのしやすさからコモンレールに変わってきている。列形ポンプのシステム図を図4.9.5に示す。

(a) 構成部品の機能と種類

①ポンプ本体

プランジャとカムシャフトから構成される圧送機構で、フィードポンプから供給された燃料を高圧にし噴射管を経てノズルホルダ側へ圧送を行う。噴射初めは、ポートをプランジャで閉じたときが圧送初めとなり、やがて噴射初めとなる。このポートが固定されたプランジャバレルに設けられているため、燃料噴射初めは一定である。一般的には、噴射量の少ない小型車で使用されるA型ポンプ、噴射量の多い大型車で使用されるP型ポンプなどがある。また、ポートを可動式とすることにより噴射初めを制御できる電子制御式可変噴射率ポンプ（TICS）などもある。

②ガバナ

燃料噴射量を最適に制御するため、負荷変動に応じてポンプ本体のラックをフライウェイトとスプリングで制御し、アイドリング回転速度、最高回転速度、最大噴射量の制御を行う。メカニカルガバナは特性として大きく2つに分かれ、最高最低ガバナとオールスピードガバナがある。最高最低ガバナはアイドリングと最高回転だけを調速し、中速域はアクセル開度により制御を行う。オールスピードガバナはアイドリングから最高回転速度まですべての回転域の制御を行う。両者の特性をもつ両用ガバナもあり使用目的によって使い分ける。また、特性を自由にできるラックをリニアDCモータで制御する電子ガバナもある。

③タイマ

エンジン回転速度と負荷に応じて最適な燃料噴射時期となるよう、フライウェイトとタイマスプリングによりエンジン側駆動軸と噴射ポンプのカムシャフトに位相差を発生させ進角を行う。車両用はオートマチックタイマを使用する例が一般的である。オートマチックタイマには2種類あり、直接進角を行う標準型と偏心カムを回転させて進角を行う偏心カム型である。タイマーウェイトをエンジンオイルの圧力で作動させる電子タイマもあり油圧でコントロールされるため進角特性が自由に設定できる特徴ある。

④フィードポンプ

燃料タンクから燃料を吸い上げ、フィードポンプから吐出した燃料は燃料フィルタを経て、ポンプ本体のギャラリへ燃料を送る。シングルアクション、ダブルアクションの2種類があり、噴射量の少ない小型車・中型車ではシングルアクション、

噴射量の多い大型車ではダブルアクションを使用する例が多い。

⑤ノズルアンドホルダ

　ポンプ本体より送られてくる高圧燃料を微粒化し、エンジンの燃焼室に噴射を行う。噴霧を微粒化するノズルと開弁圧をセットするホルダで構成されており、ノズル仕様としてはスロットルノズル、ホールノズルなどがあり最近はホールノズルを使用される例が多い。ホルダはスプリングが1本の通常タイプと、スプリングが2本ある2スプリングタイプがある。直噴ディーゼルエンジンでは、2スプリングタイプを使用する例が多い。

(2) コモンレールシステム

　コモンレールシステムを図4.9.6に示す。システムは、サプライポンプ、レール、インジェクタ、ECU、各センサ類から構成されている。構成部品としては列形・分配形ポンプシステムに近い。

　サプライポンプにより生成された高圧燃料は高圧管を経てレール（蓄圧室）に蓄えられ、エンジン回転速度と負荷により設定された値となるよう、サプライポンプの燃料吐出量をECUからの電気信号で制御する。指定の圧力に制御されたレール内の燃料は、高圧管を経て各気筒のインジェクタに導かれ、燃焼室に噴射される。インジェクタは、ECUから出力された電気信号によりノズルリフト直近を制御す

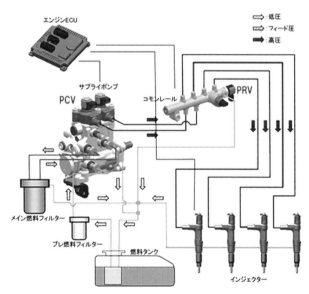

図4.9.6　コモンレールシステム図（4気筒の例）

ることから、精度よく最適噴射圧、噴射量、噴射時期の独立電子制御が可能であり、マルチ噴射も可能である。制御を行うためのセンサ類はレールからレール圧を検知するプレッシャセンサ、フライホイールから回転速度を検知する回転センサ、サプライポンプカムから気筒判別を検知する回転センサ（エンジンに装着する例もあり）、インジェクタの燃料戻り回路から燃料温度を検知する燃料温度センサ、エンジンの冷却水回路から水温を検知する水温センサ、アクセルペダルから負荷を検知するアクセルセンサなどを装着し、各センサの出力により最適値になるよう制御を行う。

(a) 構成部品と作動

①サプライポンプ

　サプライポンプに装着されているフィードポンプから吸い上げられた燃料をレール内に圧送して、レール内の燃料圧力を上げる装置である。大きく分けると2つの種類があり、オイル潤滑の列形タイプと燃料潤滑のロータリータイプがある。

(i) 列形タイプ

　主に、オイル潤滑は大型車用に使用され（燃料潤滑は中小型用）、列形噴射ポンプと同様なプランジャ式圧送系をもち、電磁弁（または燃料入り口にリニアソレノイド）によって吐出量制御を行う。従来の列形ポンプにおける、高圧燃料の噴射終

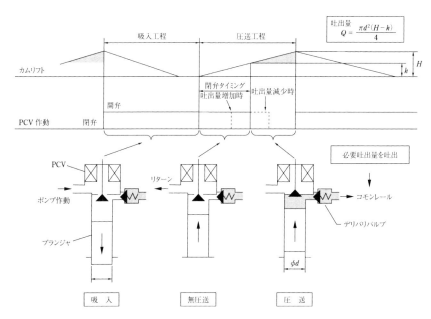

図4.9.7　サプライポンプの作動（デンソー製HP-0の例）

わりに発生するスピルという損失がなく高効率である。図4.9.7にデンソー製HP-0（列形タイプ）の作動を示す。サプライポンプは圧送系にカムシャフト、タペット、プランジャからなり、従来の列形ポンプと類似している。燃料吐出量はPCV（電磁弁）を気筒ごとに設置し、コモンレール圧の安定化を図るため、一般的には1噴射1圧送の同期噴射を行い、多山カムシャフトの採用により、シリンダ数は6シリンダエンジンの場合は2気筒3山が採用される例が多い。プランジャ下降工程では電磁弁は開弁しており、低圧燃料がプランジャ室に吸入され、次にプランジャ上昇工程では電磁弁に通電され必要に見合ったタイミングで通電し、閉弁させるとリターン通路がたたれポンプ室圧が昇圧し、燃料はデリベリバルブを通りコモンレールに圧送される。したがって、PCVの閉弁タイミングで吐出量が変わり、コモンレール圧の生成と制御を行う。

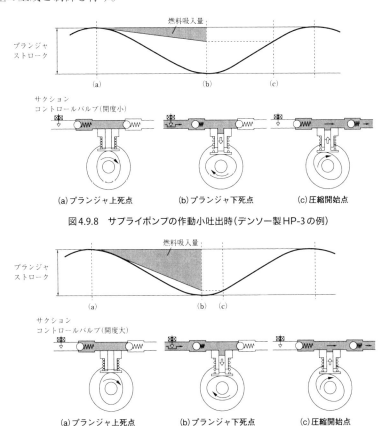

図4.9.8　サプライポンプの作動小吐出時（デンソー製HP-3の例）

図4.9.9　サプライポンプの作動大吐出時（デンソー製HP-3の例）

最近では、同タイプの小型化されたサプライポンプ（デンソー製HP‐6、7）という高圧ポンプも実用化されている。

（ii）ロータリータイプ

主に乗用車・小型車・中型車に使用され、乗用車・小型車用はプランジャを対抗配列、中型車用は星形配列を使用するのが一般的である。特徴としては、高圧燃料通路部分と低圧燃料系部分を完全に分離したレイアウトで、電磁弁により調量を行っているが、前述のHP‐0とは違い吸入調量を行っている。図4.9.8及び図4.9.9にデンソー製HP‐3の作動を示す。

駆動構造は、平タペット機構を採用することで面圧低減をはかり、低駆動トルクと超高圧噴射を行い、また、高圧燃料通路部分と低圧燃料通路部分を完全に分離し、高圧部は鉄製部分に、低圧部はアルミダイカスト部に集約し軽量化を行う例もある。

②インジェクタ

インジェクタの機能は、コモンレールから供給された高圧燃料を微粒化し、最適な噴射量を最適な噴射時期で燃焼室に噴射することである。このため、噴射ノズル、コマンドピストン、流入流出オリフィス、制御室、電磁弁等で構成され、ECUからの電気信号により電磁弁をON‐OFF制御する。通電開始時期により噴射時期が決まり、通電時間により噴射量が制御される。

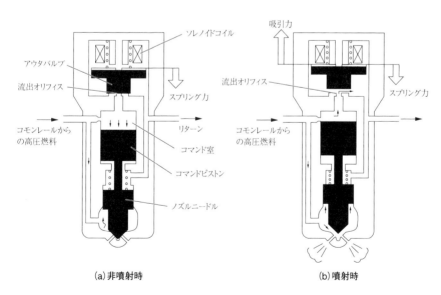

（a）非噴射時　　　　　　　　　（b）噴射時

図4.9.10　インジェクタの作動（デンソー製G3の例）

図4.9.10に一般的なインジェクタの構造と作動（デンソー製G3の例）を示す。つぎに、インジェクタ作動を噴射の経過によって説明する。

(i) 非噴射時

　通電が行われない状態では、アウタバルブはバルブスプリングにより流出オリフィスに押し付けられ閉弁している。一方、コマンド室（制御室）には流入オリフィスからコモンレール圧が印加されているため、コマンドピストンを介してノズルニードルは閉弁しており噴射は行われない。

(ii) 噴射時

　ソレノイドコイル（電磁弁）に通電すると、アウタバルブは電磁力により吸引され、流出オリフィスを開弁する。一方、コマンド室では開弁によりコマンド室圧が下がり、コマンドピストンが上昇し、同時にノズルニードルも上昇し噴射が開始する。

(iii) 噴射終了

　ソレノイドコイルの通電を止めると、アウタバルブはバルブスプリングによって押し下げられ、流出オリフィスを閉弁する。一方、コマンド室へは流入オリフィスより高圧燃料が流入し、コマンドピストンを介してノズルニードルを押し下げて噴射を終了する。

　この作動を繰り返すことでコモンレールシステムの特徴であるマルチ噴射が可能であり、さらに、高応答電磁弁化による噴射インターバル低減により、1気筒の噴射工程で5回のマルチ噴射も可能である。最近では、リーク量の少ないインジェクタも開発され（デンソー製G4）サプライポンプの小型化（前述サプライポンプのHP－6,7）により消費馬力も改善する。一方、2電磁弁を有する増圧システム（ボッシュ製）インジェクタもある。サプライポンプの吐出圧に対し、2つの電磁弁で、増圧ピストン制御と針弁制御を行い、1つの噴射の中で、噴射率を変えられるインジェクタもある。

③レール

　図4.9.11にコモンレールを示す。サプライポンプによって生成された高圧燃料をインジェクタへ分配を行う。レール圧を検出するプレッシャセンサ、許容圧を超えた場合に開弁するプレッシャリミッタ（または減圧弁）、各気筒に繋がり高圧管内の圧力脈動を低減するオリフィスで構成されている。オリフィスは約 $\phi 0.7 \sim 1.0 \mathrm{mm}$ 程度を選択するのが主流である。レールはサプライポンプと各気筒のインジェクタ間に高圧管を介して設置され、インテークマニホールドなどに取り付けられる例が多い。

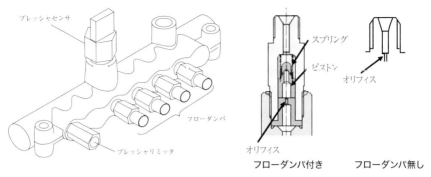

プレッシャセンサ

スプリング

ピストン

オリフィス

フローダンパ

プレッシャリミッタ

オリフィス

フローダンパ付き　　　　フローダンパ無し

図4.9.11　コモンレール（4気筒の例）

④高圧管

　サプライポンプで生成された高圧燃料をレールに送り、レールに蓄えられた高圧燃料を各気筒のインジェクタに送るための燃料配管である。サプライポンプの燃料タンクからの配管などとは違い、常時サプライポンプで発生した高い正圧がかかっているため、列形ポンプのように負圧によるキャビテーションの発生はない。従ってパイプ材料も列形ポンプではSUS2重管などを使用する例が多いが、コモンレール式では、VS1H材が一般的に使われており、耐圧性確保のため内径と外径（大型 $\phi 8 \times \phi 4$、乗用 $\phi 6.35 \times 3$ など）、材質などを選択する必要がある。さらに、耐圧強度を増すために耐圧強度の2〜3倍程度の圧力を瞬時にかけ、残留圧縮応力をもたせる例もある。これをオートフレッテージ加工という。

⑤ECUおよび各種センサ類

　コモンレールシステムのECUは前述のよう、各センサ信号を取り込み、最適なレール圧力、噴射時期、噴射量、噴射パターンに制御を行うため、サプライポンプ、インジェクタの電磁弁を駆動する。各センサ類は回転速度を認識する回転センサ、圧力制御のためのプレッシャセンサ、噴射時期の決定・インジェクタ制御に必要な気筒判別用の回転センサなどを搭載する。

　近年では、低圧から高圧まで各気筒の各気筒間の噴射量バラツキを低減するため、各インジェクタごとの噴射量を多点で補正するシステムが採用されている例が多い（デンソー製QRコード等）。

⑥エンジン制御システム

　コモンレールシステムのECUは、図4.9.12に示すエンジン制御システムを担っている。コモンレールシステム以外のエンジン制御として、EGRバルブ、VGターボ、

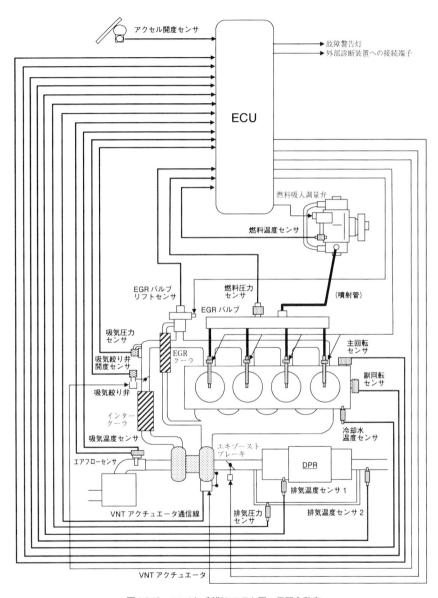

アクセル開度センサ

故障警告灯
外部診断装置への接続端子

ECU

燃料吸入調量弁

燃料温度センサ

EGR バルブ
リフトセンサ

燃料圧力
センサ

(噴射管)

EGR バルブ

吸気圧力
センサ

EGR
クーラ

主回転
センサ

吸気絞り弁
開度センサ

吸気絞り弁

副回転
センサ

インター
クーラ

吸気温度センサ

冷却水
温度センサ

エアフローセンサ

エキゾースト
ブレーキ

DPR

排気温度センサ 1

VNT アクチュエータ通信線

排気圧力
センサ

排気温度センサ 2

VNT アクチュエータ

図 4.9.12　エンジン制御システム図　日野自動車

ディーゼルスロットルなど、車両制御としてスピードリミッタ、オートクルーズなど、市場サービス性を向上する故障診断機能などコモンレールシステム以外の多岐のシステムを担っている例も多い。エンジン排出ガス低減装置として、EGRバルブ本体にEGRバルブ開度を検知するEGRバルブリフトセンサ、インテークマニホールドに過給圧を検知するブースト圧センサ、吸気絞り弁本体に吸気絞り開度を検知する開度センサなどを搭載する。また、車両制御として、スピードリミッタなど車両速度制御を行うため、トランスミッションに車速を検知する車速センサを搭載し、それぞれのセンサからECUへの入力により最適制御を行っている。

4.9.3　ユニットインジェクタとユニットポンプ

　ユニットインジェクタは、ヨーロッパでは主流で日本でも採用例がある。システム構成を図4.9.13に示す。別体フィードポンプ、ユニットインジェクタ、駆動用カム、ロッカアーム、ECU、各種センサで構成される。既存エンジンへの搭載は、インジェクタのサイズが大きいことや、インジェクタをカムシャフトとロッカアームで直接駆動することから、駆動トルク変動により駆動系の強化が必要とされる。また、別体フィードポンプを燃料タンクとユニットインジェクタの燃料経路に搭載する必要がある。ユニットインジェクタは、列形ポンプのプランジャ部とノズルを一体とした形であり、列形ポンプの場合、ポンプ本体とノズルホルダ間を長い高圧管により結合するため無駄容積があるが、ユニットインジェクタは前述のように、一体構造で高圧化に適している。また、電磁弁により噴射量や噴射時期が制御できる。一方、コモンレールのように蓄圧室がないことから、一般的に低速で高圧が得られにくいが、キャタピラー社製(MEUI)では多段噴射が可能なシステムもある。制御を行う各センサ類は、フライホイールから回転速度を検出する回転センサ、カムから回転速度を検出する気筒判別センサ、アクセルペダルから負荷を検出するアクセルセンサなどを搭載する。ユニットポンプは、ユニットインジェクタの圧力発生部分とノズルを分離した構造で、シリンダブロック内に搭載するタイプのユニットインジェクタであり、短いパイプでノズルホルダとつなげる必要があるが、ユニットインジェクタに近い高圧を得ることができる。最近では、ユニットポンプをエンジンに装着し、サプライポンプとする、コモンレールシステムもあり、多様化が進んでいる。

その他の噴射系システム

　その他の噴射系システムとして、分配形(VE型、V4など)、PFR(カムシャフト

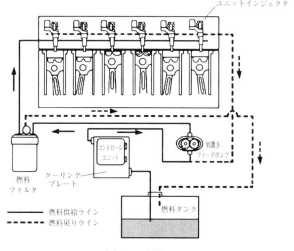

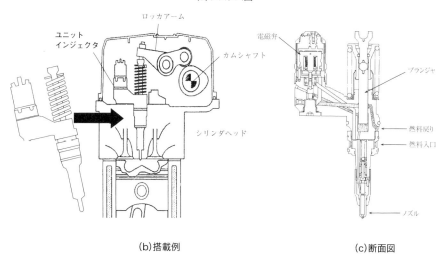

(b)搭載例　　　　　　　　　　(c)断面図

図4.9.13　ユニットインジェクタのシステム図と搭載例[2) 3)]

レスポンプ）などがあり（図4.9.14）、分配形は一般的に乗用車系で使用され、列形
ポンプに近いシステムである。VE型はプランジャが1本で各気筒に燃料を圧送す
る分配ポートが搭載された噴射ポンプである。また、分配形の高圧ポンプとして対
向するプランジャを2組搭載し、高圧を発生させ分配ポートから各気筒へ分配する
デンソー製V4ポンプなどがある。PFRは農機や建産機などで使用され、列形ポン

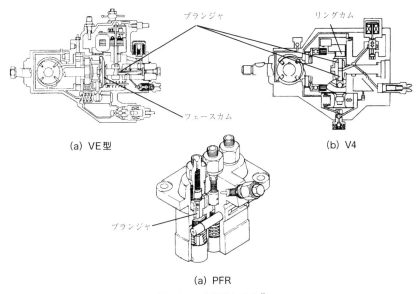

(a) VE型　　　　　　　　　　　　　　(b) V4

(a) PFR

図4.9.14　分配形とPFR[1]

プの燃料圧送機能のみ独立したポンプでシリンダブロックに直接組みつけられるポンプである。

4.9.4　燃料フィルタ

　燃料フィルタは、燃料中のゴミおよび給油の際に侵入する粉塵等で汚れた燃料を濾過し清浄化する部品である。燃料フィルタには、エレメントのみのカートリッジタイプとスピンオンタイプがある。今般、ディーゼルエンジンの排出ガス規制強化に対応するために燃料噴射の高圧化が進み、コモンレールシステムの耐久性を確保する上で、軽油中のゴミに特に配慮しなければならない。石油精製工場から車両の燃料タンクに充填され燃料タンクの燃料を使用するが各過程で軽油中にゴミが混入する可能性があり、その軽油中に混入しているゴミの大きさごとの数を測定すると、粒子径の小さなゴミが多い。これらのゴミがコモンレールシステムのサプライポンプ、インジェクタなどへ侵入するのを防止するために、濾過効率の高い燃料フィルタの選定を行わなければならない。図4.9.15に代表的なエレメント交換タイプの燃料フィルタの断面図を示す。

　近年は環境保全を考慮し、エレメント交換タイプが主流でエレメントも焼却可能な樹脂を使用したものが増加している。燃料フィルタの容量（濾過面積）は燃料の清浄性およびエレメントの目詰まりを考慮し決定する。コモンレールシステムでは

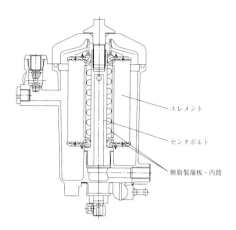

図4.9.15　燃料フィルタ構造[4]

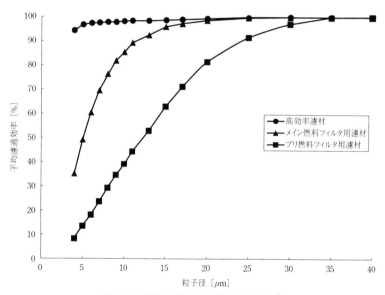

図4.9.16　濾紙の種類別の粒径と濾過効率[4]

プリ燃料フィルタを直列で使用するのが一般的である。燃料清浄度の良くない輸出国や、高濃度バイオ燃料使用国では更に一つ追加する場合がある。図4.9.16に、濾紙の種類別の粒径と濾過効率を示す。

　メイン燃料フィルタ用濾材はプリ燃料フィルタ用濾材に対し効率が良く、目の粗いプリ燃料フィルタを燃料タンク側に設置し、メイン燃料フィルタをプリ燃料フィ

ルタの後側に設置することでエレメントの目詰まりのバランスをとる。また、コモンレールシステムでは、粒子径が5μm以上にて98％以上の濾過効率を確保した高効率濾材が使用されている。一方で、エレメントの交換インターバルについてはロングインターバル化が進んでおり、車両メーカによってバラツキはあるものの、日本の大型ディーゼル車では5〜10万kmである。

　プリフィルタには水分離としても重要な機能がある。水分離機能としては最大流量時99％分離できるものもある。

　燃料フィルタの付帯機能として、フィルタの目詰まりの検出、水位の検出などがあり、メンテナンスをインターバルではなく、上記検出を用いドライバーに、メンテナンスを促すシステムも開発されている。

引用文献

1）　（株）デンソー、資料提供
2）　ボッシュ(株)、資料提供
3）　旧日産ディーゼル工業(株)、ホームページ
4）　東京濾器、資料提供

参考文献

①　伊藤昇平「自動車用ディーゼル噴射装置の現状」『自動車技術』Vol.8、No.22、自動車技術会、1999年、pp.58–66
②　伊藤栄次、古田克則「ディーゼルエンジン　コモンレールシステム」『自動車技術』Vol.59、No.2、自動車技術会、2005年、pp.57–60
③　木村隆彦、篠原幸弘、長田耕治「エンジンシステム　燃料噴射システム」『自動車技術』Vol.59、No.4、自動車技術会、2005年、pp.93–96
④　全国自動車整備学校連盟編『改訂版　ジーゼル・エンジンの構造』山海堂、1991年
⑤　西村輝一「大型ディーゼル噴射装置の現状と今後の動向」『自動車技術』Vol.8、No.22、自動車技術会、1999年、pp.50–57
⑥　宮木正彦「パワトレイン機器分野の将来動向・開発動向」『デンソーテクニカルレビュー』1342-4114、デンソー、2006年、pp.15–19

4.10 補機類

ディーゼルエンジンの補機部品は、車両のブレーキ等に使用する圧縮エアを得るためのエアコンプレッサ、負圧を発生するためのバキュームポンプ、ハンドル操舵補助をするための油圧を発生するPSポンプがある。本項では、エアコンプレッサおよびバキュームポンプの機能、構造、作動等について説明する。

4.10.1 エアコンプレッサ

大型・中型トラックやバスのブレーキには、主にエアブレーキシステムが使用されている。その作動用の圧縮エアを発生する装置が、エアコンプレッサである。エアコンプレッサは一般にエンジンに取り付けられ、ギヤにより駆動される。

圧縮エアはブレーキ以外にも、エアサスペンション、バス用ドア、エンジン制御

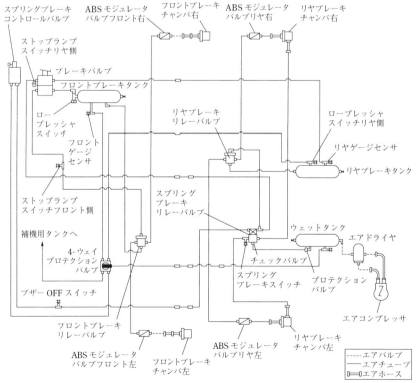

図4.10.1　エア配管回路（大型車フルエアブレーキの例）

用バルブ等の駆動に用いられ、最近ではSCR用尿素水の供給にも用いられており、近年、エアコンプレッサに求められる吐出性能は高くなってきている。

(1) エアチャージ系の構成

(a) エアチャージ系基本回路

エアクリーナ後のインテークパイプよりエアを吸い込み、エアコンプレッサにより圧縮する。圧縮エアはエアドライヤにより除湿された後、プロテクションバルブを介してエアタンクに貯められる。その後エアタンクから、ブレーキ系、エアサスペンション系、その他補機系にエアが供給される（図4.10.1）。

(b) エアチャージ系の圧力調整

アンローダバルブ付きの場合エアチャージ系の圧力は、プレッシャレギュレータにより一定範囲（一般に900kPa〜1MPa）になるよう制御される（図4.10.2）。圧力が設定圧に達すると、プレッシャレギュレータよりエアコンプレッサとエアドライヤに信号圧が伝えられ、エアコンプレッサのアンローダバルブが開き圧縮エアの供

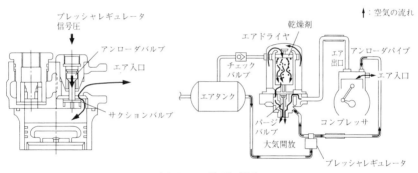

(a)アンローダバルブ付き

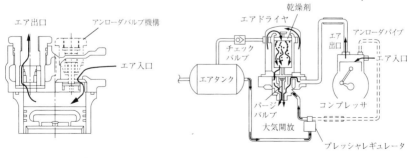

(b)アンローダバルブレス

図4.10.2　圧力調整機構

給が止まると同時に、エアドライヤのパージバルブが開き乾燥剤の再生が行われる（アンロード状態）。エアが消費され圧力が設定圧以下に下がると、信号圧が開放されアンローダバルブとパージバルブが閉じ、エアの圧縮を開始する（ロード状態）。

　アンローダバルブがないタイプ（アンローダレス）の場合はアンロード時にエアコンプレッサから吐出されたエアは、エアドライヤのパージバルブから大気に放出する。アンローダレスのメリットは、アンローダバルブとその配管が不要となり、回路をシンプルにできることである。デメリットは、アンロード時の消費馬力が増えることと、アンロード時に大流量のエアが下流に流れるためエアドライヤまでの配管温度が上がることである。そのため、比較的吐出温度の低い小容量のエアコンプレッサに採用されている。

(2) エアコンプレッサの構造

(a) 基本構造

　エアコンプレッサの基本構造は一般的にレシプロタイプで、ギヤトレーンにより駆動される（図4.10.3）。シリンダの配置により、単気筒、直列2気筒、V型2気筒等のタイプがある。ヘッドにはデリバリバルブ、サクションバルブが組み込まれて

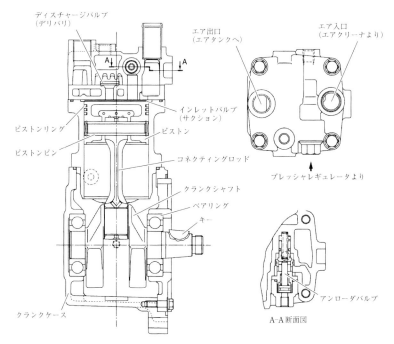

図4.10.3　エアコンプレッサ構造（アンローダバルブ付）

いる。構造は大きく分けてリード弁とディスク弁があるが、現在は吐出効率および吐出温度が有利なリード弁が主流となっている（図4.10.4）。

また、圧力を制御するためのアンローダバルブがヘッドに組み込まれる（アンローダレスタイプはない）。アンローダバルブには、シリンダ内とサクション室を連通させるタイプ、ヘッド内の部屋に圧力を貯めるタイプがある。後者は吸入行程時に部屋に貯めたエアによりピストンを押し下げエネルギを回収し、アンロード時の消費馬力低減を狙っている。エアの圧縮にともない温度が上昇するため、ほとんどのエアコンプレッサはヘッドに冷却構造を有しており、その大半は水冷式となっている。ピストン部は飛沫潤滑、ベアリング部は強制潤滑または飛沫潤滑により潤滑される。一部のエアコンプレッサは、燃料ポンプ、PSポンプ等を同軸で駆動している。

吐出効率は、圧縮比の大きさにより大きく左右される。圧縮比は14〜30程度であり、圧縮比が高いほど吐出効率が高い傾向にある。ただし、むやみに圧縮比を上げると筒内圧が上昇することにより筒内温度が非常に高くなり、オイルが炭化し堆積する不具合が生じるおそれがあるため、ヘッド内での冷却等が必要となる。近年は、軽量、小型化のため高圧縮比が進んでいる。

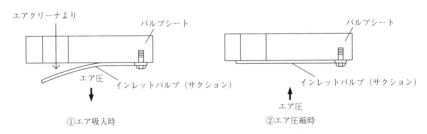

（a）イントレットバルブ（サクション）の作動

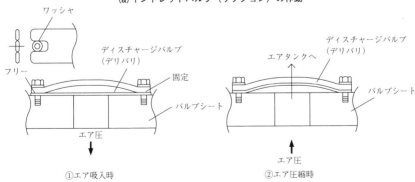

（b）ディスチャージバルブ（デリバリ）の作動

図4.10.4　サクション、デリバリバルブの作動（リード弁）

(3) エアコンプレッサに要求される性能

(a) 高容量化

エアコンプレッサの必要容量は、単位時間当たりのエア消費量により決定される。要求容量は、フルエアブレーキの採用、スプリングブレーキの採用、エアサスペンションの採用等により増大してきた。今後、尿素SCR（NOx低減機構）の採用により消費量の増加が見込まれる。

(b) 高圧化

現在、日本国内の主流の最大使用圧力は、0.9〜1.0MPaである。ヨーロッパでは1.2MPa程度も使用されている。使用圧力の高圧化は、タンク容量低減、エアサス性能改善（車高上昇時間短縮）等による要求である。高圧化は、エアコンプレッサの吐出温度が上昇し、吐出効率が落ちるといったデメリットがあり、エアコンプレッサにはそれらを補う性能が要求される。

(c) 吐出温度低減

エアを圧縮すると温度上昇は避けられない。一昔前のものでは吐出温度が200℃を超えるものもあった。エアチャージ系の温度には以下の2つの条件がある。

①エンジン－シャシ間ホースの入口温度が、耐熱温度以下であること。

②エアドライヤ入口温度が保証温度以下であること。

これらの条件を満たすため、エアコンプレッサの出口温度低減、エア配管の延長による温度低減が必要である。エア配管の延長は、レイアウト上の制約が大きく、重量増、コストアップ等のデメリットをともなうので、エアコンプレッサ吐出温度低減により目標温度の達成を求められる場合が多い。この対応策として、エアコンプレッサのヘッド容量増加やデリバリバルブ抵抗低減等の改善が考えられる。また搭載設計時には、エアコンプレッサをエンジンのインテーク側に搭載する、十分な冷却水流量を確保する、できる限り低温の冷却水を供給する等の考慮が必要である。

(d) オイル上がり低減

エアコンプレッサのエア出口からは、ピストンとシリンダライナを潤滑した後、圧縮室内に侵入したオイルが、エアと共に吐出される（オイル上がり）。このオイルの量が多いと、エアドライヤから多量のオイルが排出されたり、エアドライヤの乾燥剤が早期劣化を起こし問題となるため、オイル上がりの低減は重要な課題の一つである。オイル上がり対策として、ピストンリングの形状および張力の最適化、ピストンのリング溝形状およびオイル戻り穴の最適化、シリンダライナのボア変形低減等が設計のポイントとなる。究極の形として、給油を行わないオイルレスエアコンプレッサが検討されているが、まだ実用化の目途は立っていない。

(e) ギヤ打音低減

　エアコンプレッサロード時に、トルク変動によりドライブギヤがバックラッシュのガタの範囲で暴れ、ギヤの衝突音が発生する。主に上死点直後、シリンダ内の残圧による負のトルクが原因と考えられる。この音のレベルが大きいと騒音問題となるため、設計時に考慮が必要である。ギヤ打音を低減するには、上死点直後の残圧を減らす、ギヤのバックラッシュを可能な限りつめる等により、発生する音のレベルを抑えることが考えられる。また、エアコンプレッサや相手ギヤの取り付け部剛性を適正化し、音の伝達を抑えることが重要である。

(f) 消費エネルギー低減

　大型車用エアコンプレッサは、最高回転のロード時におおよそ3～4kW、アンロード時はおおよそ1～2kWのエネルギを消費している。車両の燃費を改善するため、この消費エネルギの低減が求められる。エアコンプレッサ単体としては、特にピストンおよびピストンリングのフリクション低減が必要である。また、前述したアンローダバルブの改善によるアンロード時の消費馬力低減が可能である。エアチャージ系としては、電子制御化によりさらなる消費馬力の低減が期待される。

4.10.2 バキュームポンプ

　小型トラック・バスには、おもに負圧倍力装置付ブレーキシステムが使用されている。倍力装置の作動用負圧を発生する装置が、バキュームポンプである。バキュームポンプは一般にエンジンに取り付けられ、ギヤにより駆動される（図4.10.5）。

バキュームポンプの構造

　バキュームポンプはロータとブレードがケーシングに内蔵され、ロータが回転することによりブレードがロータのブレード溝より飛び出し、ブレード間のエアを掻き出してバキュームタンクを負圧にしている。そのバキュームタンクの負圧によりブレーキ倍力装置が作動しブレーキをアシストする。

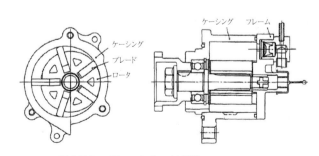

図4.10.5　バキュームポンプの構造

4.11 電気系

　ディーゼルエンジンの電装品は、エンジンを始動させるためのスタータ（始動装置）と低温始動時に使用する予熱用の始動補助装置があり、また、車両側に電力を供給するオルタネータ（発電機）とバッテリがある。本項ではこれらの装置や部品についての機能、構造、作動等について説明する。

4.11.1 スタータ

　スタータはエンジンを始動するための直流モータで、エンジン側のフライホイールに設けたリングギヤにスタータのピニオンギヤを噛合わせて回転力を伝達する。ピニオンギヤはマグネットスイッチ部のソレノイド（電磁石）の力で押し出され、リングギヤに噛合い回転力をリングギヤに伝達する。

　乗用車用スタータは、ピニオンギヤがリングギヤに噛込む前にモータで駆動され、フル回転しながら噛合うダイレクトドライブ方式が一般的に使われている。商用車においては使用年数が長いことや始動の回数も多いので、噛み合い時にはピニオンギヤを低速で回転させて、噛合い後にフル回転し駆動力を伝達する補助トルク方式を採用している。これはリングギヤやピニオンギヤの損傷をできるだけ少なくして耐久性を確保するためである。

　また、近年は環境面に対する配慮からアイドリングストップシステム（赤信号等で一時停止する場合、エンジンを自動停止するシステムで、ブレーキペダルを離したり、アクセルペダルを踏み込むことで再始動する）が普及した。始動回数の増加に対して、ブラシ材料や構造等の見直しが図られている。

(1) 主な構成部品と機能

　図4.11.1にスタータの構造図を示す。(a)はノーズ付式、(b)はノーズレス式で、かつ減速機構の付いたリダクション方式スタータである（本章(2)−(d)参照）。

①モータ部（アーマチュア）

　回転力を発生する部位。アーマチュアはモータ内部の回転する部分でフィールドコイル（界磁コイル）で発生した磁界とアーマチュアコイルに流れた電流で発生した磁束により回転する。アーマチュアコイルに電流を導通させるコンミテータ、ブラシ等から構成されている。

②減速部

　モータの回転数を減速させる。（リダクション方式スタータ）

③クラッチ

　出力軸のピニオンとモータ本体の間にあり、始動時にモータの回転力を伝達し、始動後はエンジンからの回転力を減速部、モータ部に伝えないようにする。

④マグネットスイッチ部

　ソレノイドの吸引力とリターンスプリングでモータ部へ電力を供給するための可動接点を開閉し、始動時にはドライブレバーでピニオンを押し出す。

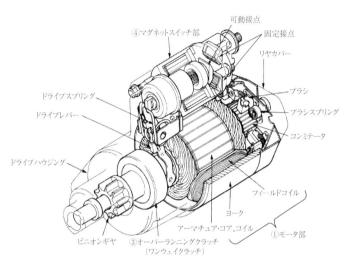

(a)ノーズ(ドライブハウジング)付式

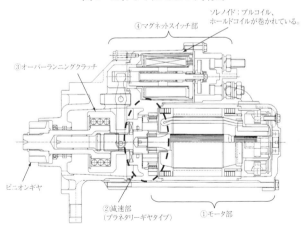

(b)ノーズレス式、リダクション(減速)方式(大型、中型トラックバス用)

図4.11.1　スタータの構造[1) 2)]

(2) スタータの種類

　トラック、バス用ディーゼルエンジンのスタータは近年、エンジンの小排気量TI化に伴いモータ出力の低減が可能となり、小型軽量化が進んでいる。

　スタータの傾向としてドライブハウジングが無いノーズレス式や後述のリダクション（減速）方式が世界的な流れとなっている。

(a) ピニオンギヤ噛合い時の挙動違いによる分類

①ダイレクトドライブ方式

　噛合い前からフル回転で作動、主に乗用車用。

②補助トルク方式

　噛合い後フル回転で作動、主に商用車用。

(b) アーマチュア構造による分類

①直流直巻方式（図4.11.2）

　アーマチュアコイルとフィールドコイルを直列に接続。回り始めのトルクが極めて大きい。

②補助極付き磁石方式

　フィールドコイルの電源が別電源を持つ方式。

③永久磁石方式

　フィールド（固定磁界）を永久磁石としたもの。

　現在は①の直流直巻方式のスタータが主流で下図のようにコンミテータ部分とシャフト部にはピニオンギヤとクラッチを回転させながら前進させるスプラインがある。

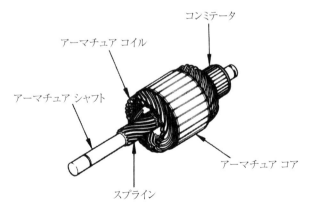

コンミテータ

アーマチュア コイル

アーマチュア シャフト

アーマチュア コア

スプライン

図4.11.2　直流・直巻方式スタータのアーマチュア[1]

(c) 構造上からの分類

①通常方式スタータ

　マグネットスイッチ部のソレノイドによりドライブレバーを動かし、ピニオンを押し出すと同時にモータの可動接点を閉じ、エンジンを始動させる方式。

②減速（リダクション）方式スタータ

　小型高速モータを利用してアーマチュア回転速度を1/3〜1/4に減速させピニオンギヤを駆動するものでモータの小型軽量化が可能。

(d) 減速構造からの分類

　減速（リダクション）方式スタータは高回転のモータを減速させて高トルクを発生し小型、軽量化することができる。

①内歯リダクション方式（図4.11.1（b））

　アーマチュア先端にギヤを設け、プラネタリギヤ（一般的に3〜4個）をインターナルギヤの間で回転させ減速させる方式。

②外歯リダクション方式（図4.11.3）

　3軸タイプとも呼ばれ、アーマチュア先端のギヤを2軸目のアイドルギヤを介して3軸目のアウタギヤに伝達、3軸目にはクラッチ機構やピニオンギヤがある。

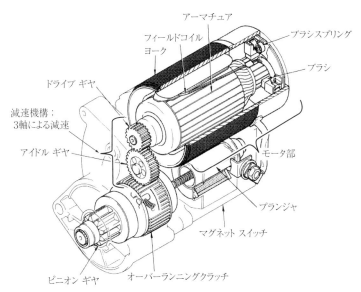

図4.11.3　外歯リダクション方式のスタータ [1]

(3) エンジン始動回路

　始動回路を図4.11.4に示す。図のようにスタータスイッチ、スタータ、スタータ
リレー、の3部品で構成される。本図は回路保護用ヒューズ等は省略している。接
続用電線はスタータ定格や始動時の電圧降下を考慮し選定する。大型トラックの場
合にはスタータが定格6kWのため電線径は50スケア〜85スケアが用いられる。

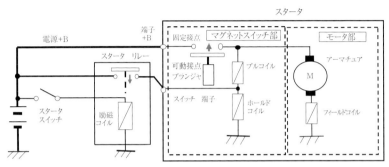

図4.11.4　エンジン始動回路図

(4) スタータの作動(補助トルク方式の場合)

①スタータスイッチの始動信号がスタータリレーの励磁コイルに流れるとスタータ
リレーの接点が閉じ、スタータ側のプルコイル、ホールドコイルに並列に電流が流れる。
②コイルの吸引力によりマグネットスイッチ部・可動接点が移動し、連結されたド
ライブレバーによりピニオンを押し出す。
③可動接点が完全に閉じると、スイッチ端子とモータ端子（+B）との電位差が無く
なり、プルコイルには電流が流れなくなる。ホールドコイルだけで可動接点のプラ
ンジャを吸引し保持する。
④可動接点が閉じてモータ部に電流が直接流れモータは全力で回転しエンジンを駆
動する。
⑤エンジンが掛かると、スタータスイッチのキーが戻されて始動回路は"OFF"と
なりスタータリレーの接点も開き、スターターのホールドコイルの通電が止まる。
マグネットスイッチ接点部のリターン・スプリングによってドライブレバーを介し
ピニオンギヤは押し戻される。エンジン回転数が上昇し、エンジン側からピニオン
ギヤがエンジン側から駆動されると、スプライン部分に後退力が発生しピニオンギ
ヤはリングギヤから離脱する。オーバランニングクラッチ（ワンウエイクラッチ）は
ローラタイプで エンジン側から逆に回される場合にはスタータモータを保護する
よう空転する。

(5) スタータモータの特性 （図4.11.5）

　モータの特性は、電流の増加と共に回転数は低下する。回転数が低下し、"0" rpmで最大トルクとなる。その時のトルクをロックトルク、電流をロック電流と言う。スタータの定格は出力特性の頂点を定格と呼ぶ。

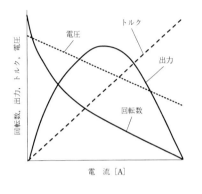

図4.11.5　スタータモータの特性

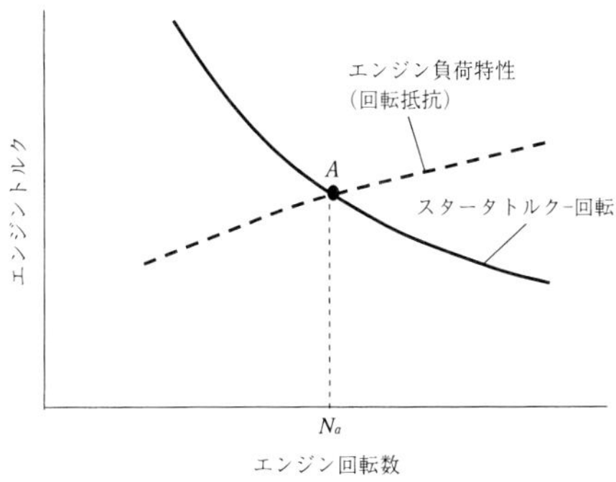

図4.11.6　スタータの始動性能

(6) スタータモータの定格出力と始動性能 （図4.11.6）

　スタータ出力は、エンジンを始動できる始動限界回転数以上にエンジンを回転させる必要がある。大型トラック用では6kW、中型トラックでは5kWである。エンジンの始動限界回転数は、エンジンの形式、排気量、外気温で変化する。一般的な大型トラック用ディーゼルエンジンの場合、70〜100rpm前後である。スタータ出力はバッテリ容量、液温度に左右されるので、それらの諸条件を考慮して決定する。バッテリは低温状態で化学作用が緩慢になり性能が低下する傾向がある。スタータへの接続ケーブル径も電圧降下しないよう十分太めのものを使用する。

　図4.11.6において、スタータ特性エンジン負荷特性の交点Aがエンジンを駆動する点で、回転数Naがエンジン駆動回転数となる。回転数Naがエンジンの始動限界回転数を上回っていれば始動可能となる。実際には低温時のスタータ特性を調査し、トルク−回転数特性を求める。

　車両の稼働する地域（国）が寒冷地の場合には標準仕様に対し、スタータ出力の大きいものやバッテリの容量が大きなものを組み合わせた寒冷地仕様を設定する例が多い。

4.11.2 始動補助装置

　ディーゼルエンジンは、空気を圧縮したときに発生する熱により燃料を着火させる。このため、冬季の厳寒時にはエンジン始動が困難になる場合がある。これを補うため始動補助装置が採用されている。

始動補助装置の種類

（a）グロープラグ式　（図4.11.7、　図4.11.8）

　ヒートコイルを金属管の中に仕込み、隙間に耐熱性の絶縁粉末が充填されているもので、各気筒ごとに1本装着し専用のコントロールリレーやエンジンECUで制御される。この方式は中型、小型トラック用エンジンに使用されている。

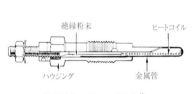

図4.11.7　グロープラグ[1]

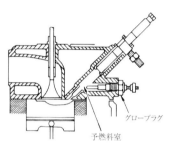

図4.11.8　グロープラグの搭載[1]

（b）インテーク・エアヒータ式

①インテークヒータ方式　（図4.11.9）

　吸入した空気をインテークマニホールドに取り付けたリボン状のヒータにより暖める方式で大型トラック用エンジンに使用している。ヒータ容量は1~3kWのものが多い。

図4.11.9　インテークヒータ[1]

②バーナヒータ方式

　インテークマニホールドに取り付け、燃料を燃やして空気を暖める方式。上流には電磁弁があり、コントロールリレーからの信号で燃料を送ったり遮断したりする。複雑なため使用されなくなっている。

（c）ジャケットヒータ式

　シリンダヘッドやブロックのウォータジャケットに電熱式ヒータを装着し停車し

ている間に外部商用電源で冷却水を暖めるタイプ。北米、カナダ等で使用されている。また国内の消防車ではオイルパンに電熱式ヒータを装着し冬季期間、外部商用電源でオイルを温めるものもある。

(d) エーテル噴射式

エーテルが低温でも燃えやすい特性を利用し、極寒地においてはスプレーでエーテルを燃焼室に送り込んで燃焼させる。ディーゼル燃料の点火促進を図るには有効である。しかし、この方法は寒冷時にエンジンを無理に始動させるので、エンジンオイル等がエンジン各部に回る前に始動することになるため、エンジンには好ましくないことを承知して使用する必要がある。

4.11.3 オルタネータ

車両には電装品、電子機器類が多数搭載されているので、これらの機器に電力を供給する必要がある。また、夜間の照明電力や始動の繰り返しで消耗したバッテリを充電させることも必要である。このように車両において電力を供給し、バッテリの充電を行うのがオルタネータである。

オルタネータにおいても小型化、軽量化、高出力化の要求があり、近年ではステータコイルに平角巻線を使用し、巻線占積率を高め効率を上げる方法も採用されている。また、乗用車では低騒音化のニーズから、ステータコイルを2層構造にして位相をずらし、磁気脈動を打ち消し磁気音を減らすオルタネータも実用化されている。

オルタネータのインテリジェント化が進み、レギュレータも電圧制御だけではなく車両制御ECUと協調し車両の燃費向上を目的とした通信機能を有するものもある。

(1) 主な構成部品と機能

図4.11.10にオルタネータの構造図を示す。(a) がブラシ付きオルタネータ、(b) がブラシレスオルタネータである。

①ロータ

ブラシ付きオルタネータでは界磁を発生させる部分で、シャフトと一体で回転する。ブラシレスオルタネータではポールコア部分のみ回転する。

②ステータ

回転磁界エネルギーを電気に変換、ステータコイルはY結線と⊿結線がある。

③フロントブラケット

ステータ、シャフトやプーリを支えるフロント側のブラケット。

④リヤブラケット (リヤエンドフレーム)

シャフト、ステータを支えるリヤ側ブラケット

⑤レクティファイア

整流用ダイオード（一般的には６個）を集め、一体化したもので、発生した交流電力を直流に変換する。

⑥レギュレータ

整流された電力の電圧調整を行う電気回路部

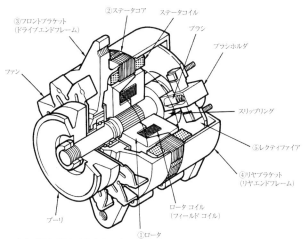

(a)ブラシ付きオルタネータ

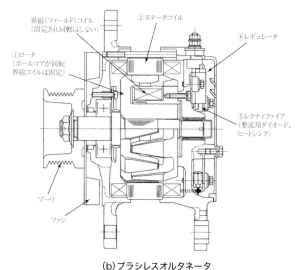

(b)ブラシレスオルタネータ

図4.11.10　オルタネータ構造 [1) 2)]

(2) オルタネータの種類

(a) 構造上からの分類

①ブラシの有無による分類

(ⅰ) ブラシ付きオルタネータ

　シャフト部に設けたスリップリングとの摺動接触を保ち、ロータ（界磁）コイルへの電流を通電するブラシ付きオルタネータ。乗用車や小型トラック用として使用されている。

(ⅱ) ブラシレスオルタネータ

　ロータはポールコアのみ回転し、界磁コイルはフレーム側に固定されているので通電のためのスリップリング、ブラシが不要となる。ブラシ摩耗がないことから、長期にわたり使用する大型、中型トラックやバス用オルタネータとして使用されている。

②その他の分類

(ⅰ) 外扇型

　プーリの後方にファンを持つオルタネータ。大中型トラック、バス用のオルタネータに多い。

(ⅱ) 内扇型

　オルタネータ本体内部にフロントとリヤに2つのファンを持つタイプ。前後のファンにより冷却効率を高め小型化している。乗用車に採用されている。

(b) 出力特性 (図4.11.11)

　オルタネータの出力（縦軸）は回転数（横軸）の上昇にともない増加するが、徐々に出力は飽和する。アイドル回転数域は、図のように立ち上がり部分となる。エンジンの始動直後はオルタネータの温度も低いので冷時の特性を示す。時間が経過し発電により発熱し温度が上昇すると熱時特性を示す。

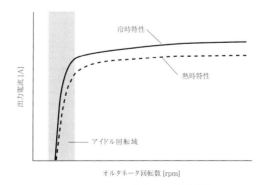

図4.11.11　オルタネータの出力特性

4.11.4 バッテリ

　自動車用バッテリは鉛バッテリが一般的に使用されている。また電気自動車、ハイブリッド車においてはリチウムイオンバッテリが使用されている。

　ここでは2つのバッテリについて概要を説明する。

(1) 鉛バッテリの概要と構成部品、種類

(a) 概要と主な構成部品（図4.11.12）

　正極板（二酸化鉛）と負極板（鉛）、電解液は希硫酸を使用する。1つの鉛バッテリの起電力は2V（1セル＝1電槽）で、これを6個（6セル）直列に接続し12Vバッテリとして使用するのが一般的である。電池容量を大きくするため、正極板には二酸化鉛を希硫酸と練り合わせた活物質（ペースト状）を極板の格子（または網目状）に保持させて、負極板には海綿状鉛を使用する。

　また、極板間の接触防止のため、セパレータ（合成繊維、樹脂等）を使用する。電解液は希硫酸で比重が1.280ほどである（周囲温度20℃、完全充電時の比重）。

　車両用バッテリはエンジンの始動や車載電装品の作動時に放電するので、走行中はオルタネータで充電する。鉛バッテリは放電と充電が可能な二次電池として活用されている。充電することで放電時発生した硫酸鉛が分解され電解液中に戻り、活物質も元の状態に戻り、再び電流を取り出すことができる。

　鉛バッテリでは放電終止電圧を1セルあたり1.75Vとし、6セルで10.5Vとなり、これを完全放電状態という（バッテリ容量を規定する時に使用する）。実際の使用過程では電解液が減少し、比重下がり、硫酸鉛が極板に付着するようになる。この

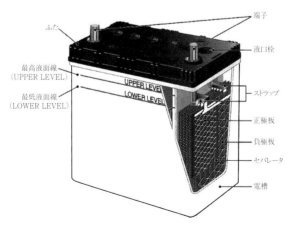

図4.11.12　鉛バッテリの構造[3]

ような状態となると電池寿命である。付着し硬化した結晶を"サルフェーション"といい、絶縁体のため充電による再生が困難となる。

(b) 車載用・鉛バッテリの種類

①電極、極板材料の違いによる分類

(ⅰ) アンチモンバッテリ

　正負極にアンチモンを含有する鉛合金を使用、低価格だが始動性に劣り、補水が必要。

(ⅱ) ハイブリッドバッテリ

　正極にアンチモン合金、負極に鉛カルシウム合金を使用、始動性は向上、補水が必要。現在、大型、中型トラック、バスに使用されている。

(ⅲ) カルシウムバッテリ

　正負極に鉛カルシウム合金を使用、始動性に優れ、駐停車の多い宅配車等に向き、補水も少ない。

②構造上の違いによる分類

(ⅰ) 開放型鉛バッテリ

　上面に液栓があり、発生した水素が放出される。液栓を外し比重の確認や補水もできる。コスト面から一般的には開放型が使用され、通風のよい場所に設置する。大型、中型トラック、バスも開放型を搭載している。

(ⅱ) 密閉型鉛バッテリ

　MF (メンテナンス・フリー) バッテリともいわれ、鉛カルシウム合金の電極を使用、極板とガラスマットに電解液を滲み込ませ、ケースを二重構造としたバッテリで外部に水素ガス等を放出しない。

(c) 鉛バッテリの容量と型式表示

①容量

　蓄えられる電気量を容量といい、放電電流と放電時間の積で表示される。60Ahの場合、12Aが5時間取り出せることを示す。また、取り出し後の電圧が放電終止電圧となるように決めている (JIS　5時間率)。一般に、大型トラックでは96Ahクラス、中型トラックでは52Ahクラスを直列接続し24V電源として使用する。

②型式　(図4.11.13)

　バッテリ型式はJISで決められている。例として、型式"55D26R"の場合について、下記に説明する。

・"55"は容量を表し、大きい数字の方が容量が大きい。容量が大きいものほど、エンジン始動性能は有利である。

- "D" は幅と高さを示し、Dの場合は幅:173mm、高さ:204mmである。
- 数字の"26" は長さを示し、26cmである。
- "R" は端子位置を示している。正極の+端子側短側面から見てが右にあることを示す。

図4.11.13　バッテリ型式と端子位置

(2) リチウムイオンバッテリの概要と動向 [4] [5]

　ハイブリッド車、電気自動車においてはリチウムイオンバッテリ搭載が今や主流となっている。軽量、大容量、高エネルギー密度、低自己放電と自動車の動力源として優れた特性を有している。

　一般的なリチウムイオンバッテリは、正極にコバルト酸リチウム、負極にハードカーボン（炭素を高温で焼成させたもの）、電解質は炭酸エチレンにリチウム塩を加えたものを使用し、リチウムイオンの授受を行う二次電池である。携帯電話やノートパソコン等の電池としても広く採用されている。

　自動車用として採用する場合、急速充電や衝突時の変形等による発熱や発火に対し安全性を高める必要があり、正極材料にマンガン酸リチウムや三元系リン酸鉄リチウムを用い、負極材料はチタン酸リチウムに変更し、材料の熱安定性を向上させ、酸素を放出しない材料を選定している例もある。電解質もフッ素酸リチウムや有機ホウ酸系イオンゲル等のゲル状、固体電解質に変更し揮発や発火をしない材料に改善が図られている。今後さらなる高出力・大容量リチウムイオン電池の実用化が期待される。

引用文献

1) デンソー、資料提供
2) 澤藤電機、資料提供
3) GS・ユアサバッテリ、資料提供
4) 「自動車用高出力・大容量リチウムイオン電池材料の研究開発」『サイエンステクノロジートレンド』2010 年
5) 『日本経済新聞』電子版、2010 年 5 月 24 日

第5章 ディーゼルエンジンの燃料、潤滑油、冷却水

5.1 燃料（軽油）

5.1.1 軽油の種類

　ディーゼルエンジンに使用される国内燃料（軽油）は、使用地域の温度環境に対応することを目的として、特1号、1号、2号、3号、特3号の5種類に分類されている（表5.1.1）。また、JIS K 2204解説の項にこれら5種類の軽油を適切に使用することを目的として、軽油使用ガイドラインがある。一方、欧米等ではバイオ燃料や分解軽油の利活用といったディーゼルエンジン用燃料の多様化が進んでいる。

5.1.2 軽油の性状と規格およびエンジン等に及ぼす影響

　軽油の品質は、エンジンの性能や排出ガス特性、噴射系部品の耐久性、後処理装置の浄化特性、エンジンオイルの交換寿命等に影響する。そのため、灯油やA重油との混合使用を防止する目的で、灯油やA重油に識別用添加剤（クマリン）の添加が義務付けされている。近年の排出ガス規制強化のもとでディーゼルエンジンや

表5.1.1　軽油の品質（JIS K 2204-2007）

試験項目	単位	種類				
		特1号	1号	2号	3号	特3号
密度(15℃)	g/cm³	0.86以下				
引火点	℃	50以上			45以上	
セタン指数（またはセタン価）	−	50以上		45以上		
硫黄分	mass%	0.0010以下				
流動点	℃	+5以下	−2.5以下	−7.5以下	−20以下	−30以下
目詰り点	℃	−	−1以下	−5以下	−12以下	−19以下
動粘度(30℃)	mm²/s	2.7以上		2.5以上	2.0以上 (2.0〜4.7)	1.7以上
蒸留性状90%流出温度	℃	360以上		350以下	330以下 (350以下)	330以下
10%残油の残留炭素分	mass%	0.10以下				

後処理装置との関連において主要ないくつかの項目について以下に示す。

(1) 硫黄分

硫黄分は、エンジンから排出されるNOxの低減を目的としたEGR採用と、それにともなうピストンリングやシリンダライナの腐食摩耗等を抑制するため、排出ガス規制の強化に同期して段階的に低減されてきた。日本ではEGR、DPF、酸化触媒、NOx触媒の導入にともない、サルファーフリー（硫黄分10ppm以下）軽油が2005年に導入された。一方、硫黄分低減が不十分なアフリカ、中東、東南アジア等の一部途上国では排出ガス規制強化に向けて軽油の低硫黄化が課題のひとつとなっている。

(2) 軽油の潤滑性

軽油低硫黄化の懸念点は、潤滑性低下による噴射系摺動部品の摩耗増加である。そのため硫黄分500ppm化実施以降は軽油に潤滑性向上剤が添加されている。軽油の潤滑性を確認するための試験方法が、社団法人 石油学会の試験方法（JPI-5S-50-98）として導入された。この試験はHFRR（High Frequency Reciprocating Rig）の略称で呼ばれており、潤滑性の指標としてHFRR 460μmが使用される。また、WWFC（World Wide Fuel Charter）ではHFRR 400μmが推奨されている。噴射系摺動部品の耐久性を考慮するうえで、HFRRは動粘度と同様に重要な特性である。

(3) セタン指数（またはセタン価）

石油学会編の『石油用語解説集』によると、セタン価は「ディーゼル燃料の自己着火性を表す値の一つ」で、「標準燃料と試料との着火性をCFRエンジンを用いて比較し、試料と同一の着火性を示す標準燃料中のセタンの容量%で表す」と定義している。一方、セタン指数は燃料性状の分析結果を用いて計算によって求めるセタン価の代用特性値である。セタン価とセタン指数とは良い相関を示すこと、セタン価測定に比較して簡便であることからセタン指数での規格化も普及している。国内軽油のセタン指数規格値を表5.1.1に示すが、セタン価の実勢値（2010年最小値）は49程度である。一方、米国のセタン価は40以上と規定されており、国ごとにその値は異なっている。軽油のセタン指数（またはセタン価）が小さくなるにともない着火遅れが大きくなり（図5.1.1）、それにともない燃焼・排出ガス特性も変化する。ディーゼルエンジンの燃焼特性を考慮するうえでセタン指数（またはセタン価）は重要な特性である。

(4) アロマ分

アロマ分は主に一環、二環、三環アロマで構成されており、一環アロマが最も多く、二環、三環の順に少なくなる（図5.1.2）。前述の軽油中の硫黄分低減を目的と

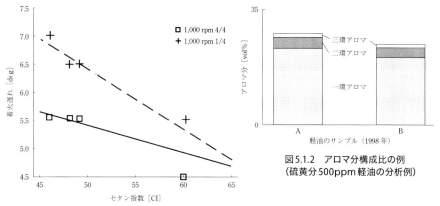

図5.1.1 セタン指数と着火遅れとの関係[1]

図5.1.2 アロマ分構成比の例
（硫黄分500ppm軽油の分析例）

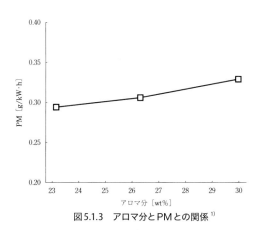

図5.1.3 アロマ分とPMとの関係[1]

して、各石油精製工場において脱硫強化が図られており、この脱硫強化によってアロマ分、特に多環アロマ分がやや減少する。軽油中のアロマ分が減少すると排気ガス中のPM（Particulate Matter）が減少することが知られている（図5.1.3）。

(5) 軽油中のゴミ

　ディーゼルエンジンの排出ガス規制強化に対応するため、燃料噴射の高圧化が進んでおり、サプライポンプ、インジェクタなどの耐久性を確保するうえで軽油中のゴミに配慮する必要がある。軽油中に混入しているゴミの大きさごとの数を測定すると粒子径の小さなゴミが多いことが知られている。インジェクタなどへのゴミ侵入を防止するために濾過効率の高い燃料フィルタの選定が重要である。

5.1.3　ディーゼル燃料の多様化動向

　軽油はディーゼルエンジン用燃料として長年使用され、ディーゼルエンジンは軽油使用を前提として長年開発されてきた。国内の統計によると、軽油価格は原油価格などの変動影響を受け徐々に上昇傾向にある。このような軽油価格変動に対するエネルギーセキュリティや地球温暖化防止（カーボンフリー、CO_2削減）、農業の活性化などの観点から化学合成軽油やバイオ燃料混合軽油が普及し始めている。

　化学合成軽油としてはGTL（Gas To Liquid）が知られている。GTLは硫黄分やアロマ分を含まない、セタン価が高いといった特徴があり、化石原油由来の軽油に比較して排ガス低減や後処理装置への負荷軽減が期待されている。

　バイオ燃料混合軽油の主流は、菜種油、大豆油、パーム油等を原料としたFAME（Fatty Acid Methyl Ester、脂肪酸メチルエステル）の軽油混合である。欧米や日本において100％バイオ燃料（B100）の品質規格（DIN 51606、EN 14214、ASTM D6751、JIS K 2390など）が制定されている。FAME混合軽油の品質規格としては欧州のEN 590（B7）、日本の品確法（揮発油等の品質の確保等に関する法律、B5）などがある。しかし、FAMEは発熱量が低い、蒸発温度が高い、酸化劣化しやすいなどの特徴がある。そのため、FAME混合率が高くなると、エンジン性能、燃料系部品やエンジンオイルなどに悪影響がでる懸念が指摘されており、さらには食料競合問題などもある。これらの問題点を解決し、多様な原料が使用できるBTL（Biomass to Liquid）やHBD（Hydrogenated biodiesel）などの普及が期待されている。

　また、化石燃料利用の高度化を目的として、例えば、重油留分から分解軽油を製造すること、価格の安い重質原油から軽油、ガソリン等を製造することが行われている。米国は分解軽油の製造や利活用の先進国であるが、軽油のセタン価が低く、一部軽油ではセタン価向上剤が使用されている。このようにディーゼルエンジン用燃料は多様化傾向にあることから、その性状や品質に留意が必要である。

引用文献

1）　下川清広ほか「燃料性状がディーゼルエンジン、ガソリンエンジンに及ぼす影響」『自動車技術』Vol.47、No.5、自動車技術会、1993年、pp.55–60

5.2 潤滑油（エンジンオイル）

5.2.1 エンジンオイルの種類と成分

　自動車用エンジンオイルは、その用途によってガソリンエンジンオイル、ディーゼルエンジンオイルなどに分類される。また、ディーゼルエンジンオイルはLight Duty用とHeavy Duty用とに分類される。Light Duty用はおもにディーゼル乗用車に使用される。Heavy Duty用は大型トラックなどの商用車に使用される。

　エンジンオイルは基油と添加剤によって構成されており、基油の品質グレードは表5.2.1に示す分類となっている。添加剤としては、清浄剤、極圧剤（摩耗防止剤）、分散剤、消泡剤、酸化防止剤、粘度指数向上剤、流動点降下剤等が使用されている。

表5.2.1　エンジンオイルの基油のASTM分類

	Saturates mass% (ASTM D 2007)		Sulfur mass% (ASTM D 2022)	Viscosity Index (ASTM D 2270)
Group Ⅰ	<90	and/or	>0.03	80≦Ⅵ<120
Group Ⅱ	≧90	and	≦0.03	80≦Ⅵ<120
Group Ⅲ	≧90	and	≦0.03	≧120
Group Ⅳ	Polyalphaolefins(PAO)			
Group Ⅴ	Group Ⅰ、Ⅱ、Ⅲ、Ⅳ以外の基油			

5.2.2　エンジンオイルの性状およびエンジンなどに及ぼす影響

　エンジンオイルに対する要求機能は、潤滑、冷却、清浄、酸中和、防食、防錆、密封等であり、以下に例示する。
- ・エンジンの各摺動部を潤滑（油膜形成）、冷却して摩耗を抑制することや金属接触を抑制して摩耗やフリクションの低減を図ること
- ・高温の燃焼熱を受けるピストンを冷却すること
- ・オイルに混入した煤やオイル劣化生成物によるエンジン内部の汚れの清浄化
- ・オイルに混入した酸イオン（硫酸イオンや硝酸イオン）を中和して腐食摩耗を抑制することや、エンジン停止時の結露など水分による錆びを防ぐこと
- ・ピストン、リング、ライナー間の隙間を密封してブローバイガスの増加を抑制すること

　これらの要求機能を満たすために基油や添加剤が適切に選別、処方され、各種規格試験などに合格したものがエンジンオイルとして製造、販売される。また、使用過程における適切なエンジンオイル性状の保持が、エンジン構成部品の耐久性保持

に繋がる。さらには、オイルシール等の高分子材料との相性やDPF、NOx触媒といった後処理装置への負荷軽減も重要な特性である点に留意する必要がある。

(1) 硫酸灰分（Sulfated Ash / S. Ash）

　硫酸灰分はエンジンオイルに添加されている金属型添加剤の総量を表す特性値である。主な構成成分としては清浄剤由来のカルシウム（Ca）、極圧剤由来の亜鉛（Zn）、リン（P）、分散剤由来の硼素（B）や消泡剤由来のシリコン（Si）等がある。しかし、日本のエンジンオイル規格であるJASO DH-1オイルの調査結果をみると硫酸灰分は清浄剤由来のCaと相関があり、Ca濃度が硫酸灰分濃度を左右している（図5.2.1）。一方、新短期排ガス規制の施行に合せて採用が始まったDPFは、オイル消費によって排ガス中に供給される硫酸灰分の化合物（例えば、硫酸カルシウム）を

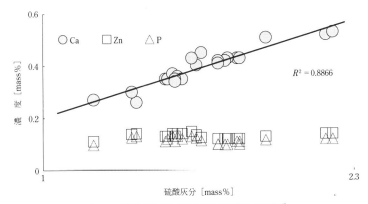

図5.2.1　硫酸灰分（S. Ash）と油中元素との関係 [1)]

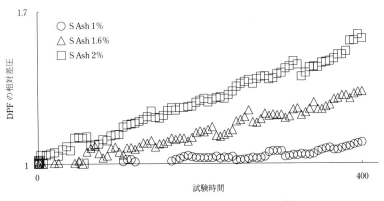

図5.2.2　硫酸灰分とDPF差圧増加との関係 [2)]

捕捉し、DPFの圧力損失を増加させることが知られている（図5.2.2）。DPFの目詰り特性を改善するため、2004年にJASO DH-2規格が制定された。この規格においては硫酸灰分が0.9〜1.1mass％に制限されている。

(2) 全塩基価（Total Base Number / TBN）

　全塩基価は清浄剤の添加量や有効残存量に比例し、エンジンオイルに混入してくる酸性イオンの中和性能やエンジン内部を清浄に保つ清浄性能等を表す代用特性値である。全塩基価は分析方法の違いによって塩酸法全塩基価、トライソルベント法全塩基価、過塩素酸法全塩基価の3種類がある。日本では新油、使用過程や使用後油の分析において、おもに塩酸法全塩基価が使用されており、オイル交換を検討するときにも使用される。JASO DH-2新油の場合、塩酸法全塩基価が5.5mgKOH/g以上と規定されている。

　一方、欧米においては、新油の場合には過塩素酸法全塩基価を使用し、使用過程や使用後油の分析においてはトライソルベント法全塩基価が使用される。全塩基価の観点からオイル交換を検討する場合、トライソルベント法全塩基価と全酸価とが交差する時間または走行距離が使用される。このように、日本と欧米では全塩基価に対する分析方法、その扱い方が異なることに留意する必要がある。

(3) 動粘度

　動粘度はエンジンの各摺動部における油膜形成、摩耗や摩擦損失に係わる一つの特性値である。流体潤滑条件下において、動粘度が高い場合は相対的に油膜が厚くなり摺動部の耐摩耗性に有利に作用するが、粘性抵抗の増加により摩擦損失が増え、燃費には不利に働く。エンジンオイルの使用過程において、燃焼室から混入する煤やエンジンオイル自体の劣化などによって動粘度増加が起きる場合と、未燃焼燃料混入や粘度指数向上剤のせん断劣化などによって動粘度低下が起きる場合がある。これらの動粘度変化を一定の範囲に留めて摩耗や燃費等への影響を軽減するため、オイル交換の目安として動粘度変化±25％を使用する例もある。

(4) 粘度グレード

　国内で市販されているオイルのSAE粘度グレードは、寒冷地での始動性や燃費重視のマルチグレードオイルから高温環境下での油膜形成重視のモノグレードオイルまでの11種類がある（図5.2.3）。乗用車用オイルにおいては省燃費を目指してマルチグレード化、低粘度化が進んでいるが、商用車用ではその取り組みは遅れている。しかし、近年においては耐摩耗性を動粘度のみで論じることは少なくなり、HTHS粘度（高温高せん断粘度）や添加剤の摩耗防止性能等との組合せで考察される傾向にあり、商用車用エンジンオイルにおいても5W30オイルが使用されている。

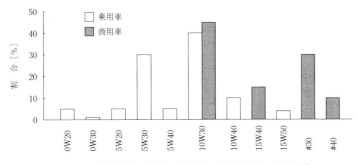

図5.2.3　乗用車と商用車との粘度グレード使用割合の比較例 [3]

(5) 油中元素

　新油中に含まれる添加剤元素を分析することで、エンジンオイルの特徴をおおまかに知ることができる。Ca、Zn、Pといった清浄剤、極圧剤由来の元素濃度は、そのエンジンオイルがもっている清浄性、耐摩耗性などを知るための基礎情報となる。一方、使用過程、使用後におけるエンジンオイル中の鉄、アルミ、銅などを分析し、相対比較することで、エンジン各摺動部の摩耗状況を知る手がかりとなる。

5.3　冷却水

5.3.1　冷却水の種類と成分

　1970年代頃までの間、冷却水として使用された液体の主役は水道水、防錆剤、不凍液であった。夏場は水道水や防錆剤混合水を使用し、冬場は不凍液の水道水希釈液を使用するため、冷却水の抜き替え作業や廃液処理作業が毎年行われていた。

　しかし、近年においては夏冬兼用の長寿命不凍液（以下、LLC；Long Life Coolant。または、ELC；Extended Life Coolant）を使用するのが一般的になっている。現在では、LLCの性能向上によって2年以上の交換インターバルが主流となっており、乗用車の一部には交換不要（Fill For Life）のLLCも使用されている。LLCの構成成分は、凍結防止の役割を持つエチレングリコール（一部にプロピレングリコールも使用されている）と腐蝕防止などの役割を持つ添加剤に大別される。添加剤としてはセバシン酸やオクチル酸などの有機酸系添加剤使用が増えている。JIS規格（JIS K 2234）において、不凍液（1種AF）とLLC（2種）の性状やそれらの性能基準と試験法などが規定されており、その抜粋を表5.3.1に示す。

表5.3.1 不凍液、LLCの試験法、性能規格（JIS K 2234-1994）

	試験名		金属腐食性		循環腐食性		備考および試験材のJIS規格
	種別		1種	2種	1種	2種	
	液濃度		30vol%、88℃				
	時間		336hr		336hr	1000hr	
質量変化	アルミニウム鋳物	mg/cm²	±0.60	±0.30	±0.60		H 5202 (AC 2A-F)
	鋳鉄	mg/cm²	±0.30	±0.15	±0.30		G 5501 (FC 200)
	鋼	mg/cm²	±0.30	±0.15	±0.30		G 3141 (SPCC-B)
	黄銅	mg/cm²	±0.30	±0.15	±0.30		H 3100 (C 2680P)
	ハンダ	mg/cm²	±0.60	±0.30	±0.60		Z 3282 (H30A)
	銅	mg/cm²	±0.30	±0.15	±0.30		H 3100 (C 1100P)
試験中の泡立ち			－	泡があふれ出ないこと	－		
外観（錆び、変色）			－	スペーサ接触部以外に錆びのないこと ただし、変色は可			
試験後液の性状	pH		－	6.5～11.0			
	pHの変化			±1.0			
	予備アルカリの変化率%		－	報告			
	液相			色：著しい変化のないこと 液：分離、ゲルの発生など著しい変化のないこと			
	沈殿量	vol%	≦0.5		－		
部品の状態	ポンプシール部				液漏れ、異常音なきこと		試験は正常に終了のこと
	ケース内面、羽根		－	－	著しい腐食がないこと		

　なお、各メーカーでのLLC開発においてはJIS規格試験のほかに複数の追加試験（例えば、アルミ伝熱面試験、ASTM D4340など）が実施されている。

5.3.2 冷却水のエンジンに及ぼす影響

　冷却水の主たる機能は燃焼熱を受けるシリンダヘッド、ブロック、ライナ等の冷却や防錆・防蝕、さらにはEGRクーラ、ラジエータ等における熱交換にある。

　この機能を長期間保持するためには適切なLLCの選択が不可欠である。なお、水ポンプ等のシール機能に悪影響を及ぼすLLC添加剤もあることから注意が必要である。

(1) 防錆、防食性能

　海外市場においては、商用車にLLCを使用しないで水道水、地下水、河川水、

沼水などを使用する例もある。使用した水質が悪い（腐食性が強い）場合、シリンダヘッドやブロックなどの鋳鉄部品に錆が発生する。特に著しい錆が発生するような粗悪水を使用した場合、錆生成と錆脱落とが繰り返されて貫通穴があいた例がある（図5.3.1）。また、塩素イオン、硫酸イオン、金属元素などの混入によって電気伝導性が高い水が使用された場合、電蝕により金属表面に面荒れなどが起きた例もある。このような不具合を未然に防止し、冷却系部品の水路表面を長期間保護するためには、品質の良いLLCや希釈水の使用、適切なLLCの濃度管理が必要である。

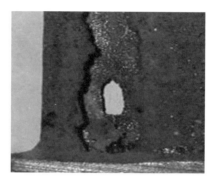

図5.3.1　粗悪水使用時のブロックボア壁穴明きの例

(2) 不凍性能とLLC濃度

　今日の日本においてLLC混合液は冷却水の主流となっているが、年間を通して使用するうえで不凍性能は重要な特性である。水道水の使用が主流であった時代には、不凍液混合水への切り替え時期が遅れてエンジン内で冷却水が凍結し、水ポンプのベーン破損やシリンダブロック水路の盲プラグ抜け出しといった、凍結による不具合事例があった。これら不具合の未然防止にLLCの利用は有効である。不凍性能の測定例を図5.3.2に示す。LLC濃度が増えるほど凍結温度は低下するが、60vol%を過ぎると不凍性能が悪化する傾向にあり、コスト面でも負担が増える。また、表5.3.1に示したようにLLCの防錆、防蝕性能確認は30vol%をベースに実施されており、LLC濃度が30vol%未満で使用された場合は適切な性能が得られない懸念がある。このような背景から一般に30〜60vol%LLCが使用され、濃度管理の範囲となっている。

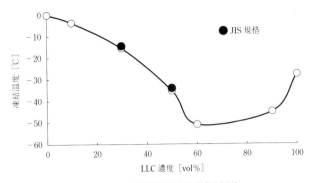

図5.3.2　LLC濃度と凍結温度（測定例）

引用文献

1) 土橋敬市ほか「高品質低灰油開発に向けた DPF 堆積灰分の実験解析（第2報）」『JASE SYMPOSIUM』No.05-04、2004年、pp.61-67
2) 土橋敬市ほか「DPF 堆積灰分の実験的解析　高品質低灰油の効果」『Review of Automotive Engineering』Vol.25、No.3、2004年、pp.285-289
3) 自動車工業会『石油連盟などの共同調査結果』2004年

第6章　低排出ガス・クリーンエンジン

6.1　商用車用ハイブリッドシステム

　一般に自動車用ハイブリッドシステムは、異なる特長を持つ動力源を複数組み合わせて構成したシステムである。組み合わせる動力源は種々考えられるが、近年では内燃機関（以下エンジンという）と電気モータ（以下モータという）を組み合せた電気式ハイブリッド自動車（HEV、Hybrid Electric Vehicle。またはHV、Hybrid Vehicle）が主流である。

　ここでは近年主流となっている電気式ハイブリッド自動車の内、ディーゼルエンジンが多く用いられる商用車用のハイブリッドシステムについて記述する。

6.1.1　ハイブリッド自動車の目的

　エンジンは有史以来、熱効率の向上を目指して技術開発が行われてきたが、大気汚染が大きな社会的問題となった1970年代以降、排出ガス低減の技術開発も盛んに行われてきた。その結果、近年ではエンジン単体の熱効率や排出ガスを大幅に改善する技術を見いだし難くなっていた。この様な状況下において、熱効率と排出ガスを同時に改善でき、かつ双方に著しい効果が期待できるハイブリッドシステムの技術開発が活発に進められている。

6.1.2　ハイブリッド化による熱効率向上と排出ガス低減の手法

　ハイブリッド化による熱効率即ち燃費の向上と、排出ガス低減のためにはエンジンの仕事量低減と効率向上の二つの手法がある。ここで、効率向上はエンジン本体の熱効率を上げることではなく、熱効率の高い箇所でエンジンをできるだけ長時間作動させて、実質的な燃費向上を図ることである。この2つの手法について以下に記す。

276　第6章　低排出ガス・クリーンエンジン

(1) エンジンの仕事量低減

エンジンの燃料消費量と排出ガスを低減させるためには、エンジンの仕事量を減らしその代わりの仕事をモータで補うことが必要である。モータ仕事のエネルギ源は回生で得た電気エネルギであり、ハイブリッド自動車の良否はエネルギ回生量の大小で決まるといって良い。その為、バッテリなどハイブリッドユニットの効率向上[1]、サービスブレーキに連動してエネルギ回生を行う「ブレーキ協調回生」などのエネルギ回生量を増やす技術開発が必要となる。

図6.1.1に、日野自動車が開発した小型ハイブリッドトラックの一例を示す[2]。本トラックはエネルギ回生量を増加させるために、ハイブリッドユニットの効率向上の他、先行車との車間距離の測定結果に基づく、回生力の最適化制御等の技術を盛り込み、回生量の増加を図っている[3]。

図6.1.1　小型ハイブリッドトラックの外観

(2) エンジンの効率向上

エンジンの熱効率は動作点に依って変化するが、一般に高負荷時は熱効率が高く低負荷時は低い。そこで、一定速走行時などエンジンが低負荷で作動する場合は、ハイブリッドシステムを発電モードにして、エンジンに負荷を掛ければエンジンの熱効率を上げられる。発電で得た電気エネルギを、必要なときにモータでエンジン動力をアシストすれば実質的な燃費向上が可能である。

この手法は、シリーズハイブリッドやシリーズ・パラレルハイブリッド方式で多く採られ、特にガソリンエンジンはディーゼルエンジンに比べて、エンジン動作点に対する熱効率変化が大きく効果的な手法である。一方、ディーゼルエンジンは、低負荷時と高負荷時の熱効率差が少ないので、バッテリなどハイブリッドユニットの効率も考慮しないと、かえって燃費が悪化するので注意が必要である。

6.1.3 ハイブリッドの方式と仕組み

　自動車用ハイブリッドシステムは、エネルギの流れに準じて3種の方式に大別される。また、近年では車両外部からエネルギを供給し、電気走行の割合を増加させるプラグインハイブリッドも存在する。以下に、これらの方式について記す。

(1) パラレル方式

　パラレル方式は表6.1.1に示す通りエネルギの流れが、燃料タンク→エンジン→タイヤ、およびバッテリ→モータ→タイヤと、複数並列に存在することからパラレル（並行、並列）方式と呼ばれる。

　パラレルハイブリッド自動車では、主たる動力源がエンジンである場合が一般的で、この場合モータは発進・加速時など、大きな動力が必要な時にエンジン補助動力として作動し、これは「モータによるトルクアシスト」と呼ばれる。また、モータは減速時に発電機としても作動し、車両の運動エネルギを回生する。ここで「回生」とは、元々活かしていなかったエネルギを活かす、もしくは蘇らせるとの意味で使われる。パラレル方式におけるエンジンの作動は、通常のディーゼルエンジン車と同様であり、任意の回転数、任意のトルクで作動する。即ち、その作動域は「面」である。

　パラレル方式の特長は、上記の通り2種の動力源の内の片側、例えばモータは補助的作動となるため、車両サイズに対して比較的低出力・低容量でよい点である。このため、後述の二種のシステムに比べ、コンパクトでかつ安価な場合が多い。また、構造がシンプルであり信頼性が高い。

(2) シリーズ方式

　シリーズ方式は表6.1.1に示す通りエネルギの流れが、燃料タンク→エンジン→発電機→バッテリ→モータ→タイヤと、一本線で引けることからシリーズ（ひと続きのまとまり）方式と呼ばれる。

　シリーズハイブリッド自動車では、エンジンはもっぱら発電機用の動力源として使われ、車両はモータで直接駆動される。また車両減速時にこのモータを発電機として作動させれば、エネルギ回生も可能である。シリーズ方式におけるエンジンの作動は定点運転が可能であり、その作動は「点」である場合が多い。この時、エンジン作動点は、熱効率が最適となる「点」で運転させるのが一般的である。

　シリーズ方式の特長は、モータで車両を駆動するため走行が滑らか、エンジンを定点で運転できるため燃費率、排出ガスのチューニングが比較的容易な点である。一方、車両を単独で駆動可能なパワーソース（エンジン、モータ）を2基持つため、

表 6.1.1　ハイブリッド方式の種類と特徴

	パラレル方式	シリーズ方式	シリーズ・パラレル方式
構成とエネルギの流れ	(エンジン―モータ―バッテリ―タイヤ)　エネルギの流れが複数並列に存在	(エンジン―発電機―モータ発電機―バッテリ―タイヤ)　エネルギの流れがひと続き	(エンジン―動力分割―発電機―モータ発電機―バッテリ―タイヤ)　エネルギの流れは、パラレル方式、シリーズ方式を併せ持つ
エンジンの動作領域	(トルク／回転数グラフ：面)　エンジン～タイヤはシャフト、ギヤで連結されており、エンジン動作領域は「面」	(トルク／回転数グラフ：点)　エンジンとタイヤは機械的に連結されておらず、エンジンの作動域は任意。一般には効率の良い「点」で動作させる	(トルク／回転数グラフ：線)　エンジン負荷はモータで制御できるため、エンジントルク値(縦軸)は任意。一般には最も効率の良いトルクで動作させる
特徴	・シンプルであり、安価かつ信頼性が高い ・エンジンの動作領域が限定できるため、負荷による効率変化の少ないディーゼルエンジンに適す	・任意の定点でエンジンを駆動できるため、排出ガス性能や熱効率の良い点で、選択的に作動できる ・エンジンとモータの二つの駆動源が必要であり、比較的高価 ・エンジン作動が車両の動きと異なり、エンジン音などに違和感を覚える	・任意のエンジン負荷を選択できるため、排出ガス性能や熱効率の良い箇所での駆動が可能 ・構造が比較的複雑 ・車速によっては動力が循環し、効率が著しく悪化する場合がある
商用車における実用化事例	・デュトロHV、ブルーリボンHVなど(日野) ・エルフHV(いすゞ) ・EFハイブリッド(ボルボ社)	・エアロスターエコハイブリッド(三菱ふそう) ・HybriDrive システム(BAE Systems 社)	・Epシステムトランスミッション(アリソン社)

サイズ、コストが、パラレル方式に比べて劣る。さらに、一定速走行時など車両駆動力が小さい場合でも、エンジンを熱効率最適点、即ち高負荷状態で作動させるために、エンジンの動きと車両の動きが異なり、エンジン音に違和感を覚えることが多い。

(3) シリーズ・パラレル方式

表6.1.1に示す通りシリーズ・パラレル方式は、シリーズ方式とパラレル方式を組み合わせた方式で、エネルギの流れもパラレル方式とシリーズ方式の二つの側面を持つ。エネルギの流れを分割・統合するのは動力分割機構で、これはプラネタリギアが用いられる。シリーズ・パラレルハイブリッド自動車のエンジンは、排出ガスもしくは燃費に最適なライン上で動作する。即ちその作動域は「線」である。

シリーズ・パラレル方式の特長として、様々な車両の状況に応じてシリーズ方式とパラレル方式を切り替えることで、オートマチックトランスミッションのように無段変速が可能であること、燃費効果が比較的高いことがあげられる。一方で、シリーズ方式同様、エンジンの動きと車両の動きが別となることがあり、エンジン音に違和感を覚える場合がある。

(4) プラグインハイブリッド

プラグインハイブリッド（plug in HV、pHV）は、外部から電気エネルギの供給が可能なハイブリッドシステムである。外部から給電されるので、見かけの燃費が給電量に比例して良くなるのが最大の特徴である。適用できるハイブリッド方式は、前述の3種の内どれでも成立するがシリーズハイブリッドと組み合わされる事例が多い。

給電の方法としては、直流式と交流式が規格・実用化されている。国内で普及している直流給電の規格はCHAdeMO協議会[4]（以下チャデモという）によるものであって、プラグ形状や設備側と車両側の通信プロトコルが規格化されている。交流式は商用電源を直接車両に結合し、車載された充電器で交流から直流に変換してバッテリに充電する。一方、欧州ではコンバインドチャージングシステム（以下コンボ方式という）と呼ばれる規格が普及しており、一つのプラグで直流充電と交流充電が可能である。チャデモもコンボ方式も有線であるが、充電時の利便性を追求した無線式も研究開発が進んでいる。無線式は誘導式[5]、磁気カップリング式[6]などがあり、それぞれの特徴を持つが、現段階では規格化はされていない。

pHVシステムに大容量のバッテリを組合せれば、エンジンを作動させることなく、電気自動車として長距離を走行できる。これは、特に「レンジエクステンダ」とも呼ばれる。レンジエクステンダを含むpHVは、電気自動車（以下EVという）

の欠点を補う車両として今後の発展が期待される。EVでは、あらゆる道路条件や使い方を想定して大容量のバッテリを車載せざるを得ず、スペース、質量及びコストが問題となる。対して、pHVはEVに比べ車載バッテリの低容量化が可能であり、EVの欠点の多くを解決できる。

レンジエクステンダを含むpHVは、技術的課題の多い電気自動車に代わるシステムとして期待が寄せられているが、以下の点に留意すべきである。

・電力会社における発電時のCO_2や排出ガスの考慮
・バッテリ容量増に伴うコスト、サイズ、および質量の増加
・直流充電にあっては地上側充電設備、交流充電にあっては車載充電器の準備

上記の中で電力会社におけるCO_2や排出ガスには、特に注意すべきである。車載バッテリに充電する電気は、原油、天然ガスなどを燃料とする火力、原子力、水力、太陽光等により製造される。これらの内、火力発電が占める割合が高いと、電気を製造する過程で排出されるCO_2が無視できず、時にはエネルギ製造から消費までのトータル（採掘から消費まで、Well-to-Wheel）でのCO_2発生量が、HVよりも劣る場合もある。

6.1.4　商用ハイブリッド自動車の現状

ハイブリッド乗用車が1997年に発売された後、ハイブリッド自動車に対する社会的注目が高まった。商用車においては、日野自動車（株）（以下日野という）が1991年にハイブリッド路線バスを発売し、その後1995年までに国内の全大型車メーカーはハイブリッド路線バスをラインアップした。商用車のハイブリッド化は、都市の環境問題対策の一つとして都市部を走行する路線バスから始まり、現在では小型トラックをはじめとして種々の車型に拡大している。以下に近年実用化されたハイブリッド商用車を2点紹介する

(1) 大型ハイブリッドトラック

大型トラックは商用車におけるCO_2発生量の約6割を占めることから、地球環境の観点でもハイブリッド化が待たれていたが、高速道路を走行する機会が多い特性上、減速時のエネルギー回生を見込めずハイブリッド化には技術的ブレークスルーが必要であった。

これに対し、日野は「先読み制御」と呼ばれる技術を開発してこの問題を解決した。「先読み制御」とは、これから走行するであろう走行路を推測する技術であり、推測された走行路から道路勾配を導いて降坂時に積極的にエネルギー回生を行

図6.1.2　大型ハイブリッドトラックの外観

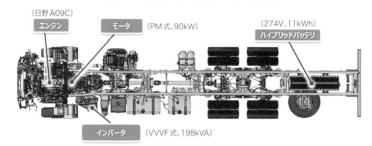

図6.1.3　大型ハイブリッドトラックのシステムレイアウト

図6.1.4　連節ハイブリッドバスの外観

う技術である。さらにこのハイブリッドシステムは、前述の「ブレーキ協調回生」や、リチウムイオンバッテリー（以下LIBという）の中でも特に充電受け入れ性に優れるチタン酸LIB（274V、11kWh）が採用され、一層の回生エネルギー量の増加（約15％）を図っている。

　図6.1.2、図6.1.3にそれぞれ同車両の外観図と車両レイアウト図を示す[7]。

(2) 連節ハイブリッドバス

　国内では一部地域で欧州製の連節バスが走行していたが、2019年に日野といすゞ

自動車（株）が共同開発した連節ハイブリッドバスが国産初の連節バスとして販売された[8]。同車両の外観を図6.1.4に示す。通常の大型路線バスの定員は70-80名程度であるが、この連節バスの定員は約120名であり大量輸送が可能である。用いられたハイブリッドシステムは商用車に適したパラレルハイブリッドシステムであり、そのユニットは前項で述べた大型ハイブリッドトラックと同じユニットをバスの特性に合わせたうえで搭載しているが、バッテリーは比較的安価なニッケル水素（以下Ni-MHという）バッテリ（288V、7.5kWh）が用いられている。

また紙面の都合上ここには挙げなかったが、大型冷凍トラックの冷凍機をハイブリッドシステムで駆動する"cHV（cool hybrid）"[9]、塵芥車の塵芥機を電気モーターで駆動する電動塵芥車[10]など、商用車の特徴とハイブリッドの特長を巧みに組み合わせたハイブリッド商用車の事例がある。

6.1.5　ハイブリッドシステムの主要ユニット

図6.1.5に示すパラレル方式の小型ハイブリッドトラックを例に、ハイブリッドシステムの主要ユニット、即ちモータ／発電機、インバータおよびバッテリについて記す。

(1) モータ/発電機

ハイブリッド自動車におけるモータ／発電機の機能は、動力を発生またはエネルギを回生する機能であり、高い信頼性および効率が求められるだけでなく、車載

図6.1.5　パラレルハイブリッドシステム

図6.1.6
モータ/発電機外観
（小型ハイブリッドトラック用）

図6.1.7
インバータ外観
（小型ハイブリッドトラック用）

されるため小型・軽量化も重要である。現在の主流は、小型、高効率な永久磁石同期機であるが、一部では誘導機も使われている。

　図6.1.6に、日野自動車の小型ハイブリッドトラックに採用されているモータ／発電機の外観を示す。本機は36kW、420Nmの永久磁石同期機である。

(2) インバータ

　インバータはモータ／発電機を駆動する装置であり、ハイブリッド自動車の走行状態に応じてモータ／発電機のトルク及び回転数を制御している。これらの制御はモータコイルへの印可電圧とその周波数を変えることで行われ、パルスの幅や立ち上がり早さなど具体的な通電方法は各社の固有技術である。

　電流パルスとしてモータのコイルへ通電するために、直流電力を高速でスイッチングしており、これはパワー素子と呼ばれる半導体で行われている。パワー素子は、GTR（Giant Transistor、大電力トランジスタ）、IGBT（Insulated Gate Bipolar Transistor、絶縁ゲート型トランジスタ）と進化し、現在ではIGBT等を集積化したIPM（Intelligent Power Module）が主流である。さらに、近年のハイブリッドシステムの高パワー化、インバータの高集積化に伴って、パワー素子の発熱対策が大きな課題となる。その対応として様々な冷却方式の改善とパワー素子自体の耐熱性向上技術が開発されているが、SiC（シリコンカーバイト）素子はその一つである。

　図6.1.7に、日野自動車の小型ハイブリッドトラックに採用されているインバータの外観を示す。このインバータのパワー素子は、p-n接合部分を両面から水で冷却する「両面冷却」と呼ばれる手法が採られ、インバータの高集積化に寄与している。

図6.1.8　バッテリ外観(小型ハイブリッドトラック用)

(3) バッテリ

　ハイブリッド自動車が発売された当初は鉛酸バッテリが主流であったが、1997年にトヨタ自動車がハイブリッド自動車にNi-MHバッテリを採用してから、このバッテリが主流となった。さらに近年では、LIBが採用される例も多い。バッテリの性能はパワー密度とエネルギ密度で表され、一般には鉛酸バッテリ、Ni-MHバッテリ、LIBの順に良いとされているが、安全性、コストを考慮すると、必ずしもこの順番にならないので注意すべきである。

　また、車両寿命の長い商用車にあっては、バッテリの寿命の確保が重要である。バッテリの寿命は、通電電流量の総和、活物質の温度、使用容量域などに依存し、バッテリの種類によってこれら因子の寄与度が大きく異なる。このため、ハイブリッドシステムの設計時には、これらの因子も勘案した上で、バッテリの種類を選択する必要がある。

　バッテリの安全性を担保する規格として、高電圧からの乗員保護の協定規則第100号（以下R100-2という）[11]があり、これはUN/ECE R100.02 Part 2の電気自動車駆動用REESSに関する要求事項と同一である。ここで、REESSとはRECHARGEABLE ENERGY STORAGE SYSTEM（充電式エネルギ貯蔵システム）のことであり、一般的には2次バッテリのことを指す。R100-2は、大型車両にあっては、振動試験、衝撃試験、火炎試験など8項目の試験方法とその合否判定基準が示されている。

　図6.1.8に、Ni-MHバッテリ（288V、1.9kW・h）の外観を示す。

6.1.6　ハイブリッド自動車の特長と将来性

(1) ハイブリッド自動車の特長

　近年では、乗用車を主体に電気自動車（以下EVという）や燃料電池自動車（以下FCVという）が注目されているが、商用車においてはその稼働条件からEVの大幅な普及は期待できず、ハイブリッド自動車が今後も主要パワートレーンとして普及拡大することが予測される。その理由は以下の通りである。

イ）組み合わせる燃料に制約がない：ガソリン、軽油など既存のインフラをそのまま使えるだけでなく、CNGやバイオ燃料との組み合わせも可能である。

ロ）組み合わせる動力源に制約がない：組み合わせる動力源はエンジンに限らず、ガスタービン等外燃機関も含めて様々な動力源と組み合わせが可能である。シリーズハイブリッド自動車のエンジンと発電機の代わりに、燃料電池を搭載すれば燃料電池を動力源としたハイブリッド自動車即ちFCVとなる。

ハ）外部エネルギの活用が可能である：充電スタンド等のインフラ整備が進めば、配送トラックや路線バス等にpHVの採用拡大が期待される。今後の発展が期待されるpHVの実用例として、図6.1.9に、日野自動車が販売したpHVバスを示す[12]。同バスは乗車定員33名、車両総重量11トンの中型バスで、モータの最高出力は175kW、バッテリは40kWhのリチウムイオンバッテリを搭載している。このバスは災害発生時などに電源車として活用可能であり、例えば燃料タンクが満タンであれば400Wの水銀灯を600時間以上点灯し続けることができる。

ニ）大型商用EVトラック・バスの普及には相当の時間が必要である：商用トラック、バスは、車両重量が重く長距離走行が要求されるため、EV化には大容量のバッテリ搭載が必要である。バッテリが進歩し、エネルギ密度が250［Wh/kg］クラスになったとしても（現在は100–150Wh/kg）、一充電当たり1000［km］以上の走行が要求される大型トラックでは、少なくとも約4トンのバッテリが

図6.1.9　プラグインハイブリッドバスの外観

必要となり、経済的に成立しない。

ホ）ダウンサイズ化されたディーゼルエンジンとの組み合わせにより、さらなる燃費向上が期待できる：ディーゼルエンジンは別章にある通り今後さらに小型化・高熱効率化が期待でき、これにハイブリッド技術を組み合わせることで優れた燃費性能即ち低炭素化が可能となる。一方、ダウンサイズエンジンの欠点として発進時のトルク不足や、エンジンブレーキ性能が挙げられるが、これらはハイブリッドシステムのトルクアシストやエネルギ回生により補うことが可能であり、さらに一層のCO_2の削減も期待できる。

(2) ハイブリッド自動車の将来性

前項ではハイブリッド自動車の特長を述べたが、ハイブリッドの最大の特長は燃費向上でありCO_2削減である。では今後どのくらいの燃費向上、CO_2削減が可能なのであろうか。図6.1.10は、ハイブリッドユニットの効率に対する燃費向上率の試算結果を示している。走行パターンを単純化する等、試算の一事例であるが指標としては十分参考になる。グラフより、バッテリ、モータ、インバータの主要ハイブリッドユニット全ての効率を乗じた値が90%であると、燃費が約2倍になることが判る。0.9の3乗根は0.96であり、各々の効率が96%を超える時、燃費が2倍になることを示唆している。ここで96%とは"両側"即ち、バッテリでいえば、充電効率と放電効率を乗じた値を指す。モータ、インバータは今日でも一部で96%の効率を達成できているが、バッテリは70%程度の効率であり、時には70%以下になる場合もある。即ち今後ハイブリッドユニット、特にバッテリの進化が進み充放電効率が向上すれば、ハイブリッドによる燃費効果は2倍以上になることが予測される。

一方、EVとディーゼルハイブリッドのCO_2発生量をWell-to-Wheel（原油採掘か

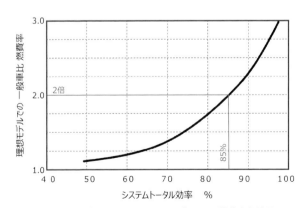

図6.1.10　理想モデルにおけるハイブリッドの燃費向上効果

ら軽油を車両で消費するまで)で比較すると、現状ではEVの方が概ね2–3割少ない。しかし今後、ハイブリッドに適したハイパワーバッテリなどのユニットの進化が進めば、ハイブリッド車の燃費がさらに良くなり、Well-to-WheelでのCO$_2$発生量がEVに対し逆転する可能性も考えられる。

以上のようにハイブリッド自動車はEV、FCVの「繋ぎ」の技術ではなく、今後とも低公害車の主流を為す技術であり、各自動車メーカーは開発を続けている。

参考文献

1) 横田明彦他「小型トラック用ハイブリッドユニットの開発」『自動車技術会学術講演会前刷集』106-11、2011 年 10 月、pp.9–12

2) 植野博孝他「小型トラック用ハイブリッドシステムの開発」『自動車技術会シンポジウム』10-11、2012 年 1 月、pp.15–19

3) Ryuichi SOYA, GREEN DRIVING ASSISTANCE SYSTEM FOR HEAVY-DUTY HYBRID ELECTRIC VEHICLE, EVS30 Dialogue Session1, 2017-10-09, 13:15–14:45

4) CHAdeMO 協議会　https://www.chademo.com/ja/

5) 清水邦敏他「地球温暖化防止への取組み　非接触給電ハイブリッドバス実証試験車の開発」『自動車技術』62 巻 11 号、2008 年 11 月、pp.41–46

6) Soljačić, Marin *et al.*, "Wireless power transfer via strongly coupled magnetic resonances", *Science*, 317（5834）, 2007, pp.83–86

7) 古今ほか「新型 日野プロフィアハイブリッドのシステム開発」『日野技報』69 号、2019 年

8) 日野自動車　https://www.hino.co.jp/blueribbon_rainbow/lineup/index.html?anchor=hybrid_rensetu

9) 川田泰他「大型トラック電動冷凍車の開発」『自動車技術会学術講演会前刷集』117 14 号、2014 年 10 月、pp.19–22

10) 鈴木伸岳他「ハイブリッドシステムを活用した電動塵芥収集車の開発」『自動車技術会学術講演会前刷集』117-14 号、2014 年 10 月、pp.23–26

11) 国土交通省　https://www.mlit.go.jp/common/001151001.pdf

12) 國部雄次郎他「中型プラグインハイブリッドバスの開発」『日野技報』66 号、2017 年 6 月、pp.37–43

6.2　石油代替燃料エンジン

6.2.1　天然ガスエンジン

天然ガスは、石油ほど産出地が偏っていないため、日本ではエネルギセキュリティ上問題が少ないこと、燃焼しても黒煙やPMが排出せず、またガソリンエンジンで確立された排出ガス低減技術が活用できることから、低公害燃料として導入されて

表6.2.1　天然ガスエンジンの呼称（燃料の貯蔵形態による分類）

呼称	概要
CNGエンジン (Compressed Natural Gas)	天然ガスを圧縮し高圧の状態でタンクに貯蔵、車両搭載し、それを燃料として利用するエンジン
LNGエンジン (Liquefied Natural Gas)	天然ガスを冷却、液化し、液状でタンクに貯蔵、車両搭載し、それを燃料として利用するエンジン
ANGエンジン (Absorbed Natural Gas)	天然ガスを活性炭等の吸着材に吸着した状態でタンクに貯蔵、車両搭載し、それを燃料として利用するエンジン

表6.2.2　天然ガス自動車試験用標準燃料性状[1]

燃料の性状または物質名		仕様
総発熱量	(kcal/Nm³)	10,410〜11,050
ウオッベ指数	(WI)	13,280〜13,730
燃焼速度指数	(MCP)	36.8〜37.5
メタン	（モル%）	85.0以上
エタン	（モル%）	10.0以下
プロパン	（モル%）	6.0以下
ブタン	（モル%）	4.0以下
C3＋C4のHC	（モル%）	8.0以下
C5以上のHC	（モル%）	0.1以下
その他のガス	$(H_2＋O_2＋N_2＋CO＋CO_2)$（モル%）	1.0以下
硫黄	(mg/Nm³)	10以下

表6.2.3　メタンの特性と車両に使用する上での対応策

項目	軽油(参考)	天然ガス	使用上の注目点	対応策
分子式	$C_{16}H_{34}$ （セタン）	CH_4 （メタン）		
セタン価	＞45	≒0	・着火性が劣る	・ディーゼルエンジンのようにエンジンの燃焼室に噴射するだけでは着火が困難、点火プラグなどの補助着火源が必要
自己着火温度 ℃	250	645		
オクタン価	10	120		・オットーサイクルエンジン用の燃料としては適している（ガソリンエンジンと同様な排出ガス対策が適用できる）
沸点　℃	170〜370	−162	・常温・常圧で気体	・燃料タンクとして密閉式の容器が必要（タンク重量が3〜7倍重くなる）
比重 （　）は空気＝1 とした気体比重	0.835	0.43(LNG) (0.554)	・洩れたら上に溜まる ・同一容積当りの発熱量が小さい	・換気を配慮した車両構造および車庫が必要 ・走行距離をディーゼル車と同等にするには、高圧に耐える大容量の燃料容器が必要とであり、搭載スペースの確保が必要（20MPaに加圧しても、軽油の約4倍の燃料容器容量が必要）
低発熱量 kcal/kg	10,400	11,954		

表6.2.4 天然ガスエンジンの燃焼方式

燃焼方式	特徴
予混合火花着火方式	燃料と空気を混合した気体を燃焼室内に吸気、スパークプラグの火花で燃焼させる
予混合軽油着火方式	燃料と空気を混合した気体を燃焼室内に吸気、ディーゼルエンジン用の噴射弁から軽油を噴射発火させることにより混合気を燃焼させる
筒内直接噴射方式	筒内に天然ガスを噴射、筒内にて形成した混合気をスパークプラグ等の着火源により燃焼させる

きた。最近は採掘技術の進歩によりシェールガス等の非在来型天然ガスが比較的安価に採掘できるようになり、可採埋蔵量が増大、米国などで利用拡大している。

　天然ガスエンジンは、一般的にはCNG（Compressed Natural Gas）エンジンと称されるが、表6.2.1に示すように燃料の搭載状態によっては呼称が異なって呼ばれている。天然ガスの主成分はメタンであるが、この他にエタン、プロパン、ブタン、窒素、二酸化炭酸等を含んでおり、その成分割合は産出地により異なる。エンジン仕様を検討する時にはガス成分を考慮して行う必要がある。日本の場合は天然ガスをほとんどLNG（液化ガス）として輸入しているため、天然ガスを液化する時に精製成分調整しているので成分構成は安定している。

　表6.2.2に日本の自動車用標準燃料の規格を示す。天然ガスの主成分であるメタンの特性と車両に使用するうえでの対応策を表6.2.3に示す。メタンはオクタン価は高いが、セタン価が低く軽油のような圧縮着火は困難なため、火花点火のような着火手段が必要となる。

　天然ガスエンジンの燃焼方式は表6.2.4に示すように３つの方式があるが、まだ生産台数が少ないため、商用車においては搭載されているディーゼルエンジンをベースに天然ガスエンジン化を行っている。図6.2.1に予混合火花点火方式の天然ガスエンジンのシステム図を示す。この方式は、ガソリンエンジンで一般的に採用されているものと同様なシステムであり、多くの天然ガスエンジンに採用されている。吸気管にスロットルバルブを取り付け、噴射ノズル装着位置にスパークプラグを装着、ピストン燃焼室形状も火花点火に適した形状とし、排出ガス規制の厳しい国では、ガソリンエンジンと同様な三元触媒方式で低排出ガス化を行っている。

　天然ガス自動車の普及初期段階においてはガソリンスタンドのようには燃料供給体制が整っておらず、天然ガス自動車の走行範囲は制約された。このため燃料供給体制が整っていない地域ではディーゼルとして走行し、整備されている地域では天然ガスで走行したいとういう要望に対応するため、予混合軽油着火型天然ガスエンジンが開発されている。図6.2.2に予混合軽油着火方式の天然ガスエンジンのシステム図を示す。

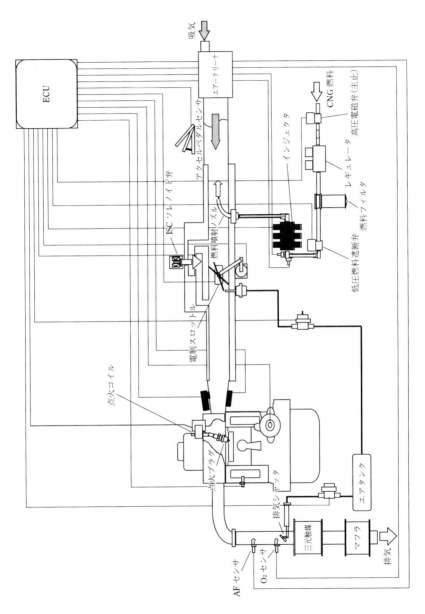

図6.2.1　予混合方式の天然ガスエンジンのシステム図(例)

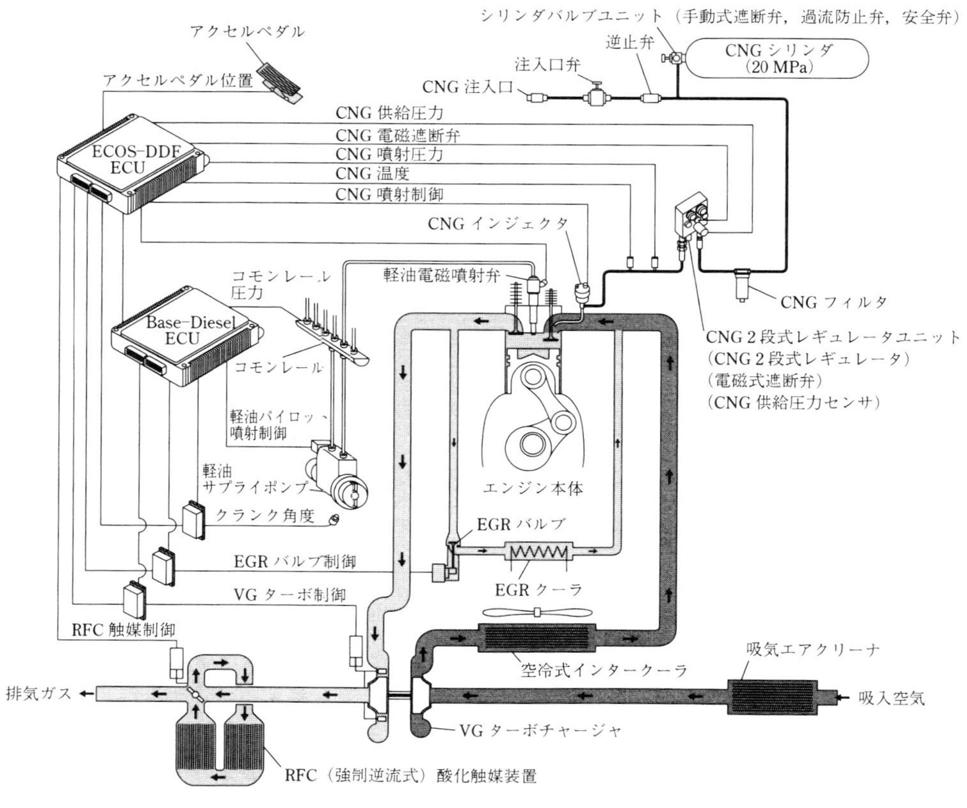

図 6.2.2　予混合軽油着火方式の天然ガスエンジンのシステム図(例) [2)

このシステムはディーゼルエンジンの機能はそのままで、吸気管に天然ガス供給装置を追加するだけの比較的小規模の変更で済む方式である。予混合火花点火エンジンのようにスロットルによる可燃混合気量の調整機構を持たないため、負荷の低い領域は希薄になりすぎ着火が困難となる。このため、天然ガスでの運転領域は比較的高い負荷の領域に制限されている。この方式は黒煙が少ないという利点があるが、ガソリンエンジンで採用されている三元触媒が適用できず、低排出ガスとするにはディーゼルエンジンと同様な排出ガス対策が必要となる。

最近は高効率・低排出ガスの実現を目的とし、コモンレール式軽油噴射装置を活用した、多段噴射による新燃焼方式の予混合軽油着火方式の天然ガスエンジンが研究されている。予混合火花点火方式は、圧縮比が低い、スロットルバルブによる絞り損失がある、冷却水損失が高いなどの理由によりエンジン熱効率がディーゼルエンジンより劣る問題がある。天然ガスを直接筒内に噴射することで、ディーゼルエンジンと同等の熱効率を得ることを目的とした、筒内噴射方式の天然ガスエンジンがある。天然ガスは圧縮着火が困難なため、着火装置としてグロープラグ等を装着したり、軽油を着火源とするため、軽油と天然ガス双方を筒内に噴射できる特殊な噴射ノズルを採用しで実現しているものがある。この場合、低排出ガスとするためにはディーゼルエンジンと同様な後処理装置が必要となる。

6.2.2 DMEエンジン

DME（ジメチルエーテル）は現在、エアゾール剤としてスプレー缶に広く利用されているが、近年、DME製造技術の進展により、比較的安価に大量生産できる製造技術が確立された。このDMEは天然ガス・石炭・バイオ等を原料として製造できることから石油代替燃料として期待されており、現在、日本、中国、欧州でDMEエンジンの実証試験が行われている。表6.2.5にDMEの性状を示す。

DMEは化学式$CH_3\text{-}O\text{-}CH_3$と表示される無害な液化ガス燃料であり、着火温度が低く、セタン価が高い特徴を有している。このため圧縮着火機関用燃料として使用でき軽油代替燃料として注目されている。しかしながら、単位体積当りの発熱量が低く、粘性が低い、また弾性係数が小さい特徴があり、さらにゴムに対して浸食性があるという問題点があるため、エンジンに利用するには燃料噴射系の大容量化・潤滑性向上・噴射タイミングの自由度拡大、ゴム材料の耐食性向上等の対応策が必要である。

図6.2.3にコモンレール方式のDMEエンジンのシステム図を示す。DMEは液体

表6.2.5　DMEの性状

	DME	CNG	LPG	メタノール	軽油
化学構造式（平均/代表）	$CH_3\text{-}O\text{-}CH_3$	(CH_4)	(C_3H_8)	CH_3OH	$C_{16}H_{34}$
C　（%　wt）	52.2	75	82	37.5	85
H　（%　wt）	13	25	18	12.5	15
O　（%　wt）	34.8	0	0	50	0
液密度（kg/m³）	667	－	500.5	795	831
ガス密度比（空気=1）	1.59	0.56	1.52	－	－
理論空然比	9.0	16.86	15.68	6.46	14.6
沸点（℃）	-25	-162	-42	66	180/371
動粘度（液　cSt）	0.25			0.75	2.5/3.0
体積弾性係数（N/m²）	6.37E+08	－	－	－	1.49E+09
低位発熱量（MJ/kg）	28.8	49	46.4	19.8	42.7
（MJ/m³）	19210	－	23223	15741	36484
爆発限界（ガス、%）	3.4/18.6	5.0/15	2.0/9.5	5.5/26	0.65/6.5
蒸気圧（20℃、kPa）	530	－	830	37	－
自着火温度（℃）	235	650	470	450	250
セタン価	>>55	－	－	－	55
蒸発潜熱（kJ/kg）	467	510	372	1110	300

　状態でも弾性係数が小さく、そのうえ温度依存性があるため、最適な噴射タイミングを確保するには、高い噴射タイミングの自由度を有する噴射装置が必要なため、コモンレール方式の噴射装置を採用している。また、NOx低減対策としてEGR方式を採用している。これは含酸素のガス燃料であるため燃焼時黒煙を形成せず、パテキュレートも排出しない特徴があるため、大量EGRが容易なためである。さらにエンジン停止後、コモンレール内に残留しているDMEがガス化し噴射ノズルを介して燃焼室に洩れるのを防ぐため、コモンレールとタンク間にエンジン停止時開放する弁をもつ回路をもうけ、燃料をパージできるようにしている。

6.2.3　水素エンジン

　水素は容積当たりのエネルギー密度が低く、長距離を移動する車両の燃料としては航続距離が制限されるため、使いづらい。しかしながら、化石燃料は有限であり、また地球温暖化の解決に究極の燃料として水素を活用する機関の研究開発が促進されている。水素の動力への利用法は、燃料電池として電気に変換し出力を得る方式と、水素をエンジンにより燃焼させて動力を得る方式がある。ここではこのエンジンについて述べる。

　水素は自発火温度が高く、圧縮着火は困難なため火花点火エンジンに向いている。燃焼できる空燃比範囲が広く、最小点火エネルギが小さく着火させやすい特徴があ

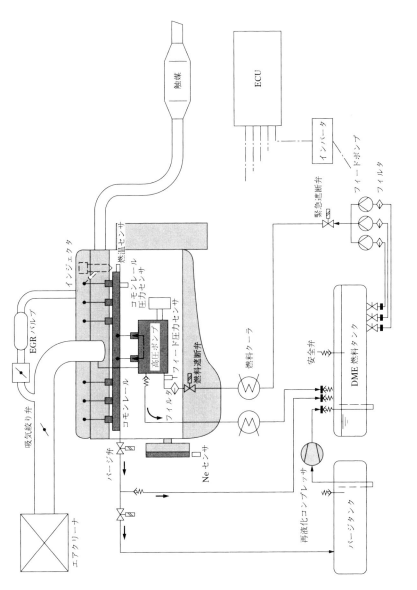

図6.2.3　コモンレール方式のDMEエンジンシステム図（例）[3]

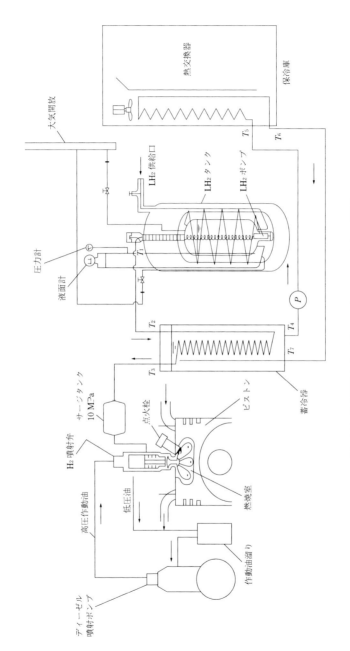

図6.2.4　筒内噴射方式の水素エンジンのシステム図－1（例）[3]

るが、エンジンで活用する場合、予混合方式では高負荷域での過早着火やバックファイアを生じやすいという問題がある。

　図6.2.4にこの過早着火・バックファイアをさけるため、圧縮の後期に筒内に直接噴射を試みたエンジンのシステム例を示す。本システムは容積当たりのエネルギ密度が高い液状で車両搭載したシステムであり、このため−253℃のタンク内で機能できるフィードポンプを開発、10MPaのフィード圧を得て筒内直接噴射を実施している。水素は燃焼によりCO_2は生じないが、燃焼温度が高い混合比領域ではNOxを生ずる。ゼロエミッションとするためには後処理等の対応が必要となる。

　この他のシステムとして、運転領域により、軽負荷域は予混合、高負荷域は筒内噴射と2つの方式を組み合わせたものもある。本システムは排出ガスのクリーン化を、軽負荷域では水素の燃焼範囲の広いことを活用し、NOxの排出がほとんどない予混合によるリーン領域での燃焼とし、高負荷運転領域ではストイキ燃焼に切り替え、三元触媒技術による排出ガスの無害化を行っている。

6.2.4　その他の石油代替燃料エンジン

　これまでに述べてきた石油代替燃料のほかに、GTL（合成軽油）、パーム油等の各種のバイオ燃料がある。これらは軽油と混合、または100％で使用されている。基本的にはディーゼルエンジンをそのまま使用するが、発熱量、潤滑性、腐食性およびゴム等とのなじみが異なるので、エンジンの仕様選定には注意が必要である。

引用文献
1)　『官報』国土交通 1317、号外 225 号、p.82
2)　日本エコス、技術資料
3)　NEDO「高効率・超低公害天然ガス自動車実用化開発」『H15 年度実施報告書』p.117
4)　武蔵工業大学、水素自動車武蔵 9 号広報資料

さくいん

執筆者紹介

（50音順。所属と役職は2012年7月現在）

稲垣　茂克（いながき　しげかつ）　エンジン設計部噴射系・後処理設計室 ・・・・・・・・・・・・・ 第4.9節
1982年日野自動車入社。噴射系設計・開発、大型V8エンジン開発業務に携わる。現在、エンジン設計部にて噴射系、後処理設計・開発に従事。

伊原　美樹（いはら　よしき）　パワートレーン営業部 ・・・・・・・・・・・・・・・・・・・・・・・・・・第4.1〜4.2節
1980年日野自動車入社。構造系、振動系、運動系、動弁系部品の設計及び中型J系、大型E系、A系エンジンの設計・開発に携わり、2010年エンジン設計部長。2012年より日野エンジンの外販業務に従事。現在、パワートレーン営業部長。

遠藤　真（えんどう　しん）　専務取締役 ・・・・・・・・・・・・・・・・・・・・・・・・・・・・・・・・・・・ 第1章
1977年日野自動車入社。エンジン研究・開発の設計及び実験業務に携わり、2012年より専務取締役。エンジンパワーライン、ハイブリッド他の開発を担当。

小幡　篤臣（おばた　あつおみ）　HV開発部 ・・・・・・・・・・・・・・・・・・・・・・・・・・・・・・・・ 第6.1節
1976年日野自動車入社。エンジンの設計を経て、1981年より一貫してハイブリッドトラック、バスの研究開発に従事。現在、次世代低公害バス（PHV）の開発を担当。

下川　清広（しもかわ　きよひろ）　技術研究所エンジン技術研究室 ・・・・・・・・・・・・・・・・ 第2.1節
1984年日野自動車入社。以来、排出ガスの低減・燃費向上を目的とした噴射系・燃焼系・過給機・EGR系の研究開発に携わり、現職。

末本　洋通（すえもと　ひろみち）
エンジン設計部機能部品設計室 補機設計グループ ・・・・・ 第4.8節、第4.9節（燃料フィルタ）、第4.10節
1989年日野自動車入社。大型P系エンジンの設計・開発業務を経て、エンジン設計部にて潤滑系・冷却系・独立補機系設計・開発に従事。

杉原　啓之（すぎはら　ひろゆき）　BRパワートレーン企画室 ・・・・・・・・・・ 第2.2節、第3.1.1〜3.1.3節
1990年日野自動車入社。エンジン性能・排出ガスの研究業務、大型エンジンの設計業務を経て、エンジンの先行開発業務に携わる。現在、BRパワートレーン企画室にて車両用エンジンの企画に従事。

台野　世志文（だいの　よしふみ）　エンジン設計部機能部品設計室 ・・・・・・・・・・・・・・・・・ 第4.7節
1982年日野自動車入社。潤滑系・冷却系・吸気系・独立補機設計・開発に携わる。現在、エンジン設計部にて排ガス機能部品も含め機能系設計・開発に従事。

髙橋　則行（たかはし　のりゆき）　エンジン設計部吸排冷設計室 ・・・・・・・・・・・・・・・・・・・・・・ 第4.5節
1983年日野自動車入社。国内・輸出向け車両の冷却・吸気・排気装置及び、排気後処理装置の設計・
開発に携わり、現職。

辻田　誠（つじた　まこと）　技術研究所 ・・ 第3.2節
1978年日野自動車入社。エンジンの研究・先行開発から開発設計業務に携わり、いくつかの新エン
ジン開発に従事した。これらの新エンジン開発に対し機会学会、自動車技術会等から技術開発賞を
受賞。現在は技術研究所長。

土橋　敬市（つちはし　けいいち）　パワートレーン実験部 第3エンジン性能実験室 ・・・・・・・ 第5章
1968年日野自動車入社。ディーゼルエンジン開発の設計、実験に携わる。現在、燃料、潤滑油、ク
ーラントの研究開発に従事。

通阪　久貴（とおりさか　ひさき）　BRパワートレーン企画室 ・・・・・・・・・・・・・・・・・・・・・・・・第3.1.4節
1985年日野自動車入社。大型エンジンの設計業務、エンジンの先行開発業務を経て、排出ガス浄化
システムの開発に携わる。現在、BRパワートレーン企画室にて、エンジン、ドラーブトレーン及び
ハイブリッドの企画に従事。

引野　清治（ひきの　きよはる）　エンジン設計部応用エンジン設計室 ・・・・・・・・・・・・・・・・・・・ 第6.2節
1973年日野自動車入社。エンジンの騒音実験、代替燃料エンジンの研究開発業務に携わる。現在、
エンジン設計部において代替燃料エンジンの技術企画業務に従事。

細川　清（ほそかわ　きよし）　サービス技術部 ・・・・・・・・・・・・・・・・・・・・・・・・・・・・・・・・・・ 第4.11節
1974年日野自動車入社。トラック、バス用電子・電装部品の設計・開発に携わる。現在、サービス
技術部に所属。

三浦　康夫（みうら　やすお）
パワートレーン実験部エンジン信頼性実験室 小型エンジン信頼性実験グループ ・・・・・・・・・ 第3.3節
1969年日野自動車入社。30余年にわたりディーゼルエンジンの騒音に関する研究・開発に携わる。
2011年4月 日野自動車退職。工学博士。（第3.3節加筆・修正　谷合元春）

武藤　啓（むとう　はじめ）　エンジン設計部応用エンジン設計室 ・・・・・・・・・・・・・・・・・・・・・ 第4.6節
1981年日野自動車入社。以来、国内・輸出を含めた車両用・汎用の大型・中型エンジンの設計・開
発に携わり、現職。

目時　聰（めとき　さとし）
エンジン設計部先行開発室 第1先行エンジン開発グループ ・・・・・・・・・・・・・・・・・・・第4.3〜4.4節
1994年日野自動車入社。中小型エンジンの信頼性実験業務、運動系・動弁系部品の設計開発、及び、
CAE業務を経て、エンジンの先行開発業務に携わり、現職。

増補二訂版執筆者紹介

（50音順。所属と役職は2020年2月現在）

稲垣　茂克（いながき　しげかつ）エンジン設計部統括グループ　執行職
　　1982年日野自動車入社。主に燃料噴射系、制御設計、後処理設計業務を経て、現職に至る。

伊原　美樹（いはら　よしき）専務役員
　　1980年日野自動車入社。構造系、振動系、運動系、動弁系部品の設計及び中型J系、大型E系、A系
エンジンの設計、開発に携わり、2010年エンジン設計部長、2018年専務役員に就任、現在に至る。

佐藤　信也（さとう　しんや）　技術研究所排気システム技術グループ　セクションリーダー
　　1989年日野自動車入社。排出ガスの低減を目的とした後処理システムを構成する触媒の研究開発に
従事。2016年より現職。

清水 邦敏（しみず くにとし）電動車両ユニット開発部　部長
　　1986年日野自動車入社。　キャブ電装品の設計担当を経て、1990年よりハイブリッドトラック・バ
スの開発、企画に携わり、2017年HV開発部長。現在に至る。

杉原　啓之（すぎはら　ひろゆき）エンジン設計部　主査
　　1990年日野自動車㈱入社。エンジン性能・排出ガスの研究業務、大型エンジンの設計業務、エンジ
ンの先行開発を経てエンジンの企画業務に携わる。現在、エンジン設計部にてエンジンの企画業務
に従事。

高橋　則行（たかはし　のりゆき）株式会社日野ヒューテック社長
　　1983年日野自動車入社。国内、輸出向け車両の冷却、吸気、排気装置及び排気後処理装置の設計・
開発に従事。現在、株式会社日野ヒューテックに出向中。

中島　大（なかじま　ひろし）技術研究所　執行職
　　1992年日野自動車入社。燃焼の基礎研究に携わり、現在、燃焼系・噴射系・過給機によるエンジン
性能向上・排出ガス低減の研究開発に従事。

編者紹介

鈴木　孝幸（すずき・たかゆき）

1939年埼玉県生まれ。

工学博士。

元、日野自動車取締役副社長。

長年にわたり、ディーゼルエンジンの排出ガスのクリーン化、燃費向上、信頼性・耐久性向上技術の研究・開発に従事。また、1991年に世界初のディーゼル・電気ハイブリッドバスの実用化に成功。これらの技術開発に対して、日本機械学会や自動車技術会などから数多くの賞を受賞。2017年日本自動車殿堂入り。

増補二訂版　ディーゼルエンジンの徹底研究	

編　者	**鈴木孝幸**
発 行 者	**山田国光**

発 行 所	**株式会社グランプリ出版** 〒101-0051　東京都千代田区神田神保町1-32 電話 03-3295-0005　FAX 03-3291-4418

印刷・製本	モリモト印刷株式会社
組　版	ヴィンテージ・パブリケーションズ／言水制作室